输液管道流固耦合振动理论和计算方法

曹建华 著

合肥工業大學出版社

前　言

输流管道在现代工业中应用广泛,因流固耦合和工作环境联合作用会产生振动和噪声,所以其振动问题受到越来越多的关注。本书围绕薄壁输流管道,结合功能梯度材料的相关特性,研究了薄壁输流管道的动力特性和稳定性。本书的具体研究内容以及得出的主要结论如下:

1. 针对考虑流固耦合的输流直管和输流曲管,分别构造了区间B样条小波直管单元和小波曲管单元。将小波有限元应用于求解各种边界下输流直管和曲管的频率,以及采用Marzani方法和Paidoussis方法求解了悬臂输流直管的临界流速曲线。

分析结果表明,区间B样条小波有限元在输流管道的流固耦合线性振动问题计算上有着一定的优势,所需单元数少,数值结果精确可靠,而且在相同的程序结构和计算条件下,小波有限元计算时间少。另外,采用Marzani方法获得的悬臂输流直管临界流速曲线数值结果正确,且单调递增,符合线性系统Routh-Hurwitz稳定判定准则。

2. 基于薄壁梁模型,采用哈密顿方法推导了考虑剪切作用的功能梯度薄壁输流管道运动微分方程。应用样条小波有限元离散薄壁输流管道振动微分方程,推导了不考虑剪切和考虑剪切两种模型的小波单元刚度矩阵、小波单元阻尼矩阵和小波单元质量矩阵。采用幂函数描述功能梯度管道中力学性能的变化,计算和分析了在管外温度高于管内和管内温度高于管外两种情况下的动力特性差别。

分析结果表明,无论是不考虑剪切作用的模型,还是考虑剪切作用的模型,薄壁输流管道前六阶自然频率随着体积分数或者温度梯度增大而单调递减,趋势相同。两种温度分布的薄壁输流管道各阶自然频率之差不是单调变化的,也不总是大于0,而是取决于温度梯度和体积分数指数的变化。对于不考虑剪切作用的模型,两种温度分布下的薄壁输流管道临界流速曲线均随质量比增大而单调递增,而两种温度分布下的临界流速之差随温度梯度变化不是单调的，且随质量比增大，其绝对值越大。

3. 基于同轴双壳模型，考虑流固耦合作用，建立了两端固定的同轴双壳薄壁输流管道的运动微分方程。结合功能梯度材料相关特性，应用伽辽金法和傅里叶变换，研究了体积分数指数对同轴双壳薄壁输流管道动力特性的影响。

分析结果表明，一个壳体材料为功能梯度材料，另一个壳体为金属的同轴双壳薄壁输流管道在流速较低时，体积分数指数越小，对应的频率越大；在流速较大时，体积分数指数的影响则随流体流动区域和内外壳材料不同而不同。

4. 基于不考虑剪切作用的薄壁梁模型，采用随机有限元法，研究了随机参数和物理参数对置放在随机弹性基础上功能梯度薄壁输流管道动力特性的影响，分析了变异系数、相关长度、体积分数指数及温度梯度对临界流速的均值和标准方差的影响。

分析结果表明，对于固定的变异系数值，不同的体积分数指数或温度梯度对应的临界流速均值随相关长度变化曲线趋势相同。对于固定的体积分数指数和温度梯度，当变异系数较小时，薄壁输流管道临界流速均值随相关长度增大而增大；当变异系数较大时，临界流速均值随相关长度变化不是单调的。在固定的变异系数和失效概率下，随着相关长度的增大，随机刚度下的薄壁输流管道极限流速在减小。

5. 分别针对两端由卡箍夹紧的薄壁输流管道和弹性基础上的悬臂薄壁输流管道，应用小波有限元方法对输流管道系统进行了离散，考虑其不确定性引起的系统误差，采用非参方法进行输流管道的动力特性研究。

分析结果表明，对于卡箍支撑的输流管道，均值模型的频率响应曲线均在其非参模型的99%可信区间之中，频率阶数越大，不确定性对频响曲线的可信区间影响越大。对于频率随流速变化的曲线，输流管道非参模型的可信区间完全包含均值模型的曲线，随着流速的增大，系统误差对每阶频率的实部影响越小，而对每阶频率的虚部影响越大，但是发散失稳和颤振失稳的临界流速没有变化。对于弹性基础上的输流管道，非参模型的可信区间也能完美包含均值模型的临界流速曲线，质量比越大，系统误差对其影响越大。

6. 通过随机振动试验和液压冲击试验，研究和分析了在标准卡箍和新型卡箍两种不同支撑下输流管道的振动响应。通过试验结果的对比，分析了两种卡箍支撑对于管道动力学特性的影响。

通过试验分析可知，在环境振动和液压冲击作用下，两种卡箍支撑下管路的振动特性区别不大，但其振动响应相差很大。在新型卡箍支撑下管道振动响应显著降低，下降幅度高达95%。因此，优化支撑结构能够对管道系统起到减振作用。

综上所述，本书研究了体积分数指数、温度分布、弹性基础、卡箍约束对薄壁输流管道动力学特性的影响，其计算和试验结果对于输流管道的设计和应用具有参考意义。

本书的出版得到了本人工作单位——黄山学院的大力支持，并受到了黄山学院学术著作出版基金的资助，在此致谢！因作者学术能力局限，书中难免存在疏漏，恳请读者批评指正！

曹建华

2024年8月

目　录

1　绪　论

1.1　输流管道流固耦合振动特性的研究背景与意义

输流管道是一种常见且重要的工程结构，广泛应用于工业工程，如用于城市供暖的热电厂、各类化工厂、石油和天然气输送、海洋工程系统、航空航天系统、核反应堆的水循环冷却系统等领域。工业工程中常见的管道系统如图 1－1 所示。

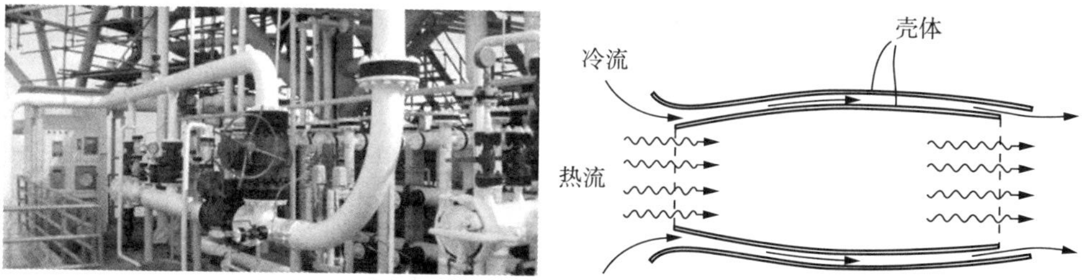

（a）海上平台中的管道系统　　（b）核反应堆中的冷却系统示意图

图 1－1　工业工程中常见的管道系统

由于流固耦合作用和复杂工作环境的影响，输流管道会产生振动与噪声，严重时可导致管道破坏，造成巨大的经济损失。相关文献统计，在国内，从 1992 年至 2004 年，飞机因输流管道问题发生故障 387 例；在国外，因管道流固耦合振动而导致的经济损失巨大，高达数百亿美元。另外，生物工程中也有许多的输流管道结构，肺通道和静脉即为典型的输流管道结构。深入研究输流管道动力特性，不但能够解决工程问题，也能够有效地指导医学器材的研制和发展，促进生物力学的发展，提高人类生存质量。因此，研究输流管道动力特性，不仅具有工程意义，也有着重要的学术意义。

1.2 输流管道流固耦合振动特性研究问题和方法

在输流管道的流固耦合振动中,流体与管道之间存在相互作用,当管道受到流体作用时会发生变形和运动,同时管道的变形和运动又反过来影响流体的运动,即发生流固耦合作用。根据管道与流体相对位置的不同,管道的流固耦合振动主要分为两类:管内流动和管外流动,管内流动主要是指流体在管道内部沿着管道轴向流动。本书主要研究管内流体,且是充满管道横截面的流体,不涉及管外流体。当管内流体流速较小或者流体压力较低时,流体对结构振动影响不大;随着流体流速增大或者流体压力升高,当流体流速或者流体压力超过某一确定值时,输流管道结构发生失稳,管道结构可能被破坏。

正如该领域权威专家 —— 加拿大麦吉尔大学教授 Paidoussis 在其专著中所言,即便是基于简单的梁模型,输流管道也呈现出极其丰富的动力学现象。输流管道的流固耦合问题已成为动力学领域一个新的研究范例,其研究所涉及的范围广泛,包括试验研究、流体和固体力学模型、数值方法、动力学特性分析、稳定性分析、振动响应分析以及振动控制(包括减振降噪)等。

1.3 输流管道的国内外研究现状

根据径长比(管径与跨长之比)的不同,输流管道流固耦合研究主要采用两种力学模型:梁模型和圆柱壳模型。对径长比较大的厚壁管道,可用 Timoshenko 梁模型;而对径长比较小的厚壁管道,可采用 Euler-Bernoulli 梁模型。圆柱壳模型主要用于径长比较大时管壁较薄、管长较短的管道,一般结合圆柱薄壳理论和流体势能理论,采用伽辽金法或 Ritz 法进行分析。基于上述观点,下面从三个方面陈述输流管道的国内外研究现状。

1. 基于梁模型的输流直管研究现状

Bourrieres 在 1939 年首次较准确地推导了输流管道流固耦合振动微分方程,并进一步对悬臂输流管道的稳定性进行了研究分析。然而直到 1950 年,在 Ashley 和 Haviland 研究横跨阿拉伯地区的石油管道振动问题之后,输流管道动力学研究才进入一个蓬勃发展的时期，取得了许多成果。1966 年，Gregory 和 Paidoussis 针对离散管道和连续变形管道，分别进行了理论和试验分析，其研究表明悬臂输液管道在临界流速下首先发生颤振失稳，同时他们也分析了结构参数对失稳时临界流速的影响，Gregory 和 Paidoussis 的研究将输流管道动力学研究带入了一个新的发展阶段。1974 年，Paidoussis 和 Issid 在 Bourrieres 工作的基础上，较为完整地推导出输流管道流固耦合的运动微分方程，在此基础之上，他们还研究了各种边界条件下输流管道的流固耦合振动失稳问题，其研究结果表明当管道为保守系统时，在屈曲失衡后，流速继续增大到一定时，管道还会发生模态耦合颤振失稳。

近年来，基于轴线不可伸缩假设，Modarres-Sadeghi 和 Chang 推导出了三维非线性直管微分方程，并分析了在基础激励下输流管道的动力响应。Kheiri 应用广义哈密顿方法，推导出了输流直管的运动方程，并与其他经典的输流管道运动方程进行了对比。基于轴线可伸缩假设，Ghayesh 推导出了三维非线性直管微分方程，并与轴线不可伸缩假设下的方程和数值进行了对比。Thomsen 和 Dahl 推导出了在弹性支撑下输流直管动力问题的解析解。Lottati、Djondjorov、Elishakoff 和 Impollonia 研究了弹性基础上悬臂输流管道振动特性，并指出了弹性基础的存在能够提高临界流速。Marzani 等研究了在非均匀性弹性基础上输流管道动力特性，并发现了弹性基础的存在不一定能提高临界流速。

国内关于输流管道的研究，虽起步较晚，但也取得了不错的成就。吴勤勤、张立翔、刘忠族、任建亭等在关于输流管道流固耦合问题的综述文章中有详细论述。他们的综述不仅分析了当时输流管道动力学研究进展，也总结了其力学模型和计算方法。

国内早期学者在输流管道的计算方法、线性和非线性动力学等方面做了不少工作，取得了许多成果。任建亭等针对各种边界条件下输流直管的流固耦合运动微分方程，采用波动方法，推导了管道流固耦合系统的各类波动矩阵，并建立了管道系统的散射模型。李宝辉等研究了多种结构形式（单跨、多跨、弯曲、非均匀轴向流管道）下输液管道固有频率和振动响应，并深入研究了波动法、动刚度法、回传射线矩阵法等计算方法在输流管道中的应用。翟红波等采用了以支撑卡箍的安装参数（位置、数目）和几何参数（截面尺寸）为设计变量，以动力强度的可靠性指标和管道结构的固有频率为约束条件，并以管道结构质量最小化为目标函数的输流管道动力学的数学模型，经过对该模型的优化，可以减小输流管道的质量，并能提高结构的抗振能力。

杨超应用特征线法对输液管道流固耦合振动问题进行了数值分析研究。齐欢欢等应用 Galerkin 方法离散系统，对输液管道的颤振失稳进行了分析，并采用主动控制方法，用以提高输流液管道系统的临界流速。钱勤分析了在非线性弹性基础上输流管道的动力响应。Dianlong Yu 等研究了在沿管道轴线上有外部移动载荷时，置放在弹性基础上输流管道的振动波传播。

王琳教授的团队研究了微米尺度和纳米尺度下的输流管道非线性振动特性。He 等研究了在管外横向流体和顶端激励共同作用下的输流直管的振动特性，当管道流体流速在锁定区域外，顶端激励使得振幅增大，而在锁定区域之内，能否使得振幅增大，取决于顶端激励的加速度和频率。Peng 等采用轴向与横向耦合模型，研究了受运动约束的简支输流管道的非线性振动行为。关于输流管道非线性的综述文献主要有徐鉴、王琳等的论文。

2. 基于壳模型的输流直管研究现状

在很长的时间里，学术界认为，只有超音速流体，才会使薄壁壳体和面板发生颤振，而次音速不可压缩流体引起的不稳定被认为是振幅较小的发散。然而，在 1971 年，Paidoussis 和 Denise 指出，在流速较低的不可压缩的流体作用下，悬壁或两端固定的薄壳会发生颤振。他们分别从理论和试验两方面研究了两端固定和悬臂输流壳体，采用 Flugge 薄壳线性方程描述壳体运动和流体势能理论来描述无黏性不可压缩流体，将壳体位移分量和流体势能假设为行波解，理论分析表明轴向输流悬臂壳体因 Hopf 分岔而失稳，结构发生振荡（单个模态颤振），与试验观察所得一致。对于两端固定的壳体而言，线性理论分析指出，输流薄壳先发生发散失稳，然后当流速比发散时稍高一些时，发生模态耦合颤振，然而在试验中发现壳体首先发生颤振，这与理论相矛盾。在 2005 年，Paidoussis 认为所观测到的“颤振”应该仅仅是一种动力失稳，不久之后，这个判断被输流管道的非线性理论研究和试验所证实。Weaver 和 Unny 也针对简支壳体，发表了相同的线性理论结果。Shayo 和 Ellen 采用傅里叶方法研究了输流管道系统的线性稳定性。他们得到了流体压力的渐近表达式，绕过了因傅里叶变换需要计算积分的难点。对于长度与半径之比较大时，他们证实了驻波与行波失稳之间的关系。针对悬臂输流壳体，Shayo 和 Ellen 首次引入“下游流动模型”来描绘流体流经自由端行为。

针对两端固定的同轴双壳输流壳体，以及流体为压缩或不可压缩的情况，Paidoussis 等在 1984 年分别研究了流体在内孔或环孔流动时的壳体运动。他们采用 Flugge 壳体方程和线性势能流体理论，建立了同轴双壳输流壳体的分析模型，研究主要结论包括:(1) 当流体在环孔流动时,失稳时的流速小于流体在内孔流动的工况;(2) 双壳均为韧性材料的壳体,其临界流速较小;(3) 可压缩流体影响很小。在其随后的一篇文章里,Paidoussis 等考虑了流体的黏性和施加在壳体上与时间无关的预应力,研究表明,与无黏性流体相比,在内孔流动的黏性流体稍微延缓失稳,而在环孔内流动的黏性流体能急剧地减小失稳时的速度。

Paidoussis 等在 1984 年深入研究了悬臂同轴双壳薄壁输流管道的线性理论,考虑了稳态黏性流体影响,并采用势能流体理论获得扰动压力;采用 Galerkin 方法与傅里叶方法,求解流固耦合方程;采用了多种流出模型,较好地满足流体流动的下游边界条件。他们发现,流体在内孔时,黏性或非黏性流体会导致颤振失稳;流体在环孔中,非黏性流体会导致颤振,而黏性流体会导致发散失稳,随着流速增大,接着会发生颤振。Nguyen 等又从试验方面研究了悬臂同轴双壳薄壁输流管道的流致振动现象,在 1993 年推导出了一种新的流出模型,应用于输流薄壳振动中,避免了早期模型的计算困难,随后他们采用基于流体力学的方法研究了非稳定黏性力对系统的影响,并与其所做试验结果相比较发现,对于临界流速的数值,理论与试验非常吻合,而在某些情况下,由理论预测的不稳定类型(即发散或颤振)与实验观测结果相反。Lakis 和 Neagu 研究了自由表面的影响,较好地预测了部分充液的正交圆柱壳振动特性,并进一步研究了部分充液或输流的正交各向异性圆锥壳振动特性。Kumar 和 Ganesan 采用了一种半解析有限元法,研究了圆锥输流壳的稳定性,并计算了不同圆锥角和边界条件下的临界流速。

上述研究均采用线性理论,只能预估动力学的第一次失稳,并不能说明系统后失稳行为。国内外关于输流壳体的非线性研究是比较少的。Lakis 和 Laveau 研究了两端简支输流薄壳的非线性行为,他们仅仅考虑了与流体相关的非线性势能流,发现这类非线性对壳体振动没有大的影响,另外结构的非线性对振动有着至关重要的影响,因此流体的非线性影响可以忽略,仅采用线性势能流体理论来描述流体的运动。Selmane 和 Lakis 考虑了结构的非线性,采用非线性 Sanders-Koiter 公式和线性势能流体理论,利用混合有限元法研究环向开口和闭口输流壳体的非线性动力学行为。

Amabili 等在输流薄壳方面做出了很多的工作,分别从理论和试验上较全面地研究了输流管道的非线性行为。他们采用 Donnell 非线性壳理论和线性势能流体理论,分析了两端简支输流薄壳的非线性动力和稳定性;采用 Galerkin 方法离散系统,模型采用了七个自由度的允许沿壳体圆周的行波及轴对称收缩,理论结果表明系统在强亚临界发散失稳，并且研究了在静止或流动流体时谐激励下的响应，试验与理论结果非常吻合。Amabili 等还分析了不同边界条件下充液圆柱壳的几何非线性振动行为，壳体在最低共振频率附近受到径向谐激励，分别采用 Donnell 和 Novozhilov 理论，考虑壳体初始缺陷，通过拉格朗日方法推导非线性运动方程，结果表明对每个边界条件都具有非线性的软化(softening type shell nonlinearity)，受轴向约束的输流管道，与普通两端简支壳相比，有着明显强软化的非线性。Amabili 采用 Donnell 非线性壳理论与线性势能理论，研究了圆柱钢壳的强迫振动，壳体充满空气或水，并随径向激励，他发现：(1) 轴对称缺陷不分裂与驱动和伴随模式相关联的双倍频率；(2) 椭圆形缺陷对自然频率几乎没有影响，理论与试验结论在数值和性质上非常吻合。Amabili 等基于多种薄壳理论，研究和比较了两端简支圆柱输流薄壳的几何非线性动力学行为，在分析中，他们比较了 Donnell、Sanders-Koiter、Flügge-Lur′e-Byme 和 Novozhilov 壳理论，分别了计算了理想和有缺陷的圆柱壳在最低自然频率附近的谐波外激励下非线性响应，也考察了空的或充液的情况，由 Sanders-Koiter、Flügge-Lur′e-Byme 和 Novozhilov 壳理论所计算得到的结果可知，无论是空的还是充液的，结果均十分相近，而由 Donnell 壳理论所计算得到的结果可知，只有在充液的情况下结果才比较吻合。

Karagiozis 等从试验和理论角度系统地研究了两端固定的输流圆柱壳，试验包括受轴向环孔流体或内孔流体作用的弹性壳体及受轴向水流的铝和塑料壳体，他们发现一种非线性软化行为，即发散开始与停止的速度有很大的迟滞。Karagiozis 等研究了壁厚与半径之比、长度与半径之比对输流管道的影响，研究表明，系统在亚临界叉式分岔，导致随流增大而振幅增大的稳态发散，将试验与理论进行比较发现，在定性和定量分析上有着合理的一致。

在输流管道研究领域，Paidoussis 以及他的团队以在该领域中多年来的卓越工作成为输流管道流固耦合动力学研究的权威。Paidoussis 教授在其专著中阐述了其团队在输流管道中的研究成果，包含了梁模型和壳模型、直管和曲管、线性和非线性等问题。

3. 输流曲管研究现状

当前国内外文献主要是关于输流直管的动力学研究，而关于输流曲管研究的文献则较少。基于绳索模型，Svetlitskii 首先研究了输流曲管的面外振动。Chen 推导出了输流曲管的面内和面外运动微分方程，其研究结果表明，保守系统的输流曲管，当流速超过某一临界值时，发现屈曲失稳。Dupuis 考虑截面剪切，采用传递矩阵法研究了输流曲管面内振动的动力特性。Hill 和 Davis 研究了形状复杂的输流曲管振动稳定性，如环形、S形、L形和螺旋形输流曲管。Aithal和Gipson研究了黏弹性系数和材料阻尼对输液曲管面内振动稳定性的影响。Doll 和 Mote 考虑了更为复杂的输流曲管，采用 Hamilton 原理推导出了变曲率曲管的运动方程，并通过有限元法对其求解。Paidoussis 和 Misra 总结了前人的研究，并重新采用牛顿法，推导出了输流曲管的运动微分方程，并将方程适当简化为三类方程，即轴线不可伸缩假设、修正轴线不可伸缩假设和轴线可伸缩假设，应用伽辽金有限元进行了曲管振动的求解。基于一组新的流速表达式，Jung D 等应用哈密顿方法推导出了输流曲管的面内和面外振动微分方程，并与其他曲管运动微分方程相比较，指出新的流速表达式更加合理。

国内较早研究输流管道的学者是刘凤友，他于 1991 年采用传递矩阵法计算了输流曲管的频率，分析了面内和面外振动稳定性。针对管道材料为 Kelvin-Voigt 黏弹性，王忠民等建立两端固支输流曲管的运动控制方程，探讨了材料阻尼对输流曲管稳定性的影响。于秀坤等基于商业软件进行了二次开发，采用有限元模型研究输流曲管的频率和临界流速。张敦福采用直接法获得了输流曲管固有频率的近似解析公式，同时获得了临界流速的近似解析公式。

2000 年，魏发远和黄玉盈在传递矩阵法的基础上，提出了迁移矩阵法，用于求解复杂输流曲管的临界流速，如多支撑、变截面、变曲率等的输流曲管，与其他方法相比，此方法能够给出每个离散段的内力和位移的显式表达式，具有计算量小、精度高等优点。随后，黄玉盈等根据虚功原理推导出了输流曲管运动控制微分方程的有限元单元矩阵，并计算了曲管的临界流速和固有频率，他们基于 Misra 等提出的两节点六自由度有限曲管单元，在单元中间加入一个位移结点，将其变成七自由度，以提高数值精度。马小强等应用精细积分法分析输流曲管的流固耦合振动，求解了输流曲管的固有频率和临界流速，并分析了材料黏阻系数对曲管振动特性的影响。

2005 年，倪樵和王琳将微分求积法应用于求解非线性输流管道方程，并首先拓展到输流曲管流固耦合振动问题中，该方法便于处理输流曲管的弹性边界，且能大幅减少计算量。王琳和倪樵采用牛顿法建立了输液曲管的非线性运动控制方程，并采用微分求积法离散此偏微分方程组，并在流速和谐激励频率等系统参数区域内讨论了谐激励作用下输液曲管的混沌运动。王琳在其博士论文中详细论述了微分求积法在输流管道稳定性分析中的应用，研究了具有非线性弹性支承的输流管道的非线性振动，讨论了其分岔和混沌运动，并进一步分析了输流管道的强迫振动，揭示了输流曲管的分岔路径和混沌运动形成。他在输液曲管的振动和稳定性分析方面做了大量的工作，取得了很多研究成果，其研究发现输液曲管的运动具有静态变形、周期运动以及混沌等复杂振动形式。倪樵等分析了在非线性弹性基础上输流曲管的动力响应。李宝辉等基于轴线可伸缩模型，将波动法拓展到输流曲管的面内振动特性研究中。翟红波等研究了在随机载荷下输流曲管面内振动响应分析。

综上所述，尽管在输流管道流固耦合振动方面，学者们取得了大量的成果，但是由于输流管道工作环境复杂，系统中各种因素互相耦合和作用，其机理复杂，故仍存在许多未解决的问题，特别是温度影响、随机弹性基础、卡箍支撑的模型等因素对输流管道动力特性的影响方面，这些问题值得进行深入的研究，以便为工业工程中输流管道设计提供合理的参考。

1.4 功能梯度材料输流管道研究现状

功能梯度材料(Functionally Graded Materials,FGMs)是一种满足可设计性的新型材料，具体就是在材料的制程中，将多相材料在空间上按照某种规律控制各相材料的比例，使得材料宏观特性沿空间上呈梯度变化，从而满足结构在不同位置的性能要求，达到结构使用要求的目的。功能梯度材料的概念最先由日本科学家在 20 世纪 80 年代中期提出，主要用于克服在极端条件如超高温、高低温和超高压等环境下材料设计的困难，以及单质材料和传统复合材料的性能很难满足设计要求等困难。传统功能梯度材料一般为两相材料的组合，其中结构的一面为耐高温的陶瓷，另一面为高强度、高韧性的金属，中间部分为按某种规律沿厚度变化的陶瓷和金属相，由于各分相以某种规律沿厚度连续变化，结构材料属性也随之呈连续变化，克服了传统复合材料的界面缺点，可以有效减少结构中的热应力。

由于功能梯度材料的分相材料在制备过程中连续变化，分相之间界面被消除了，使得功能梯度材料相比于传统复合材料具有更好的热力学性能、更小的应力集中、更高的断裂韧性，并且满足材料性能的可设计性要求，因此功能梯度材料在许多工程领域都有广阔的应用前景，现已拓展到了各种材料体系。功能梯度材料也早已引起了国际社会的普遍重视,吸引了众多学者和研究者参与研究与开发。

近年来,关于功能梯度输流管道流固耦合振动研究的文献越来越多。2008年,Sheng和Wang采用模态叠加法,研究了在弹性介质上功能梯度输流圆柱壳振动,并分析了体积分数因子、热载荷、流速和轴向静载对其振动的影响。2010年,他们用模态叠加法和Newmark直接积分法研究了功能梯度输流圆柱壳在热载荷作用下的振动特性及振动响应。2011年,Hosseini和Fazelzadeh考虑了与温度相关的材料性能,基于薄壁梁模型,研究了薄壁功能梯度悬臂输流管道在受轴向载荷作用下的稳定性。2016年,Wang和Liu基于梁模型,应用辛方法研究了功能梯度输流管道的横向自由振动问题。2016年,Liang等用修正的不可伸长理论研究了功能梯度输流曲管的面内自由振动。近期,Tang和Yang发展了一种新的方法即同伦分析方法,研究了功能梯度输流管道在失稳之后的动力学行为。

2017年,邓家全等连续发表了5篇功能梯度输流管道论文,他采用梁模型推导出动力学微分方程,主要研究内容包括:(1) 利用动刚度法求解了多跨功能梯度输流管道的振动特性和振动响应,分别研究了体积分数指数、流体流速及流体压力对管道振动特性与振动响应的影响;(2) 利用由回传射线矩阵法和波传播法发展而来的杂交法分析了黏弹性多跨功能梯度输流管道的自由振动和稳定性,并分析了流体流速、流体压力、结构阻尼对输流管道系统自由振动和稳定性的影响,指出阻尼不影响临界流速;(3) 利用杂交法分析了考虑多种体积分数函数的多跨功能梯度输流管道的自由振动和稳定性;(4) 利用杂交法求解了多跨微米和纳米输流管道的固有频率。

综上所述,目前关于输流管道的研究有两种趋势:一是结合新型材料,如纳米材料、功能梯度材料等,研究输流管道的动力特性;二是从宏观转向微观的输流管道研究。

1.5 小波有限元及其在输流管道中应用的研究现状

小波变换是近些年形成和迅速发展的一种数学工具,其概念是由法国从事石油信号处理的工程师J. Morlet在1974年首先提出的。它在科学技术界引起了众多学者的关注和重视,在工程应用领域应用广泛,特别是在各类信号处理方面。小波变换被认为是泛函分析、傅立叶变换、样条分析、调和分析、数值分析等融合后得到的最完美的结晶，其是正在发展的新的数学分支，也是近些年数学在工程应用中的重大突破。

1995年，Ko首次构造了 V_0 逼近空间的规则区域Daubechies小波单元，并应用于求解一维和二维 Neumann 问题，这是在文献中第一次正式提出小波有限元概念。小波有限元概念的出现，立刻引起了国内外学者和机构的高度重视。自此之后，小波有限元的发展进入一个新的时期，众多学者分别从各类单元构建、随机有限元、各类偏微分计算、数学和精度方面对其进行了深入研究，取得了不少成果，比较典型的文献包括：Chen 等基于样条小波函数构建出各类样条小波单元，成功应用到桁架、薄膜等结构的振动问题求解，并给出了样条小波单元的升阶算法；Amaratunga 致力于小波有限元的研究，解决了工程中小波有限元应用问题，并研究了小波函数求导计算问题；Canuto 利用双正交小波，结合谱单元法，从数学角度构造了小波单元，并分析了精度。

国内学者对小波有限元的研究，起步时间与国外相同，取得了很多的成绩，大都集中于应用方面，如对数值稳定性、单元构建等方面进行了深入研究和分析。梅树立、张森文等将小波方法和精细积分方法相结合应用于偏微分 Burgers 方程的数值求解，有利于提高算法的精度和稳定性。黄义、韩建刚等构造了有限长的小波梁单元，并结合 Daubechies 小波和 B 样条小波，构造了小波伽辽金有限单元，应用于中厚板和薄板的问题求解。何正嘉教授带领的科研团队，从 1998 年开始研究小波有限元在工程中的应用，分别将 Daubechies 小波和区间 B 样条小波应用到各种梁、板等结构中，取得了丰硕的成果。在此基础上，何育民等开展了第二代小波有限元的理论与应用研究。近年来，陈雪峰基于 Daubechies 小波，构造了薄板单元，并应用于热传递的问题求解，进一步拓展了 Daubechies 小波的应用。韩建刚等分别基于 2 阶和 4 阶样条小波尺度函数，构造了薄板单元。与韩建刚不同的是，钟永腾分别基于 2 阶和 4 阶样条小波函数，构造了弹性实体单元。Xiang 基于区间埃尔米特样条小波，构造了承受扭转的轴单元。

Daubechies 小波有限元在应用方面有一些困难：Daubechies 小波联系系数的计算精度不足；未知场函数多阶导数的计算精度不足等。而样条小波有着显式的表达式，积分和微分计算简单，数值精确，故本书仅采用区间 B 样条小波有限元。输流管道的计算方法有很多，如特征线法、传递矩阵法、伽辽金法、微分求积法、波动法、有限元法等，但小波有限元并没有应用到输流管道计算方面，这一方面有待相关学者进一步研究和探索。

1.6 考虑随机性的输流管道动力学研究现状

目前,输流管道研究领域大部分文献都是关于参数确定的输流管道动力学分析。然而,在系统中,输流管道工作环境复杂,并影响着管道的运动,同时存在着各种模型和参数的不确定性,导致数值预测不准或误差过大。

例如,在大型油气输送系统中,有些输流管道置放弹性基础上,不少文献对其进行了研究,但仅考虑了弹性基础刚度是确定的情形,而忽略了弹性基础的刚度不均匀性和随机性,需要引入弹性基础的随机化方法或考虑随机模型,研究随机性对输流管道的振动特性的影响。

又如,在工业工程中,输流管道一般是由卡箍支撑,工作环境较复杂,在环境振动、温度、流体性质和流速、支撑等因素相互影响和共同作用下工作,存在各种随机不确定性,比如环境的振动、流体的脉动、卡箍的刚度和模型、温度的波动等因素,导致数值结果与试验所得结果误差较大,故需引入考虑不确定性引起的系统误差分析模型,如非参模型(nonparametric model),以便研究系统误差对管路振动特性的影响。模型误差(系统误差)主要是信息不完整(或不准确)和建模不完全(有些因素未考虑进去)导致的,比如输流管道的卡箍力学性能和力学模型在有些文献只是简化为简支模型;有些计算模型并未考虑流体的波动等信息。

然而,在相关文献中,解决模型误差的方法却很少。Ben-Haim 引入了一种信息缺失不确定模型(info-gap model uncertainty),在此模型中,采用了非概率方法和嵌套集合。Soize 采用了有限元和非参模型来构造随机不确定性模型中的系统质量矩阵、系统阻尼矩阵和系统刚度矩阵,不需要确定局部不确定参数数值,绕过了将局部不确定性参数映射到全局的构造函数,随机不确定性的非参模型直接在均值系统矩阵上构建。由于其可操作性强,非参方法在工程应用方面有着不错的前景。Ritto 等应用非参模型,研究了边界条件不确定的 Timoshenko 梁,还研究了在流体流速不确定的情况下输流管道的响应及频率随流速的变化。

1.7 本书主要研究内容

本书依据国内外研究现状,围绕工程中常见的薄壁输流管道,结合功能梯度材料的相关特性,研究了薄壁输流管道流固耦合振动特性和稳定性,分析了流体流速、体积分数指数、温度梯度、随机弹性基础、卡箍约束等参数对输流管道振动特性及稳定性的影响，并通过试验研究了在不同支撑下输流管道的动力响应。本书主要研究内容如下：

1. 分别建立输流直管和输流曲管的小波有限元单元刚度矩阵、单元阻尼矩阵和单元质量矩阵，并用于计算各种边界条件下的振动特性。采用两种方法分别计算悬臂输流直管的临界流速：一种是固定流速，寻找失稳时对应的质量比，另一种是固定质量比，寻找失稳时的临界流速。比较两种方法的数值结果，阐述其异同。

2. 基于薄壁梁模型，推导考虑剪切时功能梯度薄壁输流管道运动微分方程，并简述不考虑剪切时的运动微分方程。分别建立不考虑剪切与考虑剪切时的小波有限元单元刚度矩阵、单元阻尼矩阵和单元质量矩阵，验证并计算薄壁功能梯度悬臂输流管道在两种温度分布下的频率和临界流速，进行对比分析。

3. 基于一种新的圆柱薄壳方程，研究不同的体积分数指数下同轴薄壁输流管道振动频率随孔内流速或环内流速变化规律。值得注意的是，在同轴双壳薄壁输流管道中，内外壳材料不同，其中一壳为功能梯度材料，另一壳为金属。

4. 结合有限元法和随机域生成法的随机有限元方法，研究置放在具有随机刚度的弹性基础上功能梯度悬臂薄壁输流管道颤振失稳，分析临界流速和颤振失稳概率。

5. 分别针对两端由卡箍夹紧和弹性基础支承的薄壁输流管道，应用小波有限元方法对输流管道微分方程进行离散，考虑随机不确定性引起的系统误差，采用非参模型分析输流管道的振动特性，分析不确定性导致的系统误差对振动特性的影响。

6. 通过随机振动试验和液压冲击试验，研究在标准卡箍和新型卡箍两种支撑下输流管道的振动响应。通过试验结果对比，分析两种卡箍支撑对管道动力学特性的影响。

2 基于伽辽金的输流直管流致振动的伽辽金解法

2.1 引 言

由于管道更多的作用是作为输送的载体，所以难免产生流体与管道之间的相互作用，也就是流固耦合。1950 年，Ashley 和 Haviland 针对横跨阿拉伯地区的工程管线，考查了输流管道的振动特性，使得管道流致振动受到越来越多的关注。在输流管道的研究中，Paidoussis 及其同事因持之以恒的工作做出了突出的贡献。M. Hosseini 和 S. A. Fazelzade 等利用伽辽金法研究了在轴向受力情况下，功能梯度薄壁输流悬臂管的热稳定性问题。国内的陈贵清等分析和研究了输流管道流固耦合的建模问题。王琳和倪樵推导出了圆弧形输流曲管的控制方程，采用DQM对 Dirac Delta 函数的导数项进行了近似处理，分析了管道在运动约束作用下的分岔与混沌行为，并研究了其强迫振动。

关于输流管道的文献有很多，但并没有给出具体的计算程序，本章简述了采用 Galerkin 方法对输流管道的运动微分方程进行离散化处理的过程，并编制 Matlab 程序用来计算两端固定条件下输流管道的频率及悬臂管道的临界流速。

2.2 输流管道的运动微分方程及其无量纲化处理

如图 2－1 所示，水平放置的输流管道长为 L，管内流体流速为 U，忽略重力影响，根据 Hamilton 原理，

$$\int_{t_1}^{t_2}(\delta T-\delta V)\,\mathrm{d}t+\int_{t_1}^{t_2}\delta W_{nc}\,\mathrm{d}t=0 \tag{2-1}$$

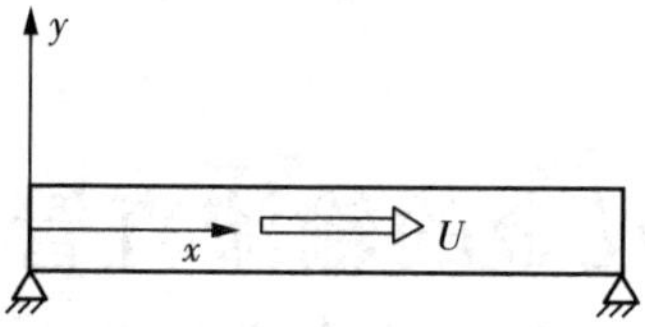

图 2-1 输流管道模型

其中，

$$T=\frac{1}{2}\int_{0}^{L} m\dot{w}\cdot\dot{w}\mathrm{d}x+\frac{1}{2}\int_{0}^{L} M(\dot{w}+Uw')\cdot(\dot{w}+Uw')\mathrm{d}x \tag{2-2}$$

$$V=\frac{1}{2}\int_{z_1}^{z_2} EI\left(\frac{\partial^2 u}{\partial z^2}\right)^2\mathrm{d}x \tag{2-3}$$

$$\delta W_{nc}=-MU(\dot{w}+Uw')\delta w\mid_{x=L} \tag{2-4}$$

通过分部积分，可得直管的微分方程为：

$$EI\frac{\partial^4 w}{\partial x^4}+MU^2\frac{\partial^2 w}{\partial x^2}+2MU\frac{\partial^2 w}{\partial x\partial t}+(M+m)\frac{\partial^2 w}{\partial t^2}=0 \tag{2-5}$$

式(2-5)中的一些字符的物理含义为：EI 为弯曲刚度；M、m 分别为单位长度流体质量和管道质量；U 为流体流速；x 为管道横截面位置坐标；w 为 y 向振动位移。

根据相关文献，利用下列式子对式(2-1)进行无量纲化，代入的参数为：

$$\eta=\frac{w}{L},\xi=\frac{x}{L},u=\left(\frac{M}{EI}\right)\frac{1}{2}UL,\beta=\frac{M}{M+m},$$
$$\tau=\left(\frac{EI}{M+m}\right)\frac{1}{2}\frac{t}{L^2},u=\left(\frac{M}{EI}\right)\frac{1}{2}UL \tag{2-6}$$

将其代入式(2-1)中，得到无量纲形式：

$$\eta''''+u^2\eta''+2\sqrt{\beta}u\dot{\eta}'+\ddot{\eta}=0 \tag{2-7}$$

其中$()'$和$\dot{()}$分别表示对 ξ 和 τ 的微分。

2.3 Galerkin 方法和程序

2.3.1 Galerkin 离散化

下面简述式(2-3)的 Galerkin 离散过程。将 η 近似表达如下：

$$\eta(\xi,\tau)=\sum_{r=1}^{N}\varphi_r(\xi)q_r(\tau) \tag{2-8}$$

其中，$\varphi_r(\xi)$ 表示对应边界条件下的特征函数，$q_\tau(\tau)$ 表示与之相对应的广义坐标，N 为 Galerkin 方法的阶数。

利用特征函数的正交性，将式(2-7)代入式(2-6)，并乘 $\varphi_i(\xi)$ 积分得到

$$\sum_{i=1}^{N}\int_0^1\varphi_i(\xi)R(\eta)\mathrm{d}\xi=0 \tag{2-9}$$

其中 $R(\eta)$ 表示将式(2-6)的等式左边部分。

经过积分计算和整理，得到

$$\sum_{r=1}^{N}\left\{\delta_{sr}\ddot{q}_r+\left(2\beta^{1/2}u\int_0^1\varphi_s\varphi'_r\mathrm{d}\xi\right)\dot{q}_r+\left(\lambda_r^4\delta_{sr}+u^2\int_0^1\varphi_s\varphi''_r\mathrm{d}\xi\right)q_r\right\}=0, \tag{2-10}$$

$$s=1,2,\cdots,N$$

利用$\int_0^1\varphi_s\varphi_r\mathrm{d}\xi=\delta_{sr}$，同时也有 $\varphi''''=\lambda_r^4\varphi_r$，$\lambda_r$是 r 阶的无量纲特征值。定积分可以直接求出，定义如下集合常数：

$$\begin{aligned}b_{sr}&=\int_0^1\varphi_s\varphi'_r\mathrm{d}\xi\\c_{sr}&=\int_0^1\varphi_s\varphi''_r\mathrm{d}\xi\end{aligned} \tag{2-11}$$

式(2-10)可以用矩阵整理如下：

$$\ddot{q}+[2\beta^{1/2}u\boldsymbol{B}]\dot{q}+[\boldsymbol{\Lambda}+u^2\boldsymbol{C}]q=0 \tag{2-12}$$

当 $q=\{q_1,q_2,\cdots,q_N\}^T$时，式(2-7)中的 B、C、Λ 分别为 b_{sr}、c_{sr}、$\lambda_r^4\delta_{sr}$ 构成的矩阵。式(2-12)可以化为如下形式：

$$\boldsymbol{M}_g\ddot{q}+\boldsymbol{C}_g\dot{q}+\boldsymbol{K}_g q=0 \tag{2-13}$$

其中 $\boldsymbol{M}_g$、$\boldsymbol{C}_g$、$\boldsymbol{K}_g$ 分别为系统质量矩阵、阻尼矩阵和刚度矩阵。

2.3.2 程序编制

本节将编制两端固定输流管道振动分析程序，下面列出三段代码分别用于生成 $\boldsymbol{B}$、$\boldsymbol{C}$、$\boldsymbol{\Lambda}$（在程序中用 $\boldsymbol{A}$ 来表示）矩阵，生成质量矩阵 $\boldsymbol{M}_g$、阻尼矩阵 $\boldsymbol{C}_g$ 和刚度矩阵 $\boldsymbol{K}_g$，以及用于计算频率随流速的分析程序。

生成 $\boldsymbol{B}$、$\boldsymbol{C}$、$\boldsymbol{\Lambda}$ 矩阵的程序片段如下：

```
sym betaL2 x;
N=6;
betaL= [4.730,7.853,10.996, 4.5*pi,5.5*pi,6.5*pi,7.5*pi,8.5*pi,9.5*pi];
phi=cosh(betaL2*x)-cos(betaL2 *x)-(cosh(betaL2)-cos(betaL2))/
(sinh(betaL2)-sin(betaL2))
*(sinh(betaL2*x)-sin(betaL2*x));
dphi=diff(phi,x);
d2phi=diff(phi,x,2);
for i=1:N
    phi_I=subs(phi,betaL2,betaL(i));
    for j=1:N
        dphi_J=subs(dphi,betaL2,betaL(j));
        d2phi_J=subs(d2phi,betaL2,betaL(j));
        B(i,j)=integral(phi_I*dphi_J,x,0,1);
        C(i,j)=integral(phi_I*d2phi_J,x,0,1);
        if(i==j)
            A(i,j) = betaL(i)^4;
        else
            A(i,j)=0;
        end
```

```
    end
end
```

生成质量矩阵 $\boldsymbol{M}g$、阻尼矩阵 $\boldsymbol{C}g$ 和刚度矩阵 $\boldsymbol{K}g$ 的程序片段如下：

```
N=6;% 为离散阶数,2<=N<=10
beta=0.2;% 质量比
M=eye(N);
C=2*sqrt(beta)*u*B;
K=A+u^2*C;
```

用于计算频率随流速的分析程序如下：

```
for uc=0:0.1:16
    MM=M;
MC=subs(C,u,uc);
MK=subs(K,u,uc);
        cn=size(MM,1);
        Mc=[MC,MM;MM,zeros(cn)];
        Kc=[MK,zeros(cn);zeros(cn),-MM];
        [v,d]=eig(Kc,-Mc);
        w=diag((-1i)*d);
        plot(real(w),imag(w),'.-');
        hold on;
end
```

2.4 数值算例

在本节中，首先计算两端固定边界条件下输流管道的频率来验证程序的正确性。两端固定输流管道随流速 u 变化的频率实部和虚部图($\beta=0.1$) 如图 2-2 所示。从图 2-2 可以看出，在 $0\leqslant u<2\pi$，频率一直为实数；当 $u=u_{cd}=2\pi$ 时，系统首次发生静态失稳。两端固定输流管道的无量纲化复频率图($\beta=0.5$) 如图 2-3 所示。图 2-2 和图 2-3 的数值结果与相关文献相符，由此可验证程序的正确性。

由于其特有的力学现象，悬臂输流管道越来越受到学界的关注。在悬臂输流管道中，随着流速的增大，当其增大到一定值时，管道发生颤振失稳，求出其临界流速有着重要意义。利用Routh-Hurwitz行列式，绘制出如图2-4所示的随β变化的临界流速图。从图2-4可以看出，临界流速有两个跳跃点，即$\beta=0.3$和$\beta=0.74$。

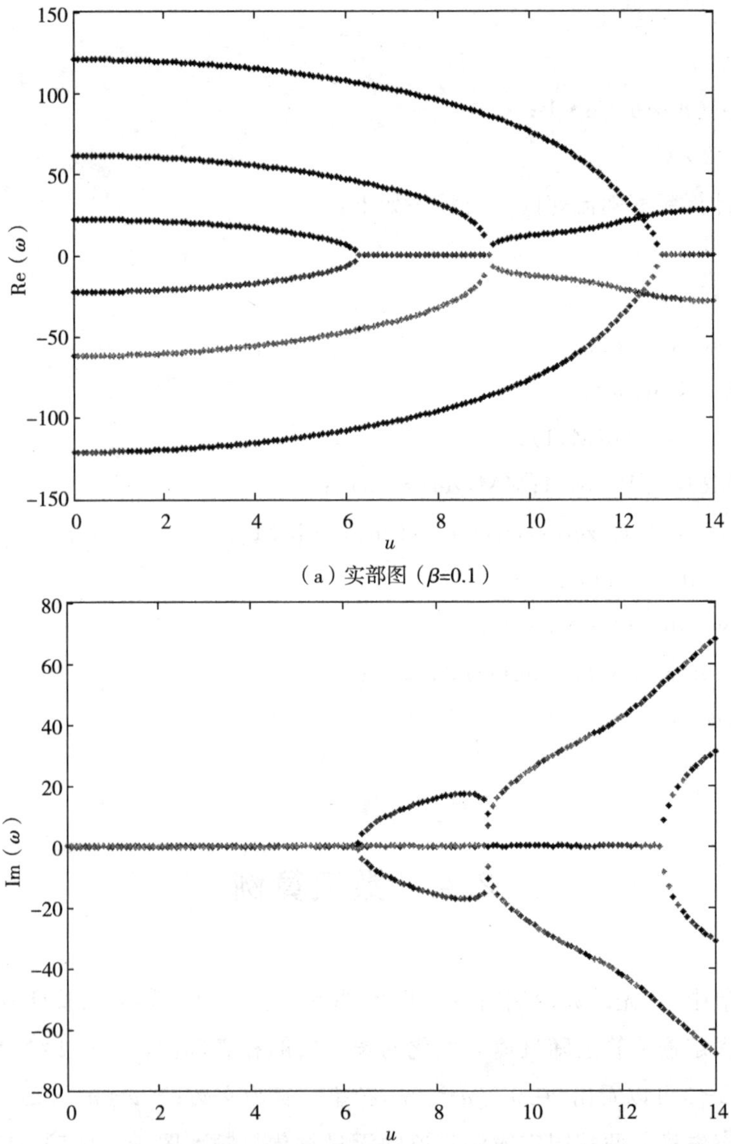

（a）实部图（β=0.1）

（b）虚部图（β=0.1）

图2-2　两端固定输流管道随流速u变化的频率实部和虚部图($\beta=0.1$)

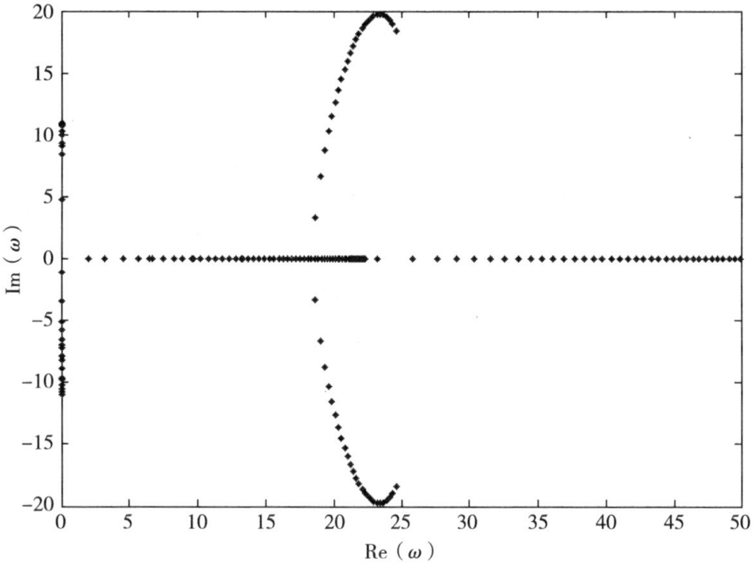

图 2-3　两端固定输流管道的无量纲化复频率图($\beta=0.5$)

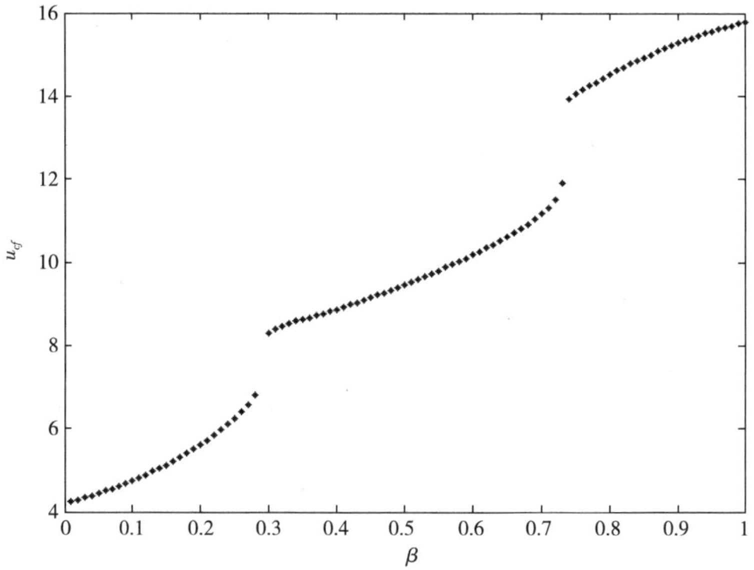

图 2-4　悬臂输流管道随 β 变化的临界流速图

2.5 本章小结

管道流体的耦合振动时常会给管道结构带来安全隐患，对其进行研究有着重要的工程意义。本章采用 Galerkin 方法，对微分方程进行离散处理，并编制程序，详细给出了生成离散方程的程序代码，以便为相关工程和研究人员提供参考；利用本章中的程序，求解了两端固定输流管道的固有频率，所得结果与相关文献相符，并利用 Routh-Hurwitz 行列式，计算了悬臂输流管道的临界流速。

3 基于小波有限元方法的输流管道流固耦合振动特性分析

3.1 引 言

管道是现代工业中输送流体的重要载体，流体与管道之间有着耦合作用，也就是输流管道流固耦合振动。自 1950 年，Ashley 和 Haviland 研究了横跨阿拉伯地区的输油管线之后，针对管道流固耦合振动特性和数值计算方法研究取得了很多成就。研究输流管道微分方程的数值方法有很多，如传递矩阵法、伽辽金法、波动法、特征线法、微分积分法和有限元法等。由于具有处理各种边界较为容易等优点，有限元在工程计算和学术研究中应用广泛，其性能好坏取决于位移插值函数。同时，小波在数学上具有多分辨率分析能力，且 B 样条小波采用样条基函数构建，具有明确的表达式，因而应用小波作为位移插值函数的小波有限元引起了学者们的普遍关注，也取得了丰硕的成果。

Chen 利用样条小波构建了杆单元和薄膜单元。徐长发深入研究了样条小波有限元的数值稳定性。杨胜军构造了一维区间 B 样条小单元。韩建刚分别将 2 阶和 4 阶样条小波尺度函数作为位移插值函数，构造了薄板单元。与韩建刚不同的是，钟永腾分别基于 2 阶和 4 阶样条小波函数，构造了弹性实体单元。Xiang 基于区间埃尔米特样条小波，构造了承受扭转的轴单元。关于样条小波有限元研究的成果丰硕，但却没有涉及输流管道流固耦合振动计算的文献。

本章简述输流直管和曲管的运动微分方程和边界条件，并介绍区间 B 样条小波函数(后续若无特别说明，均简称小波有限元)的相关理论知识，然后根据传统有限元法，构建区间 B 样条小波输流直管和曲管单元，分别用来离散输流直管和曲管的运动微分方程，求解各种边界条件下输流直管和曲管的流固耦合振动频率，以及悬臂输流直管的临界流速,同时对样条小波有限元数值结果进行验证和分析,为后面各章提供区间 B 样条小波有限元的理论基础。

3.2 区间 B 样条小波有限元理论

本节主要简述区间 B 样条小波理论,详细内容请参考樊启斌的《小波分析》。

3.2.1 小波理论

设 $\psi(t) \in L^2(R)$[$L^2(R)$ 表示平方可积的实数空间,即物理含义为:能量有限的信号空间],其对应的傅里叶变换为 $\hat{\psi}(\omega)$。当 $\hat{\psi}(\omega)$ 满足允许条件:

$$C_\psi = \int_R \frac{|\hat{\psi}(\omega)|^2}{|\omega|} \mathrm{d}\omega < \infty \tag{3-1}$$

称 $\psi(t)$ 为一个基本小波或母小波。将基小波 $\psi(t)$ 经伸缩和平移后,就可以得到一个小波序列。

连续小波序列表达式为:

$$\psi_{a,b}(t) = \frac{1}{\sqrt{|a|}} \psi\left(\frac{t-b}{a}\right) \qquad a,b \in R; a \neq 0 \tag{3-2}$$

其中 a 为伸缩因子,b 为平移因子。

对于离散的情况,小波序列为:

$$\psi_{j,k}(t) = 2^{-j/2} \psi(2^{-j} t - k) \qquad j,k \in Z \tag{3-3}$$

对于任意函数 $f(t) \in L^2(R)$ 的连续小波变换为:

$$W_f(a,b) = \langle f, \psi_{a,b} \rangle = |a|^{-1/2} \int_R f(t)\, \overline{\psi\left(\frac{t-b}{a}\right)} \mathrm{d}t \tag{3-4}$$

其逆变换为:

$$f(t) = \frac{1}{C_\psi} \iint \frac{1}{a^2} W_f(a,b) \psi\left(\frac{t-b}{a}\right) \mathrm{d}a\mathrm{d}b \tag{3-5}$$

3.2.2　样条函数及其性质

定义一　设 m 为自然数,函数 $f(t)$ 的差分算子∇定义为:

$$\begin{aligned}\nabla f(t) &= f(t) - f(t-1) \\ \nabla^m f(t) &= \nabla(\nabla^{m-1} f(t))\end{aligned} \tag{3-6}$$

分别称为 $f(t)$ 的一阶差分和 m 阶差分。

定义二　对于自然数 m,定义 m 次半截单项式为:

$$t_+^m = \begin{cases} t^m & t \geqslant 0 \\ 0 & t < 0 \end{cases} \tag{3-7}$$

规定:当 $m=0$ 时,$t_+^0 = \begin{cases} 1 & t \geqslant 0 \\ 0 & t < 0 \end{cases}$。

定义三　设 m 为自然数,则 m 阶 B 样条定义为:

$$N_m(t) = \frac{1}{(m-1)!} \nabla^m t_+^{m-1} \tag{3-8}$$

根据差分算子的性质,易知

$$N_m(t) = \frac{1}{(m-1)!} \sum_{k=0}^{m} (-1)^k \begin{pmatrix} m \\ k \end{pmatrix} (t-k)_+^{m-1} \tag{3-9}$$

其中 $\begin{pmatrix} m \\ k \end{pmatrix} = \frac{m!}{k!\ (m-k)!}$。

定理一　当 $m \geqslant 2$ 时,m 阶 B 样条 $N_m(t)$ 具有卷积表示式:

$$\begin{aligned} N_m(t) &= (N_{m-1} * N_1)(t) = \int_{-\infty}^{+\infty} N_{m-1}(t-u) N_1(u) \mathrm{d}u \\ &= \int_0^1 N_{m-1}(t-u) \mathrm{d}u \end{aligned} \tag{3-10}$$

定理二　m 阶 B 样条 $N_m(t)$ 具有下述性质:

(1) 对于 $f(t) \in C(R)$,有 $\int_{-\infty}^{+\infty} f(t) N_m(t) \mathrm{d}t = \int_0^1 \cdots \int_0^1 f(t_1 + \cdots + t_m) \mathrm{d}t_1 \cdots \mathrm{d}t_m$;

(2) $N'_m(t) = \nabla N_{m-1}(t) = N_{m-1}(t) - N_{m-1}(t-1)$,　$m \geqslant 2$;

(3) $\mathrm{supp} N_m(t) = [0, m]$;

(4) $N_m(t) > 0$,　$\forall t \in (0, m)$;

(5) $\int_{-\infty}^{+\infty} N_m(t)\mathrm{d}t = 1$；

(6) $\sum_{k\in Z} N_m(t-k) = 1, \quad \forall t \in R$；

(7) $N_m(t)$ 具有关于其支集中心的对称性，即 $N_m\left(\frac{m}{2}+t\right) = N_m\left(\frac{m}{2}-t\right)\ \forall t \in R$；

(8) $N_m(\omega) = \int_{-\infty}^{+\infty} N_m(t)e^{-i\omega t}\mathrm{d}t = \left(\frac{1-e^{-i\omega}}{i\omega}\right)^m$；

(9) 递推关系：$N_m(t) = \frac{t}{m-1}N_{m-1}(t) + \frac{m-t}{m-1}N_{m-1}(t-1)$。

定理三　m 阶 B 样条 $N_m(t)$ 是 $m-1$ 阶正则的函数。

3.2.3　样条多分辨率分析

定义四　Hilbert 空间 $L^2(R)$ 中的一列闭子空间 $\{V_j\}_{j\in Z}$ 称为一个广义多分辨率分析(记为 GMRA)，如果满足：

(1) 嵌套性：$V_j \subseteq V_{j+1}(j \in Z)$；

(2) 伸缩性：$f(t) \in V_j \Leftrightarrow f(2t) \in V_{j+1}$；

(3) 隔离性：$\bigcap_{j\in Z} V_j = \{0\}$；

(4) 稠密性：$\overline{\bigcup_{j\in Z} V_j} = L^2(R)$；

(5) Riesz 基：存在 $g(t) \in V_0$，使得 $\{g(t-k), k \in Z\}$ 是 V_0 的一个 Riesz 基，其中的 $g(t)$ 称为该 GMRA 的尺度函数。

定义由 B 样条 $N_m(t)$ 的二进制伸缩与整数平移生成的子空间为：

$$V_j^m = \overline{span}\{2^{j/2}N_m(2^j t-k), k \in Z\}, j \in Z \tag{3-11}$$

定理四　$\{N_m(t-k), k \in Z\}$ 构成 V_0^m 的 Riesz 基。

定理五　设 m 为自然数，$f(t) \in C_c^0(R)$，则当 $n \to +\infty$ 时，

$$S_n(t) = \sum_{k\in Z} f\left(\frac{k}{n}+\frac{m}{2n}\right)N_m(nt-k) \tag{3-12}$$

在 R 上一致收敛于 $f(t)$，同时 $S_n(t)$ 在 R 上也平方收敛于 $f(t)$。

定理六　$\bigcup_{j\in Z} V_j^m$ 在 $L^2(R)$ 中稠密，即 $\overline{\bigcup_{j\in Z} V_j^m} = L^2(R)$。

定理七　$\{V_j^m\}_{j\in Z}$ 构成 $L^2(R)$ 的一个 GMRA，而 $N_m(t)$ 是其对应的尺度函数，具有 $m-1$ 阶正则性。

3.2.4　区间 B 样条小波尺度函数

在区间[0, 1]上 B 样条定义如下：序列点 $t_m^{(j)}:=\{t_k^{(j)}\}_{k=-m+1}^{2^j+m-1}$，$t_{-m+1}^{(j)}=t_{-m+2}^{(j)}=\cdots=t_0^{(j)}=0, t_k^{(j)}=k2^{-j}(k=1,\cdots,2^j-1)$，$t_{2^j}^{(j)}=t_{2^j+1}^{(j)}=\cdots=t_{2^j+m-1}^{(j)}=1, j\in N_0$(自然数)，B 样条函数表达式为：

$$B_{m,i}^{j}(\xi):=(t_{i+m}^{(j)}-t_i^{(j)})[t_i^{(j)},t_{i+1}^{(j)},\cdots,t_{i+m}^{(j)}]_t\,(t-x)_+^{m-1} \tag{3-13}$$

其中$[t_i^{(j)},t_{i+1}^{(j)},\cdots,t_{i+m}^{(j)}]_t\,(t-x)_+^{m-1}$是关于变量 t 的$(t-x)_+^{m-1}$有限差分。

根据相关文献，尺度为 j、阶数为 m 的区间样条小波，简写为 BSWIm_j，其尺度函数 $\varphi_{m,k}^{j}(\xi)$ 定义如下：

$$\varphi_{m,k}^{j}(\xi)=\begin{cases}B_{m,k}^{j_0}\,(2^{j-j_0}\xi) & k=-m+1,\cdots,-1\\ B_{m,2^j-m-k}^{j_0}\,(2^{j-j_0}\xi) & k=2^j-m+1,\cdots,2^j-1\\ B_{m,k}^{j}\,(2^j\xi-k) & k=0,\cdots,2^j-m\end{cases} \tag{3-14}$$

因此，在区间[0,1]上样条小波的尺度函数可写成向量形式：

$$\boldsymbol{\Phi}=[\varphi_{m,-m+1}^{j}(\xi)\varphi_{m,-m+2}^{j}(\xi)\cdots\varphi_{m,2^j-1}^{j}(\xi)] \tag{3-15}$$

其中 $\xi\in[0,1][0,1]$，且 $2^{j_0}\geqslant 2m-1$。

在本章中，输流直管将尺度为 3、阶数为 4 区间样条小条(记为 BSWI4_3)尺度函数作为位移插值函数。输流曲管采用尺度为 4、阶数为 6 的区间样条小波 BSWI6_4 作为位移插值函数，BSWI4_3 和 BSWI6_4 样条小波尺度函数如图 3-1 所示。

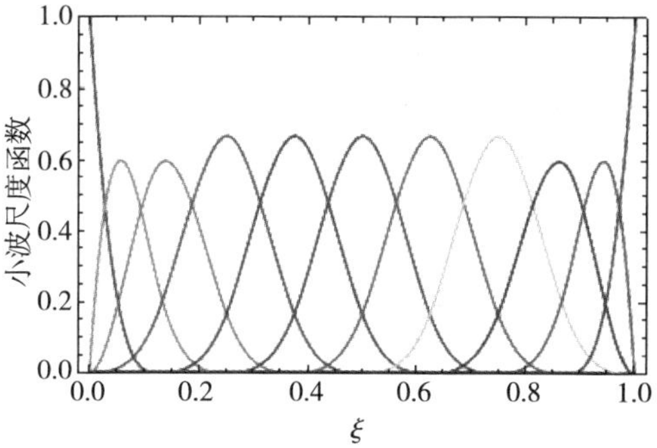

(a) BSWI4_3的尺度函数

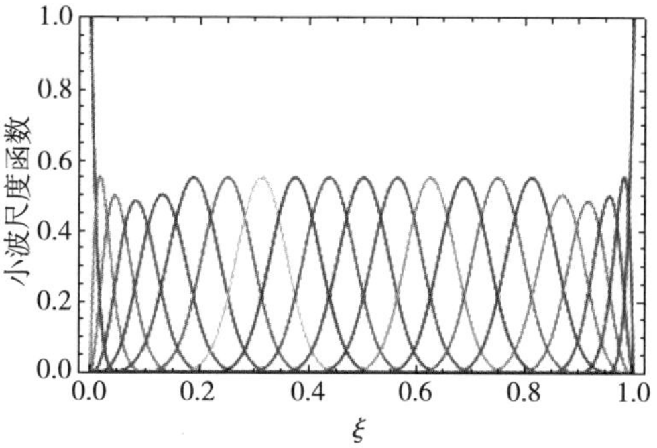

(b) BSWI6_4的尺度函数

图 3-1　区间[0, 1]的 BSWI4_3 和 BSWI6_4 样条小波的尺度函数

3.3 小波有限元分析输流管道

3.3.1 输流直管的运动微分方程及边界条件

如图 3－2 所示，水平放置长为 L 的输流直管，流体的流速为 U，基于梁模型，其运动微分方程为：

$$EI\frac{\partial^4 w}{\partial z^4}+m_f U^2\frac{\partial^2 w}{\partial z^2}+2m_f U\frac{\partial^2 w}{\partial z\partial t}+(m_p+m_f)\frac{\partial^2 w}{\partial t^2}=0 \tag{3-16}$$

其中 E 为弹性模量，I 为截面的惯性矩，m_f、m_p 分别为单位长度的流体质量和管道质量。

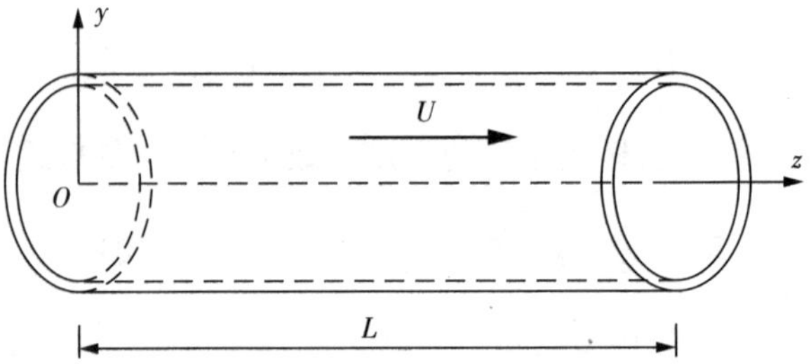

图 3－2　输流管道模型

两端简单支撑边界条件为：

$$\begin{aligned} &z=0,\quad w(0)=0,\quad w''(0)=0\\ &z=L,\quad w(L)=0,\quad w''(L)=0 \end{aligned} \tag{3-17}$$

两端固定约束边界条件为：

$$\begin{aligned} &z=0,\quad w(0)=0,\quad w'(0)=0\\ &z=L,\quad w(L)=0,\quad w'(L)=0 \end{aligned} \tag{3-18}$$

一端固定、一端简支边界条件为：

$$\begin{aligned} &z=0,\quad w(0)=0,\quad w'(0)=0\\ &z=L,\quad w(L)=0,\quad w''(L)=0 \end{aligned} \tag{3-19}$$

悬臂梁边界条件为：

$$\begin{aligned} &z=0, \quad w(0)=0, \quad w'(0)=0 \\ &z=L, \quad w''(L)=0, \quad w'''(L)=0 \end{aligned} \tag{3-20}$$

3.3.2　输流直管的样条小波有限元离散矩阵

本小节将阐述小波有限元对输流管道微分方程的离散过程。将 $BSWI4_3$ 样条小波尺度函数作为插值函数，更加详细内容请参考相关文献，其位移表达式为：

$$w(\xi,t)=\sum_{k=-m+1}^{2^j-1} a_{m,k}^j \varphi_{m,k}^j(\xi)=\boldsymbol{\Phi}\boldsymbol{a}^e \tag{3-21}$$

其中，$\boldsymbol{a}^e=[a_{m,-m+1}^j\,a_{m,-m+2}^j\cdots a_{m,2^j-1}^j]^T$ 表示小波插值函数的系数；$\boldsymbol{\Phi}=[\varphi_{m,-m+1}^j\,\varphi_{m,-m+2}^j\cdots\varphi_{m,2^j-1}^j]$ 表示 j 尺度 m 阶区间样条小波函数。

定义单元 $\boldsymbol{q}^e$ 为：

$$\boldsymbol{q}^e=[w(\xi_1)\quad w'(\xi_1)/l_e\quad w(\xi_2)\quad \cdots w(\xi_n)\quad w(\xi_{n+1})\quad w'(\xi_{n+1})/l_e]^T \tag{3-22}$$

其中，l_e 为单元长度；$\xi_i=(i-1)/2^j, i=1,\cdots,2^j+1$。

将式(3-22)代入式(3-21)，可以得到：

$$\boldsymbol{q}^e=\boldsymbol{R}^e\boldsymbol{a}^e \tag{3-23}$$

其中，

$$\boldsymbol{R}^e=[\boldsymbol{\Phi}^T(\xi_1)\quad \boldsymbol{\Phi}'^T(\xi_1)/l_e\quad \boldsymbol{\Phi}^T(\xi_2)\quad \cdots\boldsymbol{\Phi}^T(\xi_n)\quad \boldsymbol{\Phi}^T(\xi_{n+1})\quad \boldsymbol{\Phi}'^T(\xi_{n+1})/l_e]^T \tag{3-24}$$

将式(3-23)代入式(3-21)可得：

$$w(\xi,t)=\boldsymbol{\Phi}(\boldsymbol{R}^e)^{-1}\boldsymbol{q}^e=\boldsymbol{N}\boldsymbol{q}^e \tag{3-25}$$

其中 $\boldsymbol{N}=\boldsymbol{\Phi}(\boldsymbol{R}^e)^{-1}$ 是小波有限元的形函数。

根据传统有限元的过程，将式(3-16)进行离散，得到小波有限元的离散方程如下：

$$\boldsymbol{M}^e\ddot{\boldsymbol{q}}^e+\boldsymbol{C}^e\dot{\boldsymbol{q}}^e+\boldsymbol{K}^e\boldsymbol{q}^e=0 \tag{3-26}$$

其中小波有限元的单元质量矩阵、单元阻尼矩阵、单元刚度矩阵分别为：

$$\boldsymbol{M}^e=(m_p+m_f)\int_0^1(\boldsymbol{N})^T\boldsymbol{N}l_e\mathrm{d}\xi \tag{3-27}$$

$$\boldsymbol{C}^e=m_fU\int_0^1[(\boldsymbol{N})^T(\boldsymbol{N})'-(\boldsymbol{N})'^T(N)]\mathrm{d}\xi \tag{3-28}$$

$$\boldsymbol{K}^e=\int_0^1[EI(\boldsymbol{N})''^T(\boldsymbol{N})''/l_e^3-m_fU^2(\boldsymbol{N})'^T(\boldsymbol{N})'/l_e]\mathrm{d}\xi \tag{3-29}$$

其中，$()'$ 是关于 ξ 的导数，$\dot{()}$ 是对时间 t 的微分，$\xi=z_e/l_e(0\leqslant\xi\leqslant1)$，$l_e$ 是单元长度，$z_e(0\leqslant z_e\leqslant l_e)$ 是单元局部坐标。

悬臂梁（$x=0$ 固定，$x=L$ 自由）的小波单元质量矩阵、小波单元阻尼矩阵、小波单元刚度矩阵和小波单元受力向量分别为：

$$\boldsymbol{M}^e=(m_p+m_f)\int_0^1(\boldsymbol{N})^T\boldsymbol{N}l_e\mathrm{d}\xi \tag{3-30}$$

$$\begin{aligned}\boldsymbol{C}^e=&m_fU\int_0^1[(\boldsymbol{N})^T(\boldsymbol{N})'-(\boldsymbol{N})'^T(\boldsymbol{N})]\mathrm{d}\xi\\&+m_fU\boldsymbol{N}^T\boldsymbol{N}\delta(x-L)\mid_{\xi=1}\end{aligned} \tag{3-31}$$

$$\begin{aligned}\boldsymbol{K}^e=&\int_0^1[EI(\boldsymbol{N})''^T(\boldsymbol{N})''/l_e^3-m_fU^2(\boldsymbol{N})'^T(\boldsymbol{N})'/l_e]\\&\mathrm{d}\xi+m_fU^2\boldsymbol{N}'^T\boldsymbol{N}\delta(x-L)/l_e\mid_{\xi=1}\end{aligned} \tag{3-32}$$

结合小波位移单元，可以很容易将传统有限元的组合程序修改成小波有限元的组合程序。采用小波有限元的组合程序，可以得到系统矩阵，比如系统质量矩阵 $\boldsymbol{M}_g$、系统阻尼矩阵 $\boldsymbol{C}_g$、系统刚度矩阵 $\boldsymbol{K}_g$ 和系统位移向量 $\boldsymbol{q}(t)$，其全局离散方程如下：

$$\boldsymbol{M}_g\ddot{\boldsymbol{q}}(t)+\boldsymbol{C}_g\dot{\boldsymbol{q}}(t)+\boldsymbol{K}_g\boldsymbol{q}(t)=0 \tag{3-33}$$

其中 $\boldsymbol{M}_g$、$\boldsymbol{C}_g$、$\boldsymbol{K}_g$ 分别为系统质量矩阵、阻尼矩阵和刚度矩阵。

3.3.3 输流管道振动问题的求解方法

考虑 $\boldsymbol{q}(t)=\boldsymbol{Q}e^{\Omega t}$，采用状态空间法可将式（3-33）表示为：

$$\left\{\begin{bmatrix}0 & \boldsymbol{I}\\ -\boldsymbol{M}_g^{-1}\boldsymbol{K}_g & -\boldsymbol{M}_g^{-1}\boldsymbol{C}_g\end{bmatrix}-\Omega\begin{bmatrix}\boldsymbol{I} & 0\\ 0 & \boldsymbol{I}\end{bmatrix}\right\}\begin{bmatrix}\boldsymbol{Q}\\ \Omega\boldsymbol{Q}\end{bmatrix}=\begin{bmatrix}0\\0\end{bmatrix} \tag{3-34}$$

计算式（3-34）的特征值，可以得到共轭复数特征值 $\Omega_r=i\omega_r=\alpha_r\pm i\beta_r$，$r=1$，

$2, \cdots, J$，$i=\sqrt{-1}$，其中J为系统自由度，ω为系统频率。输流曲管的式(3-33)也可采用相同的处理过程。定义无量纲频率为：

$$\bar{\omega}=\omega\sqrt{\frac{(m_f+m_p)L^4}{EI}} \tag{3-35}$$

定义无量纲流速为：

$$u=U\sqrt{\frac{m_f L^2}{a_{22R}}} \tag{3-36}$$

定义质量比为：

$$\beta=\frac{m_f}{m_f+m_p} \tag{3-37}$$

根据文献，悬臂输流直管的无量纲临界流速的求解方法主要有3种：

(1) Paidoussis方法：在程序中，根据相关文献，固定流速为U，设定β从0开始，按步长增加，α_r开始小于0。当质量比β增加到某一数值时，所得特征值中最大的α_r接近0或大于0，悬臂输流管道发生颤振失稳，此时的流速即为此质量比对应的临界流速。

(2) Marzani方法：在程序中，根据相关文献，固定质量比β数值，设定流速U从0开始，按步长增加，α_r开始小于0。当流速增加到某一数值时，所得特征值中最大的α_r接近0或大于0，悬臂输流管道发生颤振，此时的流速即为临界流速。

(3) 还有一种方法是利用伽辽金法离散方程，以及线性系统Routh-Hurwitz行列式，计算悬臂输流管道颤振失稳的临界流速。本章使用Paidoussis方法和Marzani方法来求解悬臂输流管道的临界流速。

3.3.4　输流直管数值算例分析

在本章的分析中，薄壁输流管道结构尺寸如下：长度$L=2.032$，内径$r_i=0.122\text{m}$，外径$r_o=0.132\text{m}$；材料参数如下：流体密度$\rho_f=1000\text{kg/m}^3$，管道密度$\rho_p=7850\text{kg/m}^3$，弹性模量$E=210\text{GPa}$。

首先采用样条小波有限元计算输流管道的频率，并与传统有限元、伽辽金法进行比较。在所有的数值算例中，传统有限元采用10个单元，伽辽金法采用6阶。表3-1和表3-2是样条小波有限元采用2个单元，计算四种边界条件下$U=0$时输流直管的频率，与其他方法对比可以看出，本章方法计算结果相差不大，说明了样条小波有限元的精确性和可靠性。

表3-3和表3-4是采用不同数量的小波单元求解四种边界条件下输流直管在流速$U=0$时的固有频率,进行对比后可以看出,2个单元和4个单元的计算结果非常相近。采用不同数量的小波单元求解三种边界条件下输流直管的频率随流速变化的曲线图如图3-3、图3-4、图3-5所示,将1个单元、2个单元和4个单元的数值结果进行对比可以看出,随着流速的增大,输流直管首先发生屈曲失稳,接着发生颤振失稳,振动特性与相关文献一致。在低阶时,三种不同数目的单元数值结果相近,但阶数越大,1个单元与2个单元和4个单元的计算结果差别越大。同时也可看出,2个单元和4个单元的数值结果相近,可见2个单元使得数值结果收敛。

表3-1 不同方法计算的输流直管无量纲固有频率比较

模态阶数	两端固定			一端固定一端简支		
	伽辽金法	传统有限元	小波有限元	伽辽金法	传统有限元	小波有限元
1	22.3729	22.3733	22.3733	15.4314	15.4182	15.4182
2	61.6696	61.6728	61.6728	49.9310	49.9649	49.9649
3	120.9120	120.9034	120.9036	104.2440	104.2477	104.2478
4	199.8595	199.8596	199.8614	178.2759	178.2698	178.2710
5	298.5555	298.5561	298.5674	272.0190	272.0314	272.0389

表3-2 不同方法计算的输流直管无量纲固有频率比较(续)

模态阶数	一端固定一端自由			两端简支		
	伽辽金法	传统有限元	小波有限元	伽辽金法	传统有限元	小波有限元
1	3.5156	3.5160	3.5160	9.8696	9.8696	9.8696
2	22.0336	22.0345	22.0345	39.4784	39.4784	39.4784
3	61.7010	61.6972	61.6972	88.8264	88.8264	88.8265
4	120.9027	120.9019	120.9022	157.9137	157.9137	157.9144
5	199.8595	199.8598	199.8618	246.7401	246.7404	246.7454

表3-3 小波单元数量不同时输流直管的无量纲固有频率比较

模态阶数	两端固定			一端固定一端简支		
	1个单元	2个单元	4个单元	1个单元	2个单元	4个单元
1	22.3753	22.3734	22.3733	15.4189	15.4182	15.4182
2	61.7201	61.6754	61.6730	49.9893	49.9649	49.9649

（续表）

模态阶数	两端固定			一端固定一端简支		
	1 个单元	2 个单元	4 个单元	1 个单元	2 个单元	4 个单元
3	121.3314	120.9239	120.9046	104.5077	104.2485	104.2484
4	202.2576	199.9570	199.8649	179.8491	178.2736	178.2736
5	308.1299	298.9142	298.5742	278.7807	272.0450	272.0450

表 3-4 小波单元数量不同时输流直管的无量纲固有频率比较(续)

模态阶数	一端固定一端自由			两端简支		
	1 个单元	2 个单元	4 个单元	1 个单元	2 个单元	4 个单元
1	3.5160	3.5160	3.5160	9.8698	9.8696	9.8696
2	22.0365	22.03461	22.0345	39.4902	39.4791	39.4784
3	61.7467	61.6998	61.6974	88.9803	88.8344	88.8265
4	121.3456	120.9229	120.9031	158.9411	157.9607	157.9144
5	202.2921	199.9594	199.8650	251.4127	246.9351	246.7454

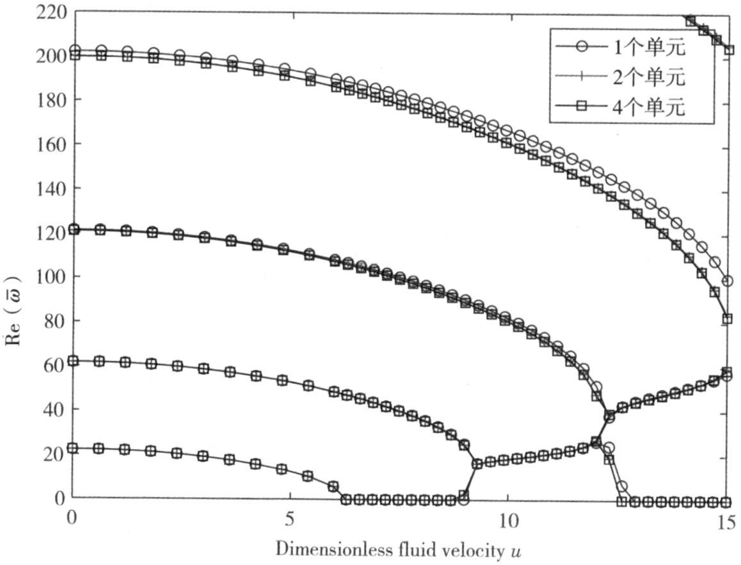

（a）频率实部

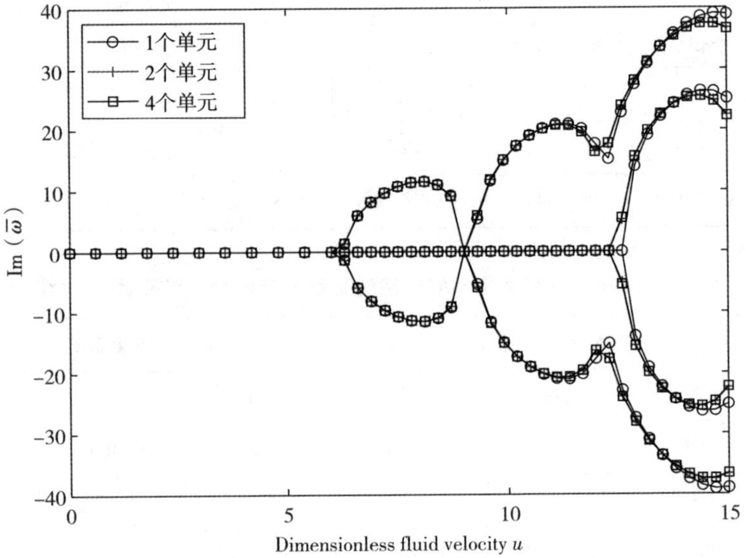

（b）频率虚部

图 3-3　小波单元数目不同时两端固定输流管道的频率随流速变化比较

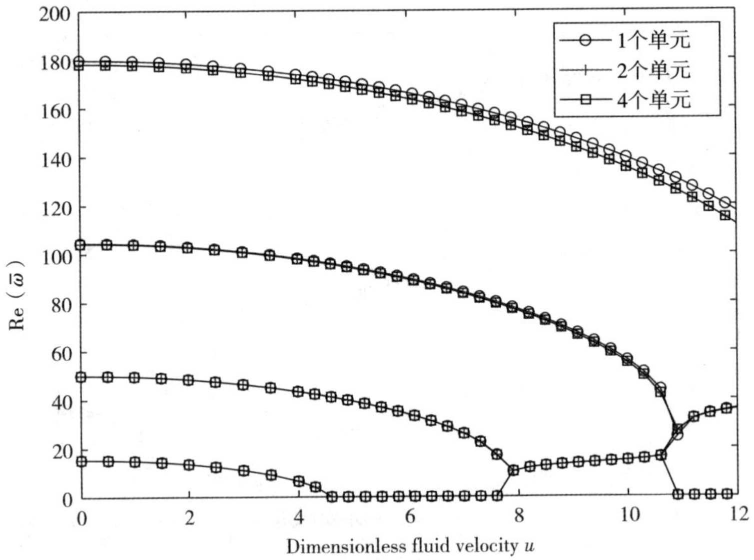

（a）频率实部

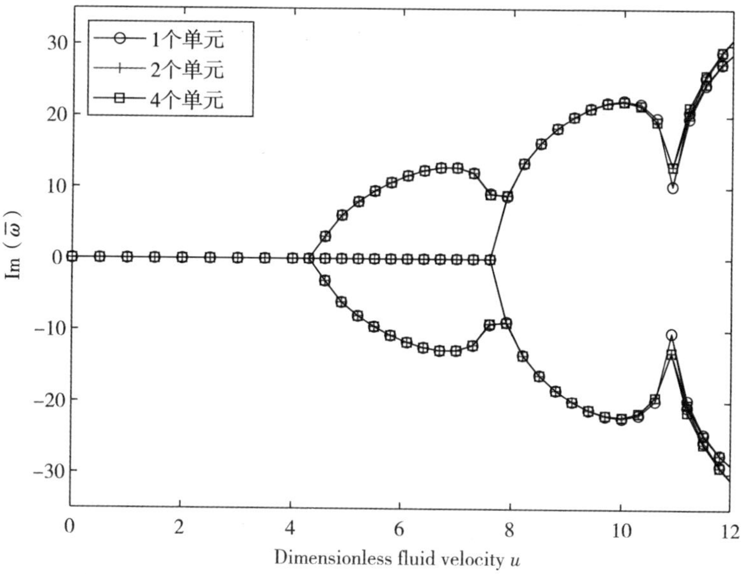

（b）频率虚部

图 3-4　小波单元数目不同时一端固定、一端简支输流管道的频率随流速变化比较

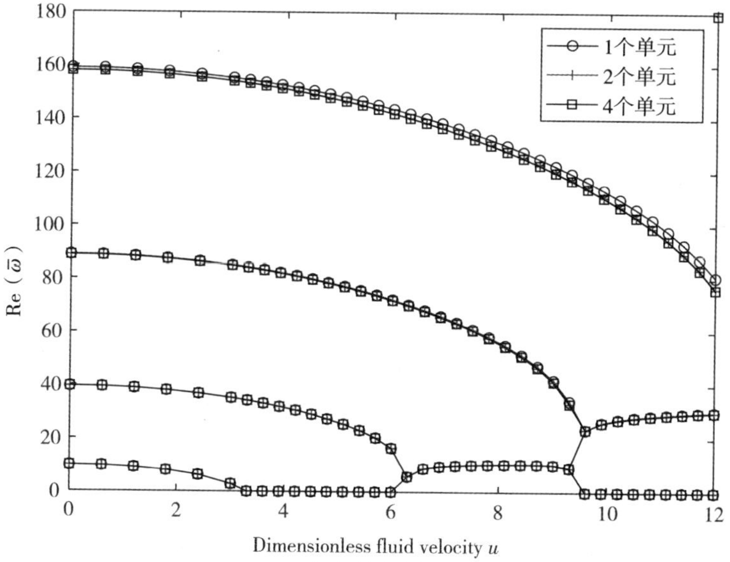

（a）频率实部

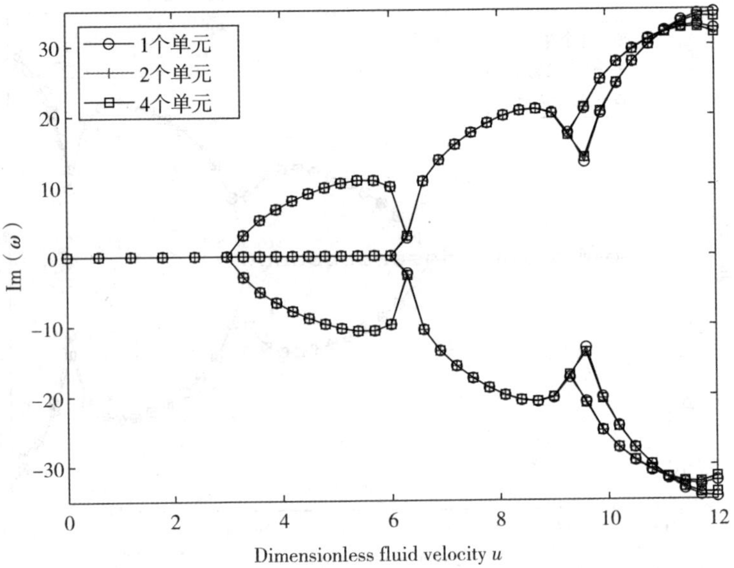

（b）频率虚部

图 3-5 小波单元数目不同时两端简支输流管道的频率随流速变化比较

接着，采用3.3.3中计算悬臂输流直管的临界流速两种方法，分别计算其临界流速随质量比β变化的曲线。采用不同数目的小波单元，按照Paidoussis方法计算悬臂输流管道的临界流速曲线如图3-6所示，曲线呈现经典的"S"形状，图3-6中圆圈所示区域，文献称之为"失稳－重新稳定－失稳"区域，临界流速与质量比β并不是一对一的，Elishakoff指出图中圆圈与线性系统Routh-Hurwitz稳定判据不符，而且在试验中无法重现。

用不同数目的小波单元，按照Marzani方法计算悬臂输流管道的临界流速曲线如图3-7所示，曲线同样呈现经典的"S"形状，与图3-6一样，均在β为0.3、0.7和0.9附近呈现经典的"S"形状，不同的是，临界流速与质量比β是一对一的，而且是单调上升。虽然所使用的方法不一样，但此方法与采用Routh-Hurwitz行列式计算的数值结果趋势相似，两者所生成的曲线均单调递增。

图3-6和图3-7均显示，在质量比较小(大约β小于0.75)时，1个单元数值结果与2个单元和4个单元的曲线几乎重合；在质量比较大时(大约β大于0.75)，1个单元数值结果与2个单元或4个单元相比较，差别很大；2个单元和4个单元曲线始终接近，可见2个单元的计算结果收敛。

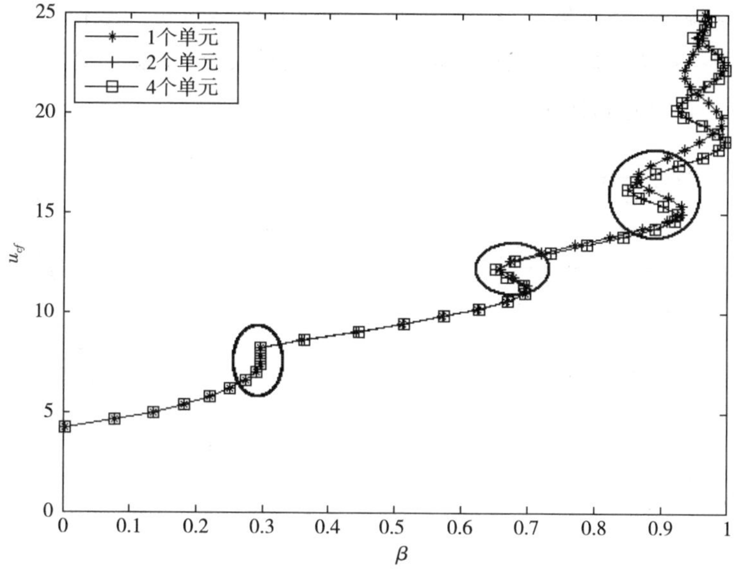

图 3-6　采用 Paidoussis 方法，小波单元数目不同时分别计算的临界流速曲线比较

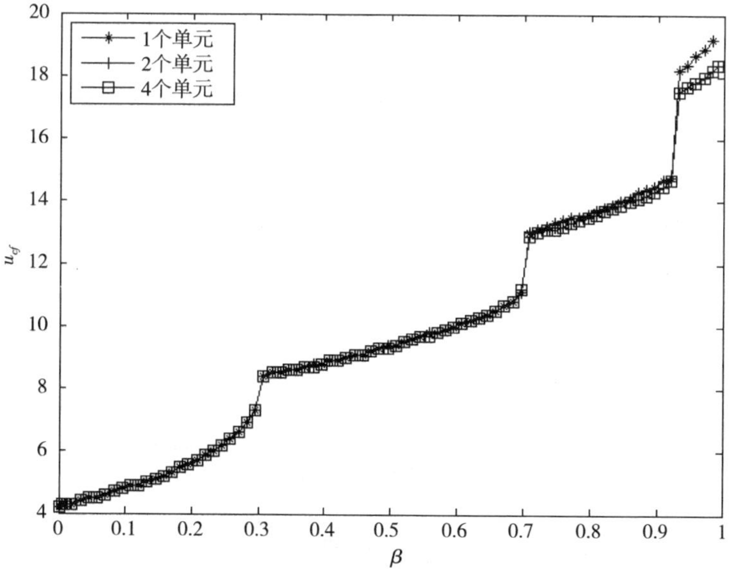

图 3-7　采用 Marzani 方法，小波单元数目不同时分别计算的临界流速曲线比较

采用三种不同离散方法(伽辽金法、传统有限元、样条小波有限元)，分别按照 Paidoussis 方法和 Marzani 方法计算临界悬臂管道流速曲线，如图 3-8 和图 3-9 所示，样条小波有限元均采用 2 个单元。

图 3-8 显示，在质量比小于 0.7 时，三种不同离散方法的数值结果相近；大于 0.7 后，随着 β 增大，伽辽金法的数值结果与传统有限元、样条小波有限元差别越来越大，而传统有限元和样条小波有限元曲线几乎重合。

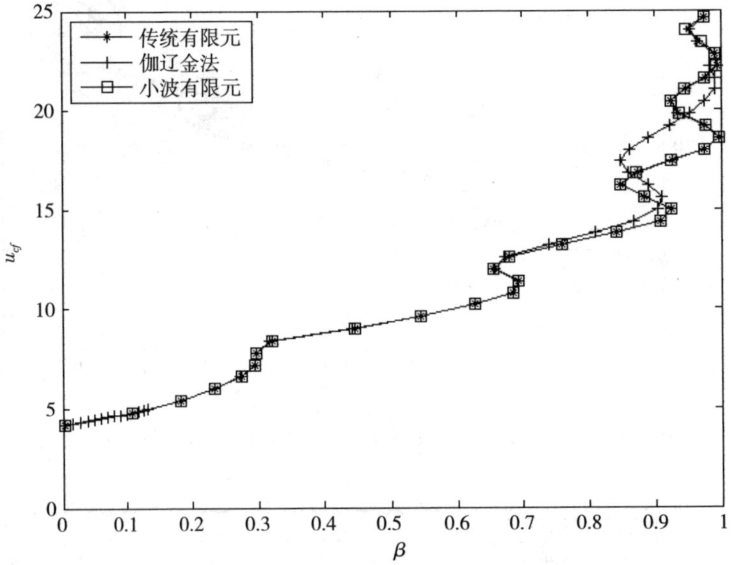

图 3-8　不同求解方法采用 Paidoussis 方法分别计算的临界流速曲线比较

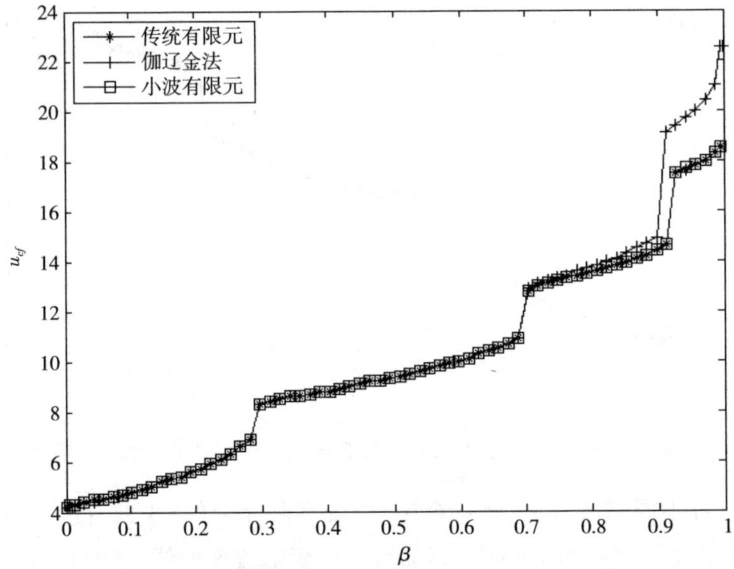

图 3-9　不同求解方法采用 Marzani 方法分别计算的临界流速曲线比较

图 3-9 显示，在质量比小于 0.7 时，三种不同离散方法的数值结果相近；大于 0.7 后，随着 β 增大，伽辽金法的数值结果与传统有限元、样条小波有限元差别越来越大，而传统有限元和样条小波有限元曲线也是几乎重合。

采用样条小波有限元离散方法，分别按照 Paidoussis 方法和 Marzani 方法计算临界悬臂管道流速曲线如图 3-10 所示，进行对比后发现，除在"S"附近和 $\beta=1$ 附近外，两种方法产生的曲线几乎重合。这也说明了 Marzani 方法的精确性和可靠性，并且此方法避免了相关文献中所涉及 Paidoussis 方法的矛盾。

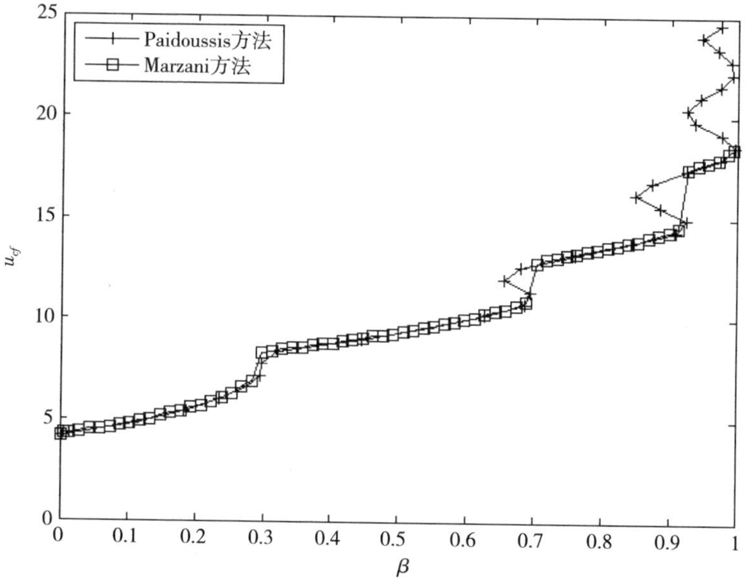

图 3-10　样条小波有限元采用 Paidoussis 方法和 Marzani 方法分别计算的临界流速曲线比较

3.4　算例结果分析

3.4.1　输流曲管面内振动的运动微分方程及边界条件

如图 3-11 所示输流曲管模型，无管外流体影响，据相关文献可知，输流曲管的面内振动无量纲微分方程如下：

$$\left(\frac{\partial^6 \eta}{\partial \zeta^6}+2\Theta^2 \frac{\partial^4 \eta}{\partial \zeta^4}+\Theta^4 \frac{\partial^2 \eta}{\partial \zeta^2}\right)+\bar{u}^2\left(\frac{\partial^4 \eta}{\partial \zeta^4}+2\Theta^2 \frac{\partial^2 \eta}{\partial \zeta^2}+\Theta^4 \eta\right)+$$

$$\frac{\partial^4 \eta}{\partial \tau^2 \partial \zeta^2}-\Theta^2 \frac{\partial^2 \eta}{\partial \tau^2}+2\beta^{1/2}\bar{u}\left(\frac{\partial^4 \eta}{\partial \tau \partial \zeta^3}+\Theta^2 \frac{\partial^2 \eta}{\partial \tau \partial \zeta}\right)+ \tag{3-38}$$

$$\frac{\partial^2}{\partial \zeta^2}\left[\Pi_o\left(\frac{\partial^2 \eta}{\partial \zeta^2}+\Theta^2 \eta\right)\right]+\Theta^2 \Pi_o\left(\frac{\partial^2 \eta}{\partial \zeta^2}+\Theta^2 \eta\right)=0$$

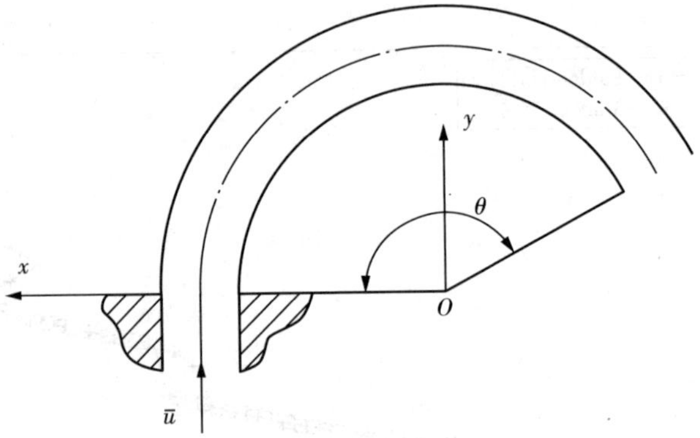

图 3-11　曲管模型

其中无量纲参数定义如下：η 为沿轴线切向的位移，ζ 为无量纲弧长，τ 为无量纲时间，$\bar{u}$ 为无量纲流速，β 为单位长度截面流体质量与单位长度截面总质量之比，Θ 为曲管弧长与曲管半径之比，Π_o 为由流体运动引起的稳态组合力。当 $\Pi_o=0$ 时，即忽略稳态组合力，简化为轴线不可伸长的输流曲管模型，所得微分方程与相关文献一致；当考虑流体摩擦，即 $\Pi_o\neq 0$ 时，为修正轴线不可伸长假设的输流曲管面内振动微分方程。

输流曲管的两种边界条件分别为：

(1) 固定边界条件，

$$\eta=0, \frac{\partial \eta}{\partial \xi}=0, \frac{\partial^2 \eta}{\partial \xi^2}=0 \tag{3-39}$$

(2) 简单支承条件，

$$\eta=0, \frac{\partial \eta}{\partial \xi}=0, \left(\frac{\partial^3 \eta}{\partial \xi^3}+\Theta^2 \frac{\partial \eta}{\partial \xi}\right)=0 \tag{3-40}$$

3.4.2 输流曲管的样条小波有限元离散矩阵

采用 $BSWI6_4$ 样条小波尺度函数作为位移插值函数，其位移场函数 $\eta(\xi)$ 可表示为：

$$\eta(\xi) = \sum_{k=-m+1}^{2^j-1} a_{m,k}^j \varphi_{m,k}^j(\xi) = \boldsymbol{\Phi} \boldsymbol{a}^e \tag{3-41}$$

其中：$\boldsymbol{a}^e = [a_{m,-m+1}^j \ a_{m,-m+2}^j \cdots a_{m,2^j-1}^j]^T$ 表示小波插值函数的系数列向量；

$\boldsymbol{\Phi} = [\varphi_{m,-m+1}^j \ \varphi_{m,-m+2}^j \cdots \varphi_{m,2^j-1}^j]$ 表示 j 尺度 m 阶区间样条小波尺度函数行向量。

定义单元物理自由度 $\boldsymbol{\eta}^e$ 为：

$$\begin{aligned}\boldsymbol{\eta}^e = [&\eta(\xi_1) \quad \eta'(\xi_1)/l_e \quad \eta''(\xi_1)/l_e^2 \quad \eta(\xi_2) \quad \cdots \\ &\eta(\xi_n) \quad \eta(\xi_{n+1}) \quad \eta'(\xi_{n+1})/l_e \quad \eta''(\xi_{n+1})/l_e^2]^T\end{aligned} \tag{3-42}$$

其中，l_e 为单元长度；$\xi_i = (i-1)/2^j, i = 1, \cdots, 2^j+1$。

将式(3-42)中不同节点的 $\eta(\xi_i)$ 分别代入式(3-41)，可以得到：

$$\boldsymbol{\eta}^e = \boldsymbol{R}^e \boldsymbol{a}^e \tag{3-43}$$

其中，

$$\begin{aligned}\boldsymbol{R}^e = [&\boldsymbol{\Phi}^T(\xi_1) \quad \boldsymbol{\Phi}'^T(\xi_1)/l_e \quad \boldsymbol{\Phi}''^T(\xi_1)/l_e^2 \quad \boldsymbol{\Phi}^T(\xi_2) \quad \cdots \\ &\boldsymbol{\Phi}^T(\xi_n) \quad \boldsymbol{\Phi}^T(\xi_{n+1}) \quad \boldsymbol{\Phi}'^T(\xi_{n+1})/l_e \quad \boldsymbol{\Phi}''^T(\xi_{n+1})/l_e^2]^T\end{aligned} \tag{3-44}$$

将式(3-43)代入式(3-41)可得：

$$\eta(\xi) = \boldsymbol{\Phi}(\boldsymbol{R}^e)^{-1}\boldsymbol{\eta}^e = \boldsymbol{N}\boldsymbol{\eta}^e \tag{3-45}$$

其中 $\boldsymbol{N} = \boldsymbol{\Phi}(\boldsymbol{R}^e)^{-1}$ 是形函数向量。

根据传统有限元的过程，将式(3-38)进行离散，得到小波有限元的离散方程如下：

$$\boldsymbol{M}^e\ddot{\boldsymbol{\eta}}^e + \boldsymbol{C}^e\dot{\boldsymbol{\eta}}^e + \boldsymbol{K}^e\boldsymbol{\eta}^e = 0 \tag{3-46}$$

其中小波有限元的单元质量矩阵、单元阻尼矩阵和单元刚度矩阵分别为：

$$\boldsymbol{M}^e=\int_0^1(\mathbf{N}'^T\mathbf{N}'/l_e+\Theta^2\mathbf{N}^T\mathbf{N}l_e)\mathrm{d}\xi \tag{3-47}$$

$$\boldsymbol{C}^e=2\beta^{1/2}\bar{u}\int_0^1\mathbf{N}'^T(\mathbf{N}''/l_e^2+\Theta^2\mathbf{N})\mathrm{d}\xi \tag{3-48}$$

$$\begin{aligned}\boldsymbol{K}^e=&\int_0^1(\mathbf{N}'''/+\Theta^2\mathbf{N}')^T(\mathbf{N}'''/l_e^3+\Theta^2\mathbf{N}'/l_e)\mathrm{d}\xi\\&+\bar{u}^2\int_0^1\{\mathbf{N}'^T(\mathbf{N}'''/l_e^3+\Theta^2\mathbf{N}'/l_e)-\Theta^2\mathbf{N}^T(\mathbf{N}''/l_e\\&+\Theta^2\mathbf{N}l_e)\}\mathrm{d}\xi+\int_0^1\mathbf{N}'^T/l_e\frac{\partial}{\partial\xi}[\Pi_o(\mathbf{N}''/l_e^2+\Theta^2\mathbf{N})]\mathrm{d}\xi\\&-\int_0^1\Theta^2\Pi_o\mathbf{N}^T(\mathbf{N}''/l_e+\Theta^2\mathbf{N}l_e)\mathrm{d}\xi\end{aligned} \tag{3-49}$$

其中，$()'$ 是关于无量纲长度 ξ 的导数，$\dot{()}$ 是对无量纲时间 τ 的微分，l_e 是单元长度。

采用小波有限元的组合程序，可以得到系统矩阵，比如小波有限元系统质量矩阵 $\boldsymbol{M}_g$、小波有限元系统阻尼矩阵 $\boldsymbol{C}_g$、小波有限元系统刚度矩阵 $\boldsymbol{K}_g$ 和小波有限元系统位移向量 $\boldsymbol{\eta}(t)$，其全局离散方程如下：

$$\boldsymbol{M}_g\ddot{\eta}+\boldsymbol{C}_g\dot{\eta}+\boldsymbol{K}_g\eta=0 \tag{3-50}$$

3.4.3 输流曲管数值算例分析

本节将验证输流曲管面内振动小波曲管单元的精度。采用小波有限元分别求解基于轴线不可伸缩假设和基于修正轴线不可伸缩假设的输流曲管算例，并与前人文献所得的数值结果进行对比。

首先，应用小波曲管单元，计算 $\Pi_o=0$ 时输流曲管的频率随流速的变化。令 $\Pi_o=0$ 和 $\beta=0.5$ 时，分别利用传统有限元和小波有限元，计算了在三种边界条件下的输流曲管面内振动前四阶频率实部随流体速度变化，并与前人文献进行对比。传统有限元采用 12 个传统曲管单元，小波有限元采用 1 个小波曲管单元。如图 3-12 至图 3-14 所示，随着流速的增大，面内振动的前四阶频率实部都在减小，且两种计算方法的数值结果吻合较好。

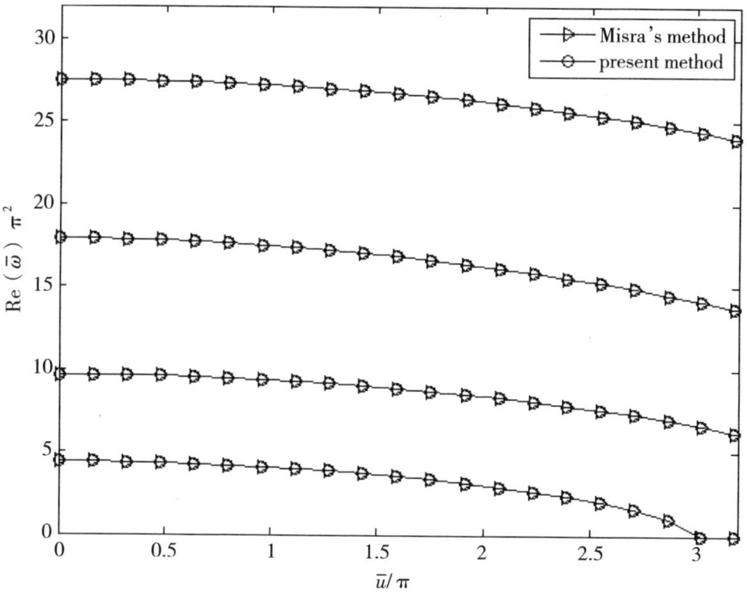

图 3-12　输流曲管面内振动前四阶频率实部随流速变化曲线(两端固定,$\Pi_o=0$)

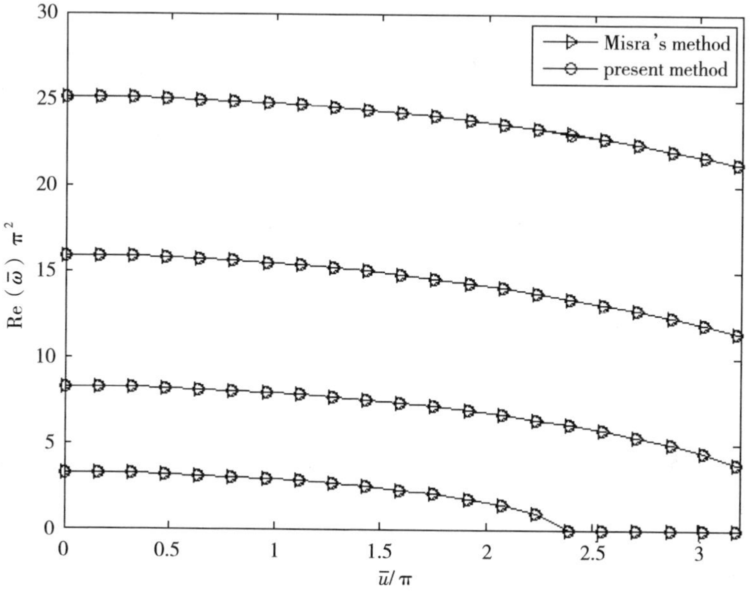

图 3-13　输流曲管面内振动前四阶频率实部随流速变化曲线(一端固定,一端简支,$\Pi_o=0$)

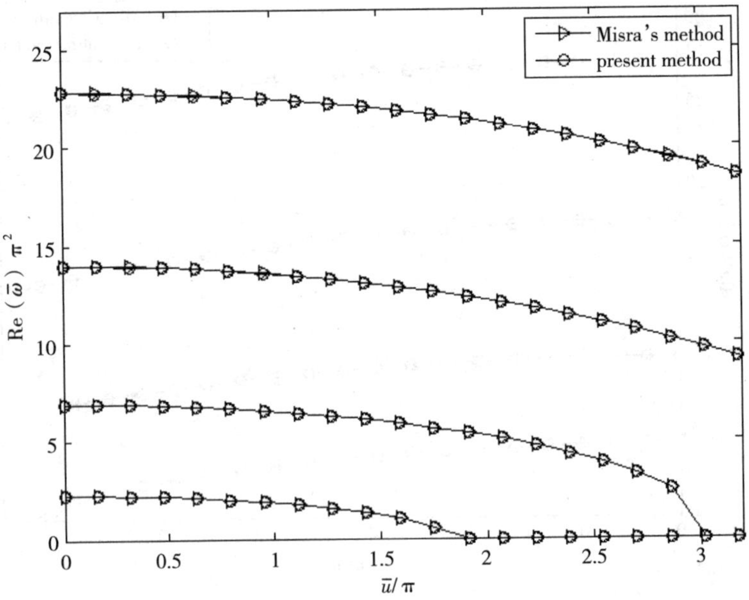

图 3-14　输流曲管面内振动前四阶频率实部随流速变化曲线(两端简支,$\Pi_o = 0$)

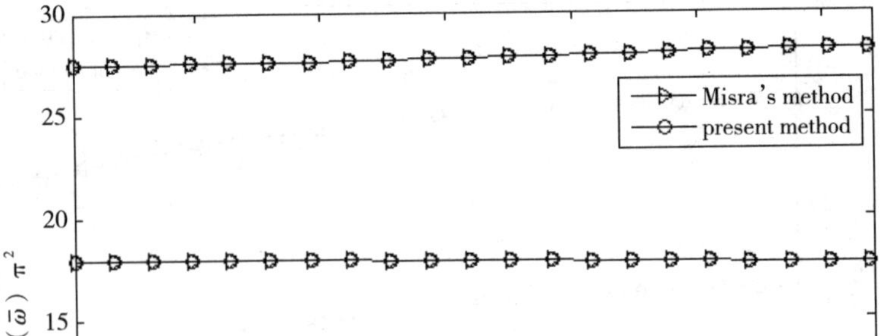

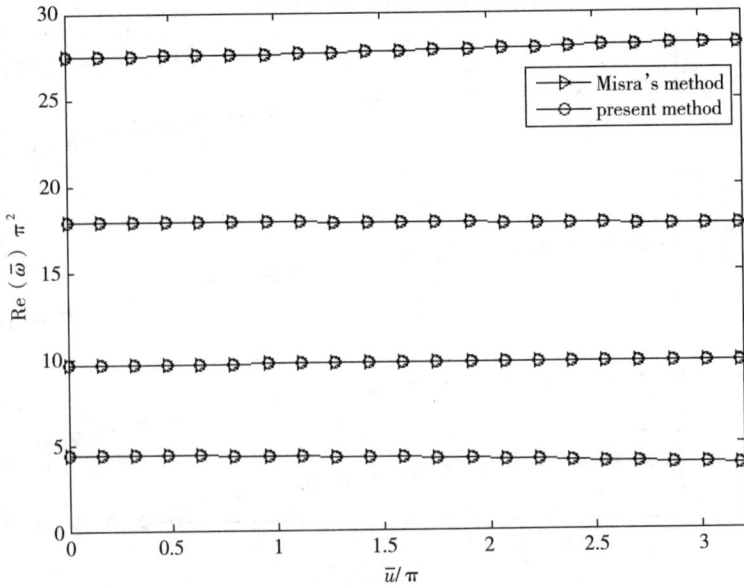

图 3-15　输流曲管面内振动前四阶频率实部随流速变化曲线(两端固定,$\Pi_o \neq 0$)

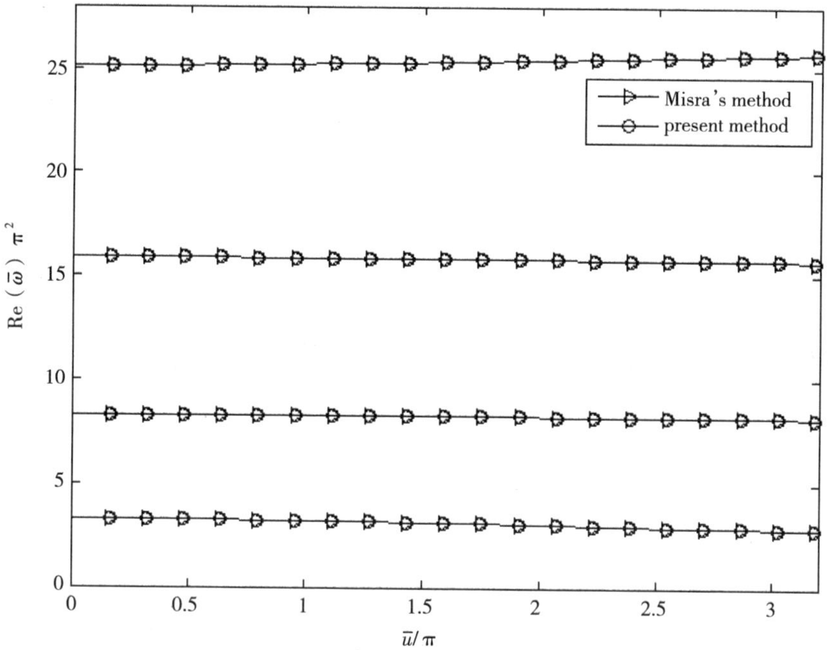

图 3-16　输流曲管面内振动前四阶频率实部随流速变化曲线
（一端固定，一端简支，$\Pi_o \neq 0$）

然后，应用小波曲管单元，计算 $\Pi_o \neq 0$ 时输流曲管的频率随流速的变化。令 $\Pi_o \neq 0$ 和 $\beta=0.5$ 时，分别利用传统有限元和小波有限元，计算了在三种边界条件下的输流曲管面内振动前四阶频率实部随流体速度变化，并与前人文献进行对比。传统有限元采用 12 个传统曲管单元，小波有限元采用 1 个小波曲管单元。如图 3-15 至图 3-17 所示，随着流速的增大，面内振动的前三阶频率实部一直在缓慢减小，但与轴线不可伸缩模型不同的是，第四阶频率实部却在增长，且两种计算方法的数值结果非常吻合。

如图 3-15 至图 3-17 所示，在相同的程序结构和硬件条件下，分别采用以上两种方法计算对应于某一特定流速 $\bar{u}$ 的频率，传统有限元计算时间为 0.1956 秒，而小波有限元计算时间为 0.0393 秒。小波有限元计算时间仅为传统有限元的 1/5。

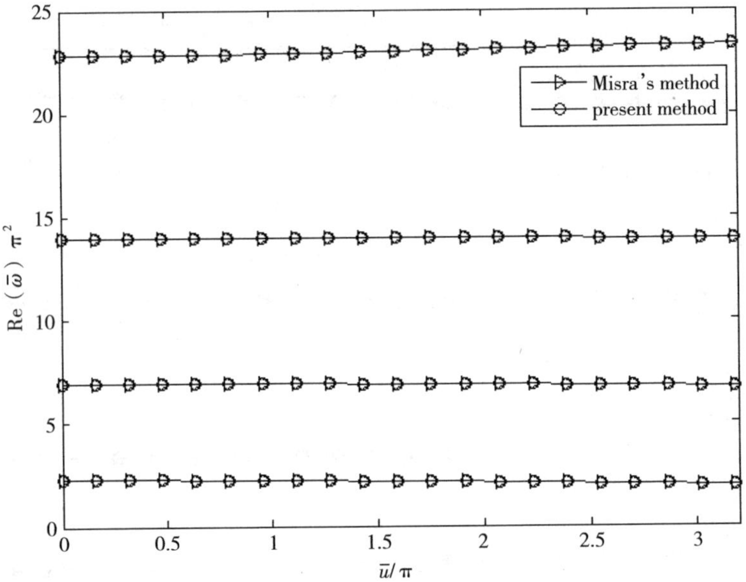

图 3-17　输流曲管面内振动前四阶频率实部随流速变化曲线(两端简支,$\Pi_0 \neq 0$)

3.5　旋转悬臂输流直管流固耦合振动分析

输流管道在工业中应用广泛,如核工业、化工行业、航空航天等,其流固耦合振动现象引起了众多学者的注意。在无旋转的输流管道方面,Benjamin 首先从理论和试验方面较为全面地研究了非旋转的铰接输流刚性管道,之后 Gregory 和 Paidoussis 对非旋转的输流弹性直管进行了研究,并指出了输流管道发生失稳的条件。同时,旋转悬臂梁在旋转机械中也应用广泛,如机械手臂、直升机旋翼桨叶、风力发电、蜗轮机械等。与非旋转直梁不同的是,旋转直梁在动力学模型中多了附加离心刚度项和科氏力项(Houbolt 和 Brooks)。基于欧拉-伯努利模型,Du 等推导出了旋转悬臂梁面外振动的自然频率和模态解析解。Yoo 和 Shin 研究了顶端质量、弹性基础、截面变化、剪切变形等对旋转梁模态特性的影响。另外,Yoo 也提出了旋转梁的一种建模方法,该方法采用了伸展变形替代传统的三个笛卡尔变形变量。Cai 等分别采用传统零阶近似耦合模型和一阶近似耦合模型研究了旋转梁的动力特性,并进行了振动的主动控制研究。

旋转输流直管结合了输流直管和无流体的旋转直梁的工作特点，应用前景广阔，但国内外关于旋转悬臂输流直管的文献却较少。基于轴线不可伸长假设，Panussises 采用牛顿法推导出了旋转悬臂输流直管的面内面外两个非线性运动微分方程，应用 Galerkin 方法求解了无量纲频率，并没有涉及转速对临界曲线的影响，并将数值结果与前人文献进行了对比和验证。Bogdevičius 在忽略转动惯性和剪切变量的假设下，采用有限元方法离散了旋转输流直管的几何非线性微分方程，求解了非线性微分方程的响应。Yoon 基于 Lagrange 方程推导出了旋转输流直管的运动微分方程，并分析了转速、端部质量和流速对动力特性的影响。

综上可知，旋转输流管道侧重于几何非线性、系统参数等对频率的影响，并未涉及面内面外振动的对比，也未就旋转悬臂输流管道发生颤振时的临界流速曲线进行分析。本节针对国内外的研究现状，采用 Hamilton 方法推导出了旋转悬臂输流直管的线性微分方程，采用小波有限元方法离散微分方程，构建了小波有限元单元矩阵，求解了面内面外的临界流速曲线，分析了转速对临界流速曲线的影响，以及面内和面外振动的区别。

3.5.1 旋转输流直管的微分方程推导

基于轴线不可伸长的假设，水平放置的旋转输流直管几何坐标如图 3－18 所示，管道长为 L，不可压缩活塞流体的流速为 U，正交坐标系(x,y,z)，输流管道绕着 y 轴转动，角速度为 Ω，(u,v,w) 为三个方向上的位移。

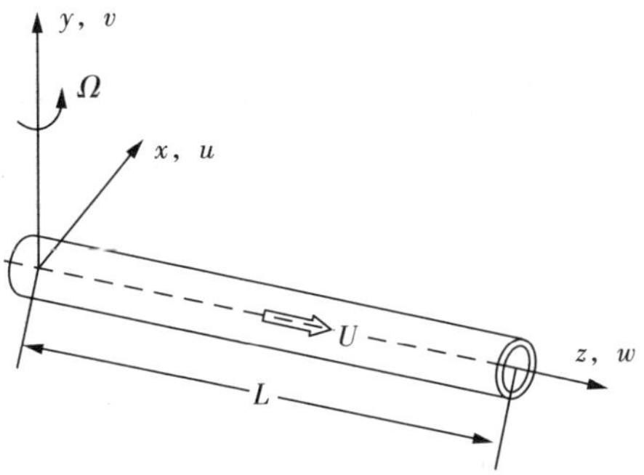

图 3－18　旋转输流直管的几何和坐标

管道的质量点矢径为：

$$\vec{r}=(x+u)\vec{i}+(y+v)\vec{j}+(z+w)\vec{k} \tag{3-51}$$

管道的速度表示为：

$$\vec{v}_p=\dot{u}\vec{i}+\dot{v}\vec{j}+\dot{w}\vec{k}+\Omega\vec{j}\times\vec{r} \tag{3-52}$$

基于轴线不可伸长，且仅考虑小变形，w 很小，故忽略。流体流速表达式为：

$$\vec{v}_f=(\dot{u}+Uu')\vec{i}+(\dot{v}+Uv')\vec{j}+U\vec{k}+\Omega\vec{j}\times\vec{r} \tag{3-53}$$

根据 Hamilton 原理，

$$\int_{t_1}^{t_2}(\delta T-\delta V)\mathrm{d}t+\int_{t_1}^{t_2}\delta W_{nc}\mathrm{d}t=0 \tag{3-54}$$

其中：

$$T=\frac{1}{2}\int_{z_1}^{z_2}m_p\vec{v}_p\cdot\vec{v}_p\mathrm{d}z+\frac{1}{2}\int_{z_1}^{z_2}m_f\vec{v}_f\cdot\vec{v}_f\mathrm{d}z \tag{3-55}$$

$$\begin{aligned}V=&\frac{1}{2}\int_{z_1}^{z_2}EI\left(\frac{\partial^2 u}{\partial z^2}\right)2+EI\left(\frac{\partial^2 v}{\partial z^2}\right)2\mathrm{d}z\\&+\frac{1}{2}\int_0^L\left(F_C\left(\frac{\partial u}{\partial z}\right)2+F_C\left(\frac{\partial v}{\partial z}\right)2\right)\mathrm{d}z\\&+\int_0^L(m_p+m_f)gv\,\mathrm{d}z\end{aligned} \tag{3-56}$$

$$F_C=\int_z^L\Omega^2 z(m_p+m_f)\mathrm{d}z \tag{3-57}$$

$$\delta W_{nc}=-\int_0^T m_fU(\dot{\vec{r}}_L+U\vec{\tau}_L)\cdot\delta\vec{r}_L\mathrm{d}t \tag{3-58}$$

整理可得，旋转悬臂输流直管的面内、面外运动控制微分方程分别为：

$$\begin{aligned}&EI\frac{\partial^4 u}{\partial z^4}+(m_p+m_f)\ddot{u}+2m_fU\frac{\partial^2 u}{\partial t\partial z}+m_fU^2\frac{\partial^2 u}{\partial z^2}-(m_p+m_f)\Omega^2 u\\&-\left[\frac{1}{2}(m_p+m_f)\Omega^2(L^2-z^2)u'\right]'=2m_fU\Omega\end{aligned} \tag{3-59}$$

$$\begin{aligned}&EI\frac{\partial^4 v}{\partial z^4}+(m_p+m_f)\ddot{v}+2m_fU\frac{\partial^2 v}{\partial t\partial z}+m_fU^2\frac{\partial^2 v}{\partial z^2}\\&-\left[\frac{1}{2}(m_p+m_f)\Omega^2(L^2-z^2)v'\right]'+(m_p+m_f)g=0\end{aligned} \tag{3-60}$$

如果 $\Omega=0$，式(3-59)和式(3-60)就退变成式(3-61)，与非旋转的输流直管微分方程相同。

$$EI\frac{\partial^4 u}{\partial z^4}+(m_p+m_f)\ddot{u}+2m_fU\frac{\partial^2 u}{\partial t\partial z}+m_fU^2\frac{\partial^2 u}{\partial z^2}=0 \tag{3-61}$$

旋转悬臂输流管道的边界条件为：

在 $z=0$，

$$u=\frac{\partial u}{\partial z}=0, \upsilon=\frac{\partial \upsilon}{\partial z}=0 \tag{3-62}$$

在 $z=L$，

$$\begin{aligned}&EI\frac{\partial^3 u}{\partial z^3}+m_fz\Omega U+\frac{1}{2}(m_p+m_f)\Omega^2(L^2-z^2)u'=0,\\&-EI\frac{\partial^2 u}{\partial z^2}=0,\\&EI\frac{\partial^3 \upsilon}{\partial z^3}+\frac{1}{2}(m_p+m_f)\Omega^2(L^2-z^2)\upsilon'=0,\\&-EI\frac{\partial^2 \upsilon}{\partial z^2}=0\end{aligned} \tag{3-63}$$

3.5.2　微分方程的小波有限元解法

本节叙述采用有限元离散微分方程式(3-59)和式(3-60)的过程。管道单元局部坐标系数为 $\xi=z_e/l_e(0\leqslant\xi\leqslant1)$，其中 l_e是单元长度，$z_e(0\leqslant z_e\leqslant l_e)$是单元局部坐标系。将尺度为3，阶数为4区间样条小条尺度函数作为有限元位移插值函数，其位移表达式为：

$$q(\xi,t)=\sum_{k=-m+1}^{2^j-1}a^j_{m,k}\varphi^j_{m,k}(\xi)=\boldsymbol{\Phi a}^e \tag{3-64}$$

其中：$q(\xi,t)$ 表示 $u(\xi,t)$ 或 $\upsilon(\xi,t)$，$\boldsymbol{a}^e=[a^j_{m,-m+1}\,a^j_{m,-m+2}\cdots a^j_{m,2^j-1}]^T$表示小波插值函数的系数；$\boldsymbol{\Phi}=[\varphi^j_{m,-m+1}\,\varphi^j_{m,-m+2}\cdots\varphi^j_{m,2^j-1}]$ 表示 j 尺度 m 阶区间样条小波函数。

定义单元 $\boldsymbol{q}^e$ 为：

$$\boldsymbol{q}^e=[w(\xi_1)\quad w'(\xi_1)/l_e\quad w(\xi_2)\quad \cdots w(\xi_n)\quad w(\xi_{n+1})\quad w'(\xi_{n+1})/l_e]^T \tag{3-65}$$

其中，$\xi_i=(i-1)/2^j, i=1,\cdots,2^j+1$。

将式(3-65)代入式(3-64)，可以得到：

$$\boldsymbol{q}^e = \boldsymbol{R}^e \boldsymbol{a}^e \tag{3-66}$$

其中，$\boldsymbol{R}^e = [\boldsymbol{\Phi}^T(\xi_1) \quad \boldsymbol{\Phi}'^T(\xi_1)/l_e \quad \boldsymbol{\Phi}^T(\xi_2) \quad \boldsymbol{\Phi}^T(\xi_n) \quad \boldsymbol{\Phi}^T(\xi_{n+1}) \quad \boldsymbol{\Phi}'^T(\xi_{n+1})/l_e]^T$。

将式(3-66)代入式(3-64)，可以得到：

$$q(\xi,t) = \boldsymbol{\Phi}(\boldsymbol{R}^e)^{-1}\boldsymbol{q}^e = \mathbf{N}(\xi)\boldsymbol{q}^e \tag{3-67}$$

其中 $\mathbf{N}(\xi) = \boldsymbol{\Phi}(\boldsymbol{R}^e)^{-1}$ 是样条小波有限元的形函数。

因此，面内、面外位移采用相同的形函数，面内位移场 $u(\xi,t)$、面外位移场 $\upsilon(\xi,t)$ 分别表示为：

$$\begin{aligned} u(\xi,t) &= \mathbf{N}(\xi)u^e(t) \\ \upsilon(\xi,t) &= \mathbf{N}(\xi)\upsilon^e(t) \end{aligned} \tag{3-68}$$

其中，$\mathbf{N}(\xi)$ 是小波有限元的形函数，$u^e(t) = [u_1 \quad \partial u_1/\partial\xi \quad u_2 \quad \partial u_2/\partial\xi]$、$\upsilon^e(t) = [\upsilon_1 \quad \partial\upsilon_1/\partial\xi \quad \upsilon_2 \quad \partial\upsilon_2/\partial\xi]$ 分别是面内单元和面外单元位移向量。采用式(3-68)离散微分方程(3-59)和(3-60)，如下所示：

$$\begin{aligned} \bigcup_{i=1}^{N} \Bigg\{ \int_0^{l_e} \Bigg[& (m_p + m_f)\ddot{u}\delta u + m_f U \frac{\partial^2 u}{\partial t \partial z} - m_f U \frac{\partial u}{\partial t}\frac{\partial \delta u}{\partial z} \\ & + EI \frac{\partial^2 u}{\partial z^2}\frac{\partial^2 \delta u}{\partial z^2} - m_f U^2 \frac{\partial u}{\partial z}\frac{\partial \delta u}{\partial z} \\ & - (m_p + m_f)\Omega^2 u\delta u + \left(F_C \frac{\partial u}{\partial z}\right)\frac{\partial \delta u}{\partial z} \Bigg] \mathrm{d}z \\ & + m_f U \frac{\partial u}{\partial t}\delta u \Bigg|_0^L + m_f U^2 \frac{\partial u}{\partial z}\delta u \Bigg|_0^L \Bigg\} = 0 \end{aligned} \tag{3-69}$$

$$\begin{aligned} \bigcup_{i=1}^{N} \Bigg\{ \int_0^{l_e} \Bigg[& (m_p + m_f)\ddot{\upsilon}\delta\upsilon + m_f U \frac{\partial^2 \upsilon}{\partial t \partial z} - m_f U \frac{\partial \upsilon}{\partial t}\frac{\partial \delta\upsilon}{\partial z} \\ & + EI \frac{\partial^2 \upsilon}{\partial z^2}\frac{\partial^2 \delta\upsilon}{\partial z^2} - m_f U^2 \frac{\partial \upsilon}{\partial z}\frac{\partial \delta\upsilon}{\partial z} \\ & + \left(F_C \frac{\partial \upsilon}{\partial z}\right)\frac{\partial \delta\upsilon}{\partial z} \Bigg] \mathrm{d}z + m_f U \frac{\partial \upsilon}{\partial t}\delta\upsilon \Bigg|_0^L + m_f U^2 \frac{\partial \upsilon}{\partial z}\delta\upsilon \Bigg|_0^L \Bigg\} = 0 \end{aligned} \tag{3-70}$$

其中，$F_C = \int_z^L (m_p + m_f)\Omega^2 z \mathrm{d}z$。

当第 i 个单元，F_C 为：

$$F_C = \sum_{j=i}^{N} \int_{z_j}^{z_{j+1}} (m_p + m_f)\Omega^2 z \mathrm{d}z - \int_{z_i}^{z_i+z} (m_p + m_f)\Omega^2 z \mathrm{d}z$$

$$= \sum_{j=i}^{N} \frac{(m_p + m_f)\Omega^2}{2}(z_{j+1}^2 - z_j^2)\mathrm{d}z - \frac{(m_p + m_f)\Omega^2}{2}(z^2 + 2zz_i) \tag{3-71}$$

整理可得面内振动的单元质量矩阵、单元阻尼矩阵、单元刚度矩阵分别为：

$$\boldsymbol{M}_u^e = (m_p + m_f)\int_0^1 \boldsymbol{N}^T \boldsymbol{N} l_e \mathrm{d}\xi \tag{3-72}$$

$$\boldsymbol{C}_u^e = m_f U \int_0^1 [(\boldsymbol{N})^T(\boldsymbol{N})' - (\boldsymbol{N})'^T(\boldsymbol{N})]\mathrm{d}\xi + m_f U \boldsymbol{N}^T \boldsymbol{N} \delta(z-L)\,|_{\xi=1} \tag{3-73}$$

$$\begin{aligned}\boldsymbol{K}_u^e = &\int_0^1 [EI(\boldsymbol{N})''^T(\boldsymbol{N})''/l_e^3 - m_f U^2 \boldsymbol{N}'^T(\boldsymbol{N})'/l_e - (m_p + m_f)\Omega^2 \boldsymbol{N}^T \boldsymbol{N} l_e]\mathrm{d}\xi \\ &+ m_f U^2 \boldsymbol{N}'^T \boldsymbol{N} \delta(z-L)/l_e\,|_{\xi=1} + \int_0^1 A_i \boldsymbol{N}'^T(\boldsymbol{N})'/l_e \mathrm{d}\xi \\ &- \frac{(m_p + m_f)\Omega^2}{2}\int_0^1 (\xi^2 l_e + 2\xi z_i)\boldsymbol{N}'^T \boldsymbol{N}' \mathrm{d}\xi\end{aligned} \tag{3-74}$$

面外振动的单元质量矩阵、单元阻尼矩阵、单元刚度矩阵分别为：

$$\boldsymbol{M}_v^e = (m_p + m_f)\int_0^1 \boldsymbol{N}^T \boldsymbol{N} l_e \mathrm{d}\xi \tag{3-75}$$

$$\boldsymbol{C}_v^e = m_f U \int_0^1 [(\boldsymbol{N})^T(\boldsymbol{N})' - (\boldsymbol{N})'^T(\boldsymbol{N})]\mathrm{d}\xi + m_f U \boldsymbol{N}^T \boldsymbol{N} \delta(z-L)\,|_{\xi=1} \tag{3-76}$$

$$\begin{aligned}\boldsymbol{K}_v^e = &\int_0^1 [EI(\boldsymbol{N})''^T(\boldsymbol{N})''/l_e^3 - m_f U^2 \boldsymbol{N}'^T(\boldsymbol{N})'/l_e]\mathrm{d}\xi \\ &+ m_f U^2 \boldsymbol{N}'^T \boldsymbol{N} \delta(z-L)/l_e\,|_{\xi=1} + \int_0^1 A_i \boldsymbol{N}'^T(\boldsymbol{N})'/l_e \mathrm{d}\xi \\ &- \frac{(m_p + m_f)\Omega^2}{2}\int_0^1 (\xi^2 l_e + 2\xi z_i)\boldsymbol{N}'^T \boldsymbol{N}' \mathrm{d}\xi\end{aligned} \tag{3-77}$$

其中 $()^{\cdot}$ 和 $()'$ 分别表示 $\partial()/\partial t$ 和 $\partial()/\partial \xi$。

采用经典有限元单元组装方法，可以得到系统质量矩阵、系统阻尼矩阵、系统刚度矩阵和系统位移向量。

3.5.3 数值算例

为了方便后面的讨论，定义无量纲频率为 $\bar{\omega}=\omega\sqrt{(m_f+m_p)L^4/(EI)}$，无量纲流速为 $\bar{u}=U\sqrt{m_fL^2/(EI)}$，质量比为 $\beta=m_f/(m_f+m_p)$，无量纲转速表达式为 $\eta=\Omega L^2\sqrt{m_p/(EI)}$。

根据相关文献，采用状态空间法计算面内和面外振动的特征值，可以得到共轭复数特征值 $\Omega_r=i\omega_r=\alpha_r\pm i\beta_r$，$r=1,2,\cdots,J$，$i=\sqrt{-1}$，其中 J 为系统自由度，ω 为系统频率。

根据Paidoussis所述方法：在计算中，固定流速为U，设定β从0开始，按步长增加，α_r 开始小于0。当质量比 β 增加到某一数值时，所得特征值中最大的 α_r 接近0或大于0，悬臂输流管道发生颤振失稳，此时的流速即为此质量比对应的临界流速。

本节首先在流体流速$U=0$和不同旋转转速情况下，采用2个小波单元计算了面内频率，并与前人文献相对比，对比结果见表3-5所列。从表3-5可以看出，在相同的质量比情况下，随着转速增大，频率也随之增大；在相同的转速下，随着质量比增大，频率也增大。在与相关文献比较后可以发现，两者结果相差不大，频率最大误差不超过1.9%。分别采用6阶伽辽金法和4个小波单元，求解旋转悬臂输流直管的临界流速曲线，如图3-19所示，在质量比小于0.9时，两种方法所得的临界流速曲线转折点基本保持一致，数值结果相差不大；在质量比大于0.9时，两种方法的数值结果开始出现差异，质量比越接近1时差异越大。综上所述，在质量比不在1附近时，本节方法所得数值结果可靠且准确。

表3-5　不同转速下旋转输流管道面内无量纲频率对比结果

转速	$\beta=0.0001$		$\beta=0.2$		$\beta=0.8$	
η	相关文献	本节	相关文献	本节	相关文献	本节
0	3.51602	3.51602	3.51602	3.51602	3.51602	3.51602
1	3.68166	3.6747	3.72185	3.7132	4.27794	4.24820
2	4.1374	4.1127	4.27794	4.24820	5.9858	5.90469
3	4.7974	4.75029	5.06477	5.00940	8.02347	7.89450
4	5.5852	5.51478	5.98588	5.90469	10.1719	9.99969

（续表）

转速	$\beta=0.0001$		$\beta=0.2$		$\beta=0.8$	
η	相关文献	本节	相关文献	本节	相关文献	本节
5	6.4498	6.35682	6.98291	6.87712	12.3629	12.14978
6	7.3607	7.24629	8.02347	7.89450	14.5732	14.31980
7	8.3001	8.1653	9.08978	8.93878	16.7936	16.4998
8	9.2575	9.1031	10.1719	9.9997	19.0202	18.6853
9	10.2266	10.0533	11.2641	11.0712	21.2511	20.8741
10	11.2035	11.0118	12.3629	12.1498	23.4851	23.0651
11	12.1859	11.9760	13.4664	13.2331	25.7218	25.2574
12	13.1721	12.9442	14.5732	14.3198	27.9608	27.4507

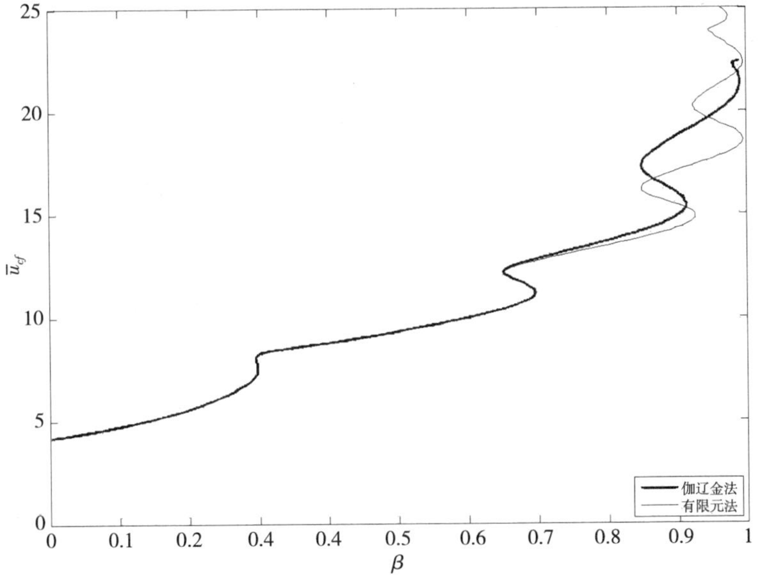

图 3-19 临界流速的伽辽金法和有限元法数值结果比较

计算在不同转速下旋转悬臂输流直管的临界流速曲线如图 3-20 所示，S形状区域表示模态的改变，管道发生颤振。不同旋转转速下面内和面外振动的临界流速曲线随质量比的变化趋势是相同的：随着转速的增大，临界流速越大，临界流速曲线的稳定区也随之增大。比较在同一旋转转速下面内和面外振动的临界流速曲线，如图 3-21 所示。在转速较小时，面内和面外振动的临界流速曲线相差不大，在

$\eta=0$ 时重合，在 $\eta=2$ 时几乎重合，之后随着转速的增大，面内和面外振动的临界流速曲线相差变大，面外的临界流速大于面内的。这说明面内比面外先发生失稳，主要因为面内比面外的微分方程多了一项由于旋转转速产生的离心力项，即 $(m_p+m_f)\Omega^2 u$。

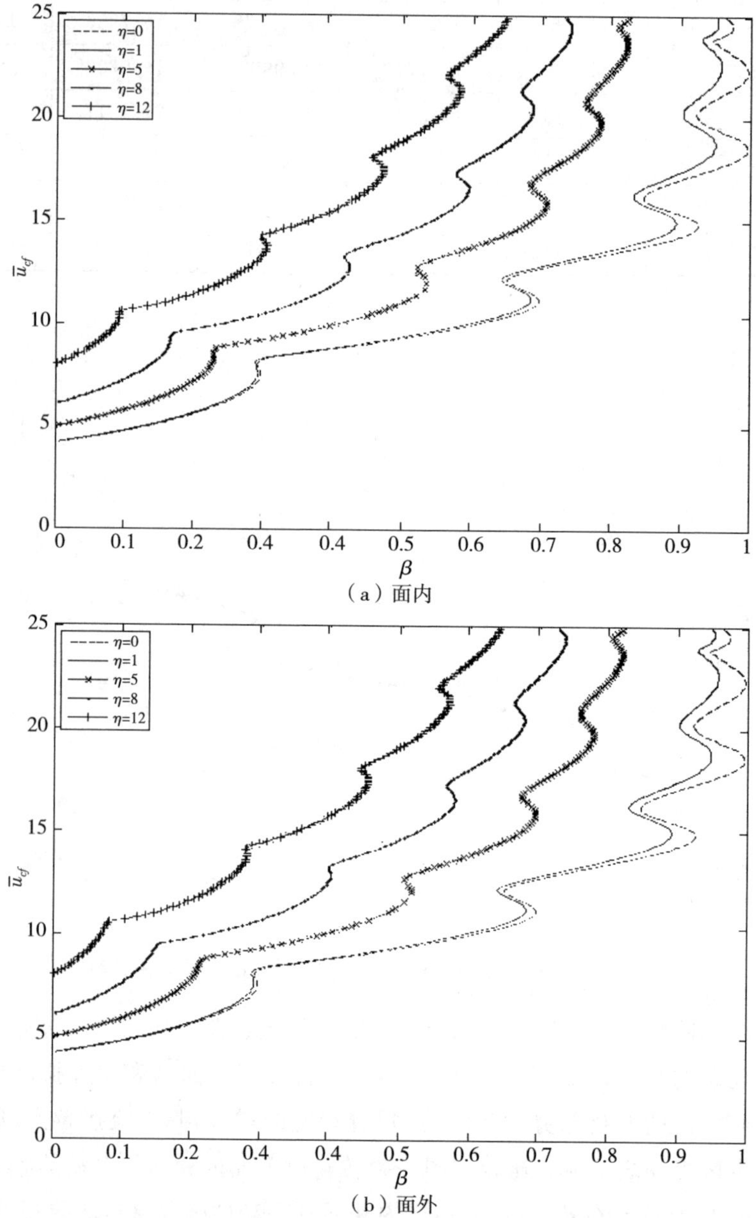

图 3-20　不同转速下，面内和面外振动的临界流速曲线比较

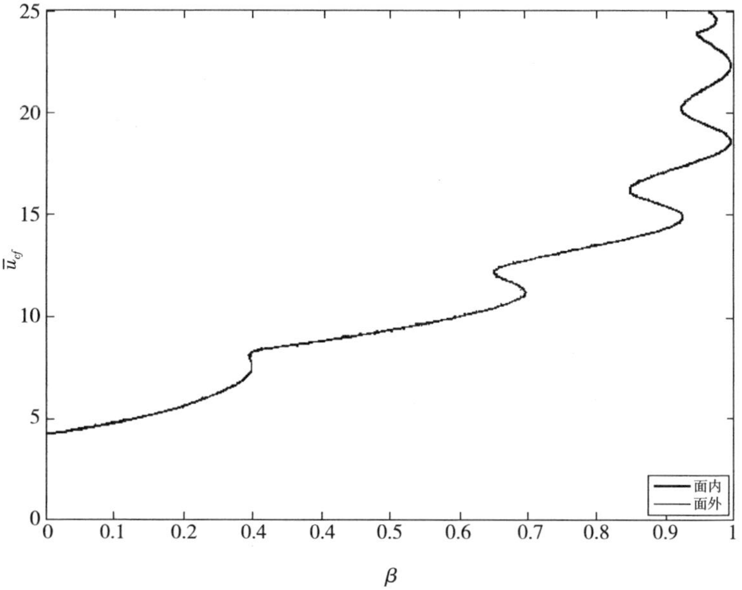
25
20
15
10
5
0
$\bar{u}_{cf}$
0
0.1
0.2
0.3
0.4
0.5
0.6
0.7
0.8
0.9
1
面内
面外
β

η=0

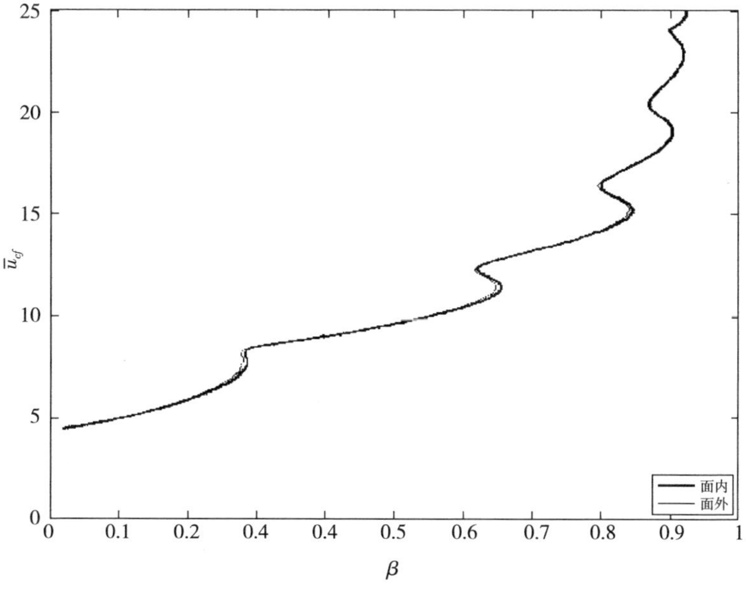
25
20
15
10
5
0
$\bar{u}_{cf}$
0
0.1
0.2
0.3
0.4
0.5
0.6
0.7
0.8
0.9
1
面内
面外
β

η=1

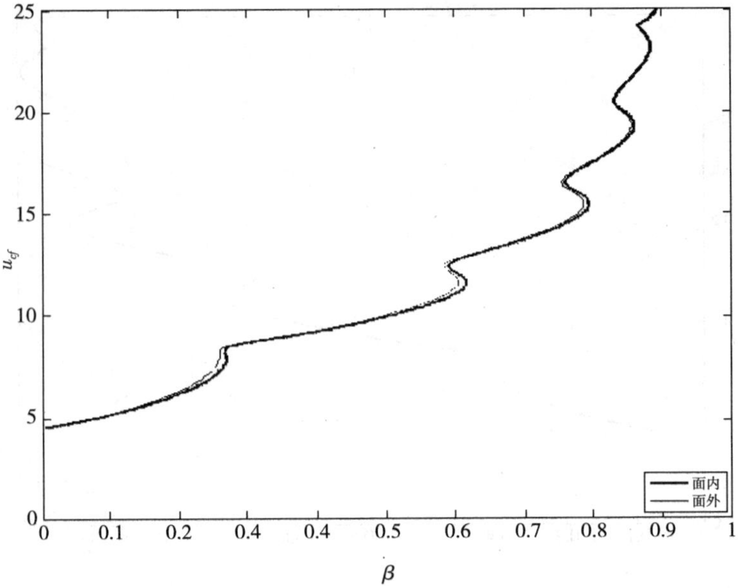

η=3

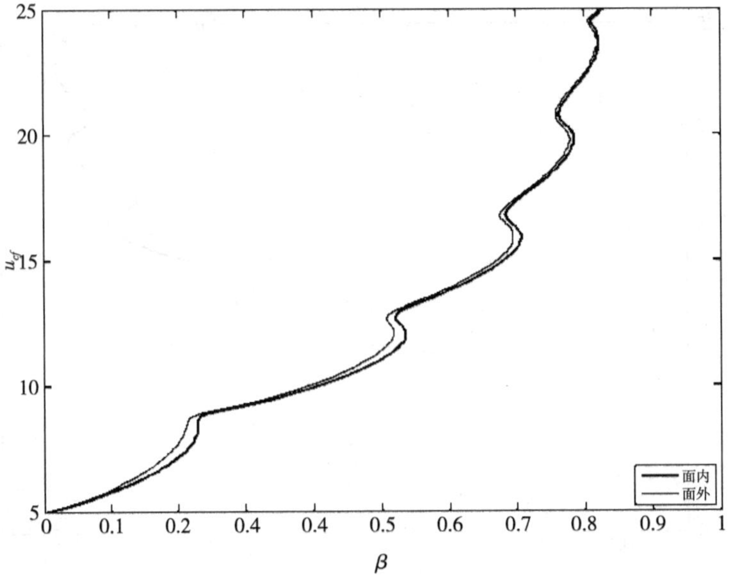

η=5

图 3-21　不同流速下，面内和面外振动的临界流速曲线比较

3.5.4 总结

综上所述，本节基于哈密顿方法推导出了旋转悬臂输流直管的线性振动微分方程，利用小波有限单元法离散了微分方程，并求解了频率和临界流速曲线，并与前人文献对比，证实了数值结果的可靠性和准确性。通过比较面内和面外振动的临界流速曲线，可以看出，随着转速的增大，临界流速越大，临界流速曲线的稳定区也随之增大，且面外的临界流速大于面内的，面内和面外的临界流速曲线差值增大。因此，对于旋转悬臂输流管道，面内振动比面外先发生失稳，在旋转机械设计中应着重注意此点。

3.6 本章小结

本章针对输流直管，采用 $BSWI4_3$ 尺度函数作为位移的插值函数，构建了输流直管的样条小波单元，求解了各种边界条件下输流直管的频率和悬臂输流直管的临界流速。针对输流曲管的面内流固耦合振动无量纲控制微分方程，采用 $BSWI4_3$ 尺度函数作为位移的插值函数，首次构造了用于输流曲管高阶运动微分方程的小波曲管单元，应用于求解输流曲管面内流致振动频率问题。通过本章的分析，得到的主要结论如下：

1. 区间 B 样条小波有限元在输流管道的频率计算所需单元较少，直管需要 2 到 4 个小波直管单元，曲管仅需 1 个小波曲管单元，均可得到精确可靠的结果，而且在相同的程序结构和计算条件下，小波有限元计算时间较少。

2. 采用本章所述 Marzani 方法所得悬臂输流直管临界流速曲线，与经典的临界流速曲线（由本章 Paidoussis 方法计算所得）相比，结果精确、可靠，并且更符合线性系统稳定理论。

综上所述，区间 B 样条小波有限元在输流管道的流固耦合线性振动问题计算上有着一定的优势，且数值结果可靠，同时也为后面章节计算奠定了基础。

4 非线性输流曲管面内流固耦合振动的样条小波有限元方法研究

4.1 引 言

由于小波具有多尺度和多分辨的优越特性，所以基于小波的数值方法，尤其是小波有限元方法，在工程和科学计算的应用研究吸引了众多国内外学者，相关研究也取得了巨大的进步。

在小波有限元研究方面，Amaratunga 做了很多基础性和开创性的工作，并研究了第二代小波多分辨在有限元中的应用。陈雪峰应用二维多尺度区间样条小波单元于自适应有限元分析中，并用算例验证了其在奇异性问题上的有效性和可靠性。陈雪峰及其团队于 2012 年又采用第二代小波构建小波有限元，并应用于偏微分的求解算例中。向家伟采用区间样条小波有限元，求解了转子动力学中转子轴承系统的频率问题，他还用同样的方法，推导出了圆锥厚壳的有限元矩阵，计算了其模态数据，并用小波分解和 SVM(Support Vector Machine) 进行了探伤分析。

小波有限元与其他传统方法、新技术的结合，能够提高小波有限元方法的精度，缩短其计算时间。Shen 结合小波有限单元和基于 FFT(Fast Fourier Transform) 的谱分析法，构建了高精度动刚度矩阵，研究了有裂纹或者脱落的杆和梁的波动特性。Zhang 将小波有限单元和基于拉普拉斯变换相结合，提出了一种既能减少单元数又不用减小时间间隔的新方法，并将其应用于一维杆状结构的超声波模拟。Hao 采用区间样条小波构建复合板单元，并基于图形处理单元 (GPU)，实现了一种小波板单元并行计算技术，将其应用于复合材料层合板的结构健康监测系统，还指出基于 GPU 的并行计算比基于 CPU 的计算快了 140 多倍。

综上可知，小波有限元计算可靠，应用广泛，但文献大多集中在线性计算方面，本章将以非线性输流曲管为研究对象，详述推导其面内振动微分方程的过程，接着应用小波有限元离散其微分方程，分析输流曲管的频率、模态和动力时间响应。

4.2　非线性输流曲管面内振动微分方程的推导

4.2.1　管道横截面上一点的应变公式推导

如图 4-1 所示，截取一段轴线弧长为 ds、曲率半径为 R 的曲管微元，在截面上放置一个局部坐标系，坐标轴为 x 和 y 轴，单位矢量分别为 $\vec{i}$ 和 $\vec{j}$，曲管微元离轴线为 x 处的弧长为 L_0。变形后，轴线弧长增大 $\varepsilon_E ds$，曲率半径为 r，ε_E 为轴线应变，离轴线为 x 处曲管微元的弧长为 L_1，则曲管微元离轴线为 x 处一点的应变 ε_M 为：

$$\begin{aligned}\varepsilon_M &= \frac{L_1 - L_0}{L_0} = \frac{ds(1+\varepsilon_E)(1+x/r) - ds(1+x/R)}{ds(1+x/R)} \\ &= \frac{(1+x/R)}{1+x/r}\varepsilon_E + \frac{x}{1+x/r}\left(\frac{1}{r} - \frac{1}{R}\right)\end{aligned} \tag{4-1}$$

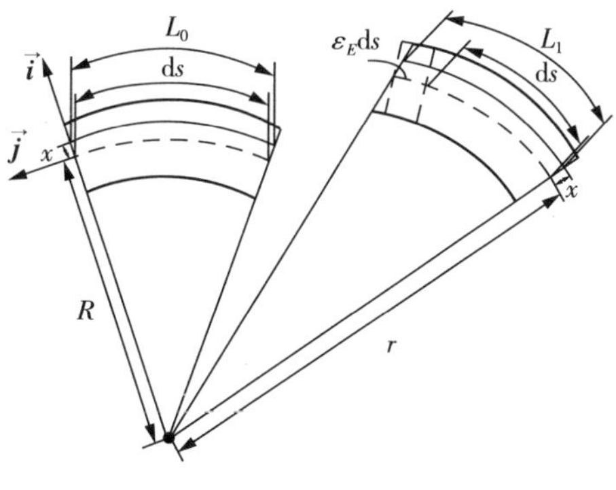

图 4-1　曲管微元变形前和变形后示意图

对于细长输流曲管，$x \ll R$，$x \ll r$，因此，由式(4-1)可得：

$$\varepsilon_M = \varepsilon_E + x\Delta\kappa \tag{4-2}$$

其中，

$$\Delta\kappa = \frac{1}{r} - \frac{1}{R} \tag{4-3}$$

4.2.2 管道轴线上一点的应变 ε_E 公式推导

本节主要参考了 John W. Hutchinson 的课件。如图 4-2 所示，变形前，轴线弧坐标为 s，其上一点的矢径为 $\vec{r}$，轴系为切线单位矢量 $\vec{t}$ 和负法线单位矢量 $\vec{n}$，切线单位矢量 $\vec{t}$ 与水平的夹角为 Ψ。变形后，弧坐标为 $\bar{s}$，其上一点的矢径为 $\vec{r}'$，轴系为切线单位矢量 $\vec{T}$ 和负法线单位矢量 $\vec{N}$，切线单位矢量 $\vec{T}$ 与水平的夹角为 $\overline{\Psi}$。切线单位矢量 $\vec{t}$ 和 $\vec{T}$ 的夹角为 φ。

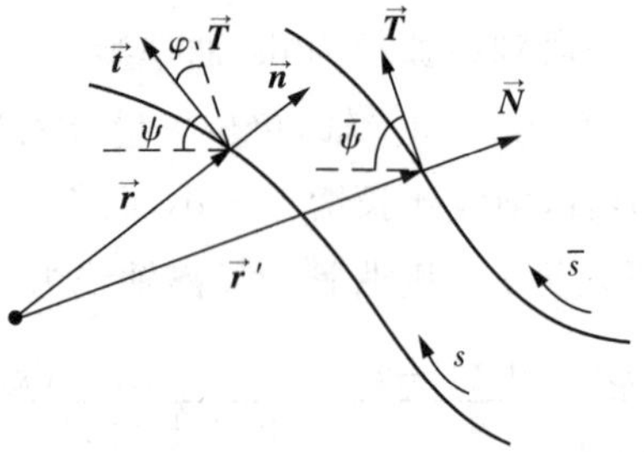

图 4-2　曲管轴线变形前和变形后示意图

变形后的矢径 $\vec{r}'$ 表示为：

$$\vec{r}' = \vec{r} + u(s)\vec{n} + v(s)\vec{t} \tag{4-4}$$

其中，$u(s)$、$v(s)$ 分别为轴线上一点沿切线单位矢量 $\vec{t}$ 和负法线单位矢量 $\vec{n}$ 方向的位移量，由图 4-2 可知，

$$\vec{t} = \frac{\mathrm{d}\vec{r}}{\mathrm{d}t}, \vec{n} \cdot \vec{t} = 0 \tag{4-5}$$

同时，φ 角的正、余弦表达式为：

$$\sin\varphi = \vec{T} \cdot \vec{n} = -\vec{N} \cdot \vec{t}, \cos\varphi = \vec{t} \cdot \vec{T} = \vec{n} \cdot \vec{N} \tag{4-6}$$

根据矢径和切向单位矢量之间的关系，可得：

$$\vec{T} = \frac{\mathrm{d}\vec{r}'}{\mathrm{d}s} = \left[\left(1 + \frac{u(s)}{R} + \frac{\mathrm{d}v(s)}{\mathrm{d}s}\right)\vec{t} + \left(\frac{\mathrm{d}u(s)}{\mathrm{d}s} - \frac{v(s)}{R}\right)\vec{n}\right]\frac{\mathrm{d}s}{\mathrm{d}\bar{s}} \tag{4-7}$$

由式(4-6) 和式(4-7)，定义 β 为：

$$\beta = \sin\varphi = \vec{T} \cdot \vec{n} = \frac{\mathrm{d}s}{\mathrm{d}\bar{s}}\left(\frac{\mathrm{d}u(s)}{\mathrm{d}s} - \frac{v(s)}{R}\right) \tag{4-8}$$

因此，可得轴线的拉伸应变 ε_E 为：

$$\varepsilon_E=\frac{\mathrm{d}\bar{s}}{\mathrm{d}s}-1=\sqrt{\frac{\mathrm{d}\vec{\boldsymbol{r}}'}{\mathrm{d}s}\cdot\frac{\mathrm{d}\vec{\boldsymbol{r}}'}{\mathrm{d}s}}-1=\sqrt{\left[\left(1+\frac{u(s)}{R}+\frac{\mathrm{d}v(s)}{\mathrm{d}s}\right)^2+\left(\frac{\mathrm{d}u(s)}{\mathrm{d}s}-\frac{v(s)}{R}\right)^2\right]}-1 \tag{4-9}$$

未变形时轴线的曲率半径 $R(s)$ 为：

$$\frac{1}{R(s)}=-\frac{\mathrm{d}\Psi}{\mathrm{d}s} \tag{4-10}$$

变形后时轴线的曲率半径 $\bar{R}(s)$ 为：

$$\frac{1}{\bar{R}(s)}=-\frac{\mathrm{d}\bar{\Psi}}{\mathrm{d}\bar{s}}=-\frac{\mathrm{d}(\Psi+\varphi)}{\mathrm{d}\bar{s}}=-\frac{\mathrm{d}s}{\mathrm{d}\bar{s}}\left(\frac{\mathrm{d}\Psi}{\mathrm{d}s}+\frac{\mathrm{d}\varphi}{\mathrm{d}s}\right) \tag{4-11}$$

曲率的变化率 $\Delta\kappa$ 为：

$$\begin{aligned}\Delta\kappa&=\frac{1}{\bar{R}}-\frac{1}{R}=-\frac{\mathrm{d}s}{\mathrm{d}\bar{s}}\left(\frac{\mathrm{d}\Psi}{\mathrm{d}s}+\frac{\mathrm{d}\varphi}{\mathrm{d}s}\right)+\frac{\mathrm{d}\Psi}{\mathrm{d}s}\\&=-\frac{1}{1+\varepsilon_E}\left(-\varepsilon_E\frac{\mathrm{d}\Psi}{\mathrm{d}s}+\frac{\mathrm{d}\varphi}{\mathrm{d}s}\right)\\&=-\frac{1}{1+\varepsilon_E}\left(\frac{\mathrm{d}\varphi}{\mathrm{d}s}+\frac{\varepsilon_E}{R}\right)\end{aligned} \tag{4-12}$$

根据拉格朗日应变公式和式(4-9)，拉伸应变 η_E 为：

$$\eta_E=\frac{1}{2}\left[\left(\frac{\mathrm{d}\bar{s}}{\mathrm{d}s}\right)^2-1\right]=\varepsilon_E+\frac{1}{2}\varepsilon_E^2 \tag{4-13}$$

对于小应变、适度转动的曲管变形，$\varepsilon_E^2\ll\varepsilon_E$，可得：

$$\eta_E=\varepsilon_E \tag{4-14}$$

由式(4-7)和式(4-14)，可得 η_E 表达式为：

$$\eta_E=\frac{1}{2}\left[\frac{\mathrm{d}\vec{\boldsymbol{r}}'}{\mathrm{d}s}\cdot\frac{\mathrm{d}\vec{\boldsymbol{r}}'}{\mathrm{d}s}-1\right]=e+\frac{1}{2}e^2+\frac{\beta^2}{2} \tag{4-15}$$

其中，$e=\frac{\mathrm{d}v}{\mathrm{d}s}+\frac{u}{R}$，且 $e^2\ll|e|$，$\varphi\approx\sin\varphi=\beta$，可得：

$$\varphi=\frac{\mathrm{d}u}{\mathrm{d}s}-\frac{v}{R},\Delta\kappa=-\frac{\mathrm{d}\varphi}{\mathrm{d}s} \tag{4-16}$$

则轴线应变 ε_E 为：

$$\varepsilon_E=\eta_E=e+\frac{\varphi^2}{2}=\frac{\mathrm{d}v}{\mathrm{d}s}+\frac{u}{R}+\frac{1}{2}\left(\frac{\mathrm{d}u}{\mathrm{d}s}-\frac{v}{R}\right)^2 \tag{4-17}$$

因此，由式(4-3)可知管道横截面上一点的应变公式 ε_M 为：

$$\varepsilon_M=e+\frac{1}{2}\varphi^2+x\Delta\kappa$$

即为：

$$\varepsilon_M=\frac{\mathrm{d}v}{\mathrm{d}s}+\frac{u}{R}+\frac{1}{2}\left(\frac{\mathrm{d}u}{\mathrm{d}s}-\frac{v}{R}\right)^2-x\left(\frac{\mathrm{d}^2u}{\mathrm{d}s^2}-\frac{1}{R}\frac{\mathrm{d}v}{\mathrm{d}s}\right) \tag{4-18}$$

上式与相关文献所引用公式是一致的。

4.2.3 输流曲管面内流固耦合振动微分方程

本节基于式(4-18)，简述相关文献推导输流曲管面内流固耦合振动微分方程的过程。如图4-3所示两端固定的细长输流曲管，等截面且轴线为半圆，其轴线半径为 R。假设流经管道的流体是流速为 U 的柱塞流体，OXY 坐标系为固定在机架上的惯性坐标系，θ 表示曲管截面与 X 轴正向的夹角。在截面上放置一个局部坐标系，坐标轴为 x 和 y 轴，单位矢量分别为 $\vec{i}$ 和 $\vec{j}$，则输流曲管面内径向位移 $u_r(x,\theta,t)$ 和轴向位移 $u_\theta(x,\theta,t)$ 表达式分别为：

$$\begin{aligned} u_r(x,\theta,t)&=u(\theta,t)\\ u_\theta(x,\theta,t)&=v(\theta,t)-x\varphi \end{aligned} \tag{4-19}$$

其中，t 是时间，u 与 v 分别表示管道轴线上的点沿径向和周向位移。φ 表示管道振动时截面的面内转角，其表达式为式(4-16)。

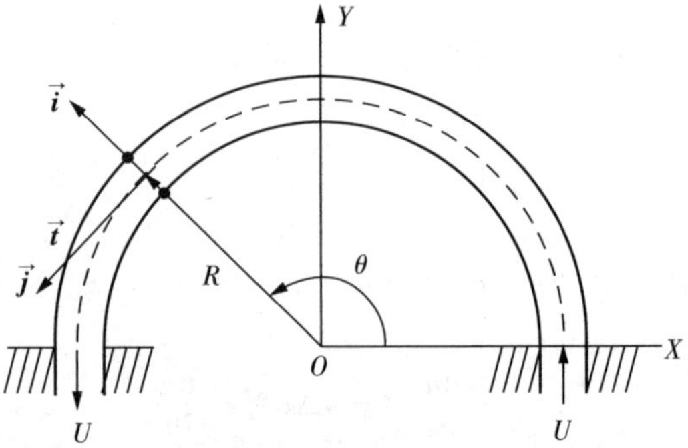

图4-3 轴线为半圆的细长等截面输流曲管

管道中一点位移可以表示为：

$$\vec{\boldsymbol{r}}_p=(R+u+x)\vec{\boldsymbol{i}}+(v+x\varphi)\vec{\boldsymbol{j}} \tag{4-20}$$

管道一点的速度为：

$$\vec{\boldsymbol{v}}_p=\frac{\partial\vec{\boldsymbol{r}}_p}{\partial t} \tag{4-21}$$

其管道中流体的速度为：

$$\vec{\boldsymbol{v}}_f=\frac{\partial\vec{\boldsymbol{r}}_p}{\partial t}+U\vec{\boldsymbol{t}} \tag{4-22}$$

其中 $\vec{\boldsymbol{t}}$ 如图 4-3 所示，含义与图 4-2 一致。输流曲管的动能为：

$$T=\frac{1}{2}\int_0^{\pi}(m_p\vec{\boldsymbol{v}}_p\cdot\vec{\boldsymbol{v}}_p+m_f\vec{\boldsymbol{v}}_f\cdot\vec{\boldsymbol{v}}_f)R\mathrm{d}\theta \tag{4-23}$$

输流曲管其势能为：

$$V=\frac{1}{2}\int_0^{\pi}\int_A\sigma\varepsilon_M R\,\mathrm{d}A\mathrm{d}\theta \tag{4-24}$$

其中，ε_M 采用非线性 von Karman 应变，其表达式如式(4-18)所示。采用线性应力表达式为：

$$\sigma=E\left[\frac{\mathrm{d}v}{\mathrm{d}s}+\frac{u}{R}-x\left(\frac{\mathrm{d}^2u}{\mathrm{d}s^2}-\frac{1}{R}\frac{\mathrm{d}v}{\mathrm{d}s}\right)\right] \tag{4-25}$$

对于输流曲管，哈密顿原理表述如下：

$$\int_{t_1}^{t_2}(\delta T-\delta V)\mathrm{d}t+\int_{t_1}^{t_2}\delta W_{nc}\mathrm{d}t=0 \tag{4-26}$$

其中，非保守力做功为：

$$\delta W_{nc}=-m_fU\left(\frac{\partial\vec{\boldsymbol{r}}_p}{\partial t}+U\frac{\partial\vec{\boldsymbol{r}}_p}{\partial x}\right)\delta\vec{\boldsymbol{r}}_p\Big|_{\theta=\pi}^{\theta=0} \tag{4-27}$$

经过一系列变分，可得：

$$(m_p+m_f)\frac{\partial^2u}{\partial t^2}+m_f\frac{2U}{R}\left(\frac{\partial^2u}{\partial t\partial\theta}-\frac{\partial v}{\partial t}\right)+m_f\frac{U^2}{R^2}\left(\frac{\partial^2u}{\partial\theta^2}-u-2\frac{\partial v}{\partial\theta}\right)$$
$$+\frac{EA}{R^2}\left(u+\frac{\partial v}{\partial\theta}\right)+\frac{1}{R^2}\frac{\partial}{\partial\theta}\left[Q\left(v-\frac{\partial u}{\partial\theta}\right)\right]+\frac{EI}{R^4}\left(-\frac{\partial^3v}{\partial\theta^3}+\frac{\partial^4u}{\partial\theta^4}\right)=m_f\frac{U^2}{R^2} \tag{4-28}$$

$$
\begin{aligned}
&(m_p+m_f)\frac{\partial^2 v}{\partial t^2}+m_f\frac{2U}{R}\left(\frac{\partial^2 v}{\partial t\partial\theta}+\frac{\partial u}{\partial t}\right)+m_f\frac{U^2}{R^2}\left(2\frac{\partial u}{\partial\theta}+\frac{\partial^2 v}{\partial\theta^2}-v\right)\\
&-\frac{EA}{R^2}\left(\frac{\partial u}{\partial\theta}+\frac{\partial^2 v}{\partial\theta^2}\right)+\frac{Q}{R^2}\left(v-\frac{\partial u}{\partial\theta}\right)+\frac{EI}{R^4}\left(-\frac{\partial^2 v}{\partial\theta^2}+\frac{\partial^3 u}{\partial\theta^3}\right)=0
\end{aligned}
\tag{4-29}
$$

其中 Q 为轴力,其表达式为:

$$
Q=\frac{EA}{R}\left(u+\frac{\partial v}{\partial\theta}\right)\tag{4-30}
$$

两端固定的细长输流管道的边界条件为:

$$
\theta=0 or \pi, u=u'=v=0,\tag{4-31}
$$

4.3 样条小波有限元离散输流曲管面内振动微分方程

4.3.1 样条小波尺度函数

根据 Goswami 的研究,在区间[0, 1]中,定义序列点 $t_m^{(j)}:=\{t_k^{(j)}\}_{k=-m+1}^{2^j+m-1}$ 为

$$
\begin{cases}
t_{-m+1}^{(j)}=t_{-m+2}^{(j)}=\cdots=t_0^{(j)}=0\\
t_k^{(j)}=k2^{-j}\quad(k=1,\cdots,2^j-1)\quad j\in N_0(\text{自然数})\\
t_{2^j}^{(j)}=t_{2^j+1}^{(j)}=\cdots=t_{2^j+m-1}^{(j)}=1
\end{cases}
\tag{4-32}
$$

其中,j 为尺度,m 为 0 和 1 的多重节点数。基于上述序列点,定义在 t_i 点处 j 尺度,m 阶数的 B 样条函数表达式为:

$$
B_{m,i}^j(\xi):=(t_{i+m}^{(j)}-t_i^{(j)})[t_i^{(j)},t_{i+1}^{(j)},\cdots,t_{i+m}^{(j)}]_t(t-x)_+^{m-1}\tag{4-33}
$$

其中 $[t_i^{(j)},t_{i+1}^{(j)},\cdots,t_{i+m}^{(j)}]_t\ (t-x)_+^{m-1}$ 是关于变量 t 的 $(t-x)_+^{m-1}$ 有限差分,$(t-x)_+=\max(0,t-x)$。

因此,尺度为 j,阶数为 m 的区间样条小波用 BSWIm_j 表示,其尺度函数 $\varphi_{m,k}^j(\xi)$ 定义如下:

$$
\varphi_{m,k}^j(\xi)=\begin{cases}
B_{m,k}^{j_0}(2^{j-j_0}\xi) & k=-m+1,\cdots,-1\\
B_{m,2^j-m-k}^{j_0}(2^{j-j_0}\xi) & k=2^j-m+1,\cdots,2^j-1\\
B_{m,k}^j(2^j\xi-k) & k=0,\cdots,2^j-m
\end{cases}
\tag{4-34}
$$

因此，在区间[0,1]上样条小波的尺度函数可写成向量形式：

$$\boldsymbol{\Phi}=[\varphi_{m,-m+1}^{j}(\xi)\varphi_{m,-m+2}^{j}(\xi)\cdots\varphi_{m,2^{j}-1}^{j}(\xi)] \tag{4-35}$$

其中 $\xi\in[0,1]$，且 $2^{j_0}\geqslant 2m-1, j\geqslant j_0$。

在数值计算中，进行积分生成各类矩阵，主要有两类方法：一是直接用数学软件中的函数生成样条小波尺度函数，应用积分函数生成单元矩阵，之后存储起来，然后在程序中直接调用即可；二是本书采用的方法，编程生成样条函数，再构建样条小波尺度函数，利用高斯积分生成单元矩阵。在线性分析中矩阵不需要更新，两种方法均能胜任，但在非线性分析中，迭代过程需要更新单元矩阵，第一种方法需要不停地调用数学软件中的积分函数，花费时间较多，而第二种方法因采用高斯方法积分，故能够适用非线性计算。

4.3.2 样条小波有限元离散输流曲管面内振动微分方程

求解输流曲管的方法有很多，如矩阵传递法、波动法、微分积分法、伽辽金法和有限元法。前人文献采用样条小波有限元求解了轴线不可伸长的半圆输流曲管线性微分方程，本节则采用样条小波有限元离散输流曲管的非线性微分方程。在样条采用尺度 j_1 为 3，阶数 m_1 为 4 区间样条小波尺度函数（$BSWI4_3$）作为横向位移插值函数，采用尺度 j_2 为 2，阶数 m_2 为 3 区间样条小波尺度函数（$BSWI3_2$）作为轴向位移的插值函数，两种区间样条小波尺度函数分别如图 4-4 所示。

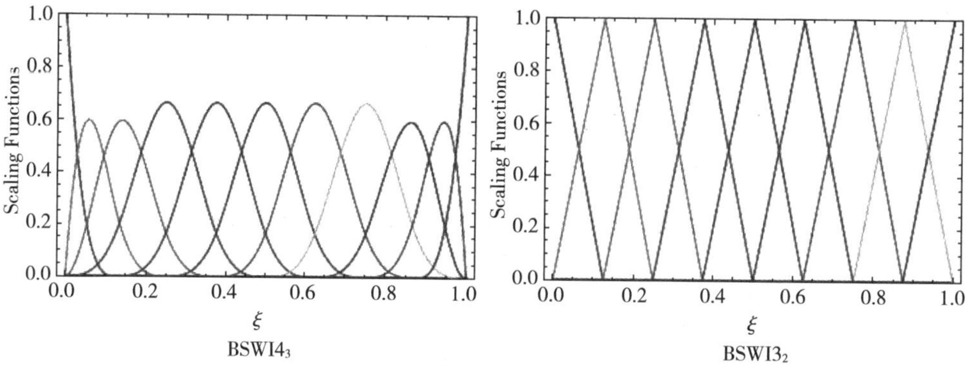

图 4-4 区间样条小波尺度函数

输流曲管的轴向位移、横向位移表达式分别为：

$$u(\xi,t)=\sum_{k=-m_1+1}^{2^{j_1}-1} b_{m_1,k}^{j_1}\varphi_{m_1,k}^{j_1}(\xi)=\boldsymbol{\Phi}_u\boldsymbol{a}_u^e$$
$$v(\xi,t)=\sum_{k=-m_2+1}^{2^{j_2}-1} a_{m_2,k}^{j_2}\varphi_{m_2,k}^{j_2}(\xi)=\boldsymbol{\Phi}_v\boldsymbol{b}_v^e \tag{4-36}$$

其中：$\boldsymbol{a}_u^e=[a_{m_1,-m_1+1}^{j_1}\,a_{m_1,-m_1+2}^{j_1}\cdots a_{m,1\,2^{j_1}-1}^{j_1}]^T$，$\boldsymbol{b}_v^e=[b_{m_2,-m_2+1}^{j_2}\,b_{m_2,-m_2+2}^{j_2}\cdots b_{m_2,2^{j_2}-1}^{j_2}]^T$ 分别表示径向位移和周向位移小波插值函数的系数；$\boldsymbol{\Phi}_u=[\varphi_{m_1,-m_1+1}^{j_1}\,\varphi_{m_1,-m_1+2}^{j_1}\cdots\varphi_{m_1,2^{j_1}-1}^{j_1}]$，$\boldsymbol{\Phi}_v=[\varphi_{m_2,-m_2+1}^{j_2}\,\varphi_{m_2,-m_2+2}^{j_2}\cdots\varphi_{m_2,2^{j_2}-1}^{j_2}]$ 分别表示径向位移和周向位移区间样条小波函数。

定义单元位移 $\boldsymbol{q}^e$ 为：

$$\boldsymbol{u}^e=[u(\xi_1)\quad u'(\xi_1)/l_e\quad u(\xi_2)\quad\cdots\quad u(\xi_i)\quad\cdots\quad u(\xi_n)\quad u(\xi_{n+1})\quad u'(\xi_{n+1})/l_e]^T$$
$$\boldsymbol{v}^e=[v(\xi_1)\quad v(\xi_2)\quad\cdots\quad v(\xi_i)\cdots\quad v(\xi_n)\quad v(\xi_{n+1})]^T \tag{4-37}$$

其中，$\xi_i=(i-1)/2^j$，$i=1,2,\cdots,n+1=2^j+1$。

将式(4-36)代入式(4-37)，可以得到：

$$\boldsymbol{u}^e=\boldsymbol{R}_u^e\boldsymbol{a}_u^e,or,\boldsymbol{a}_u^e=(\boldsymbol{R}_u^e)^{-1}\boldsymbol{u}^e$$
$$\boldsymbol{v}^e=\boldsymbol{R}_v^e\boldsymbol{b}_v^e,or,\boldsymbol{b}_v^e=(\boldsymbol{R}_v^e)^{-1}\boldsymbol{v}^e \tag{4-38}$$

其中，

$$\boldsymbol{R}_u^e=[\boldsymbol{\Phi}_u^T(\xi_1)\quad\boldsymbol{\Phi}'^T_u(\xi_1)/l_e\quad\boldsymbol{\Phi}_u^T(\xi_2)\quad\cdots\quad\boldsymbol{\Phi}_u^T(\xi_i)\quad\cdots$$
$$\boldsymbol{\Phi}_u^T(\xi_n)\quad\boldsymbol{\Phi}_u^T(\xi_{n+1})\quad\boldsymbol{\Phi}'^T_u(\xi_{n+1})/l_e]^T;$$

$$\boldsymbol{R}_v^e=[\boldsymbol{\Phi}_v^T(\xi_1)\quad\boldsymbol{\Phi}_v^T(\xi_2)\quad\cdots\quad\boldsymbol{\Phi}_v^T(\xi_i)\quad\cdots\quad\boldsymbol{\Phi}_v^T(\xi_n)\quad\boldsymbol{\Phi}_v^T(\xi_{n+1})]$$

将式(4-38)代入式(4-36)，可得：

$$u(\xi,t)=\boldsymbol{\Phi}_u(\boldsymbol{R}_u^e)^{-1}\boldsymbol{u}^e=\mathbf{N}_u(\xi)\boldsymbol{u}^e$$
$$v(\xi,t)=\boldsymbol{\Phi}_v(\boldsymbol{R}_v^e)^{-1}\boldsymbol{v}^e=\mathbf{N}_v(\xi)\boldsymbol{v}^e \tag{4-39}$$

其中 $\boldsymbol{N}_u(\xi)=\boldsymbol{\Phi}_u(\boldsymbol{R}_u^e)^{-1}$，$\boldsymbol{N}_v(\xi)=\boldsymbol{\Phi}_v(\boldsymbol{R}_v^e)^{-1}$ 是样条小波有限元的形函数。

令：

$$h_u^T=\boldsymbol{N}_u(\xi),b_u^T=\boldsymbol{N}'_u(\xi),c_u^T=\boldsymbol{N}''_u(\xi)$$
$$h_v^T=\boldsymbol{N}_v(\xi),b_v^T=\boldsymbol{N}'_v(\xi),c_v^T=\boldsymbol{N}''_v(\xi) \tag{4-40}$$

根据传统有限元的离散过程，表示如下：

$$\begin{bmatrix}\boldsymbol{M}_{uu}^e & 0\\ 0 & \boldsymbol{M}_{vv}^e\end{bmatrix}\begin{bmatrix}\ddot{\boldsymbol{u}}^e\\ \ddot{\boldsymbol{v}}^e\end{bmatrix}+\begin{bmatrix}\boldsymbol{C}_{uu}^e & \boldsymbol{C}_{uv}^e\\ \boldsymbol{C}_{vu}^e & \boldsymbol{C}_{vv}^e\end{bmatrix}\begin{bmatrix}\dot{\boldsymbol{u}}^e\\ \dot{\boldsymbol{v}}^e\end{bmatrix}+\begin{bmatrix}\boldsymbol{K}_{uu}^e & \boldsymbol{K}_{uv}^e\\ \boldsymbol{K}_{vu}^e & \boldsymbol{K}_{vv}^e\end{bmatrix}\begin{bmatrix}\boldsymbol{u}^e\\ \boldsymbol{v}^e\end{bmatrix}=\begin{bmatrix}\boldsymbol{F}^e\\ 0\end{bmatrix} \tag{4-41}$$

其中，

$$\boldsymbol{M}_{uu}^e=(m_p+m_f)R\int_0^\pi h_u h_u^T\mathrm{d}\theta$$
$$\boldsymbol{M}_{vv}^e=(m_p+m_f)R\int_0^\pi h_v h_v^T\mathrm{d}\theta \tag{4-42}$$

$$\boldsymbol{K}_{uu}^e=\int_0^\pi EA\frac{h_u h_u^T}{R^2}R\mathrm{d}\theta+EI\int_0^\pi\frac{c_u c_u^T}{R^4}R\mathrm{d}\theta+\int_0^\pi Q\frac{b_u b_u^T}{R^2}R\mathrm{d}\theta+m_f\frac{V^2}{R}\int_0^\pi(-h_u h_u^T-b_u b_u^T)\mathrm{d}\theta$$

$$\boldsymbol{K}_{uv}^e=\int_0^\pi EA\frac{h_u b_v^T}{R^2}R\mathrm{d}\theta-EI\int_0^\pi\frac{c_u b_v^T}{R^4}R\mathrm{d}\theta+\int_0^\pi Q\frac{-b_u h_v^T}{R^2}R\mathrm{d}\theta+m_f\frac{V^2}{R}2\int_0^\pi b_u h_v^T\mathrm{d}\theta$$

$$\boldsymbol{K}_{vu}^e=\int_0^\pi EA\frac{b_v h_u^T}{R^2}R\mathrm{d}\theta-EI\int_0^\pi\frac{b_v c_u^T}{R^4}R\mathrm{d}\theta+\int_0^\pi Q\frac{-h_v b_u^T}{R^2}R\mathrm{d}\theta+m_f\frac{V^2}{R}2\int_0^\pi h_v b_u^T R\mathrm{d}\theta$$

$$\boldsymbol{K}_{vv}^e=\int_0^\pi EA\frac{b_v b_v^T}{R^2}R\mathrm{d}\theta+EI\int_0^\pi\frac{b_v b_v^T}{R^4}R\mathrm{d}\theta+\int_0^\pi Q\frac{h_v h_v^T}{R^2}R\mathrm{d}\theta+m_f\frac{V^2}{R}\int_0^\pi(-h_v h_v^T-b_v b_v^T)\mathrm{d}\theta$$

(4-43)

$$\boldsymbol{C}_{uu}^e=2m_f V\int_0^\pi h_u b_u^T\mathrm{d}\theta,\boldsymbol{C}_{uv}^e=-2m_f V\int_0^\pi h_u h_v^T\mathrm{d}\theta$$
$$\boldsymbol{C}_{vu}^e=2m_f V\int_0^\pi h_v h_u^T\mathrm{d}\theta,\boldsymbol{C}_{vv}^e=2m_f V\int_0^\pi h_v b_v^T\mathrm{d}\theta \tag{4-44}$$

$$\boldsymbol{F}^e=m_f\frac{U^2}{R}\int_0^\pi h_u\mathrm{d}\theta \tag{4-45}$$

将所有单元集合起来，可得全局离散常微分方程如下，

$$\boldsymbol{M}_g\ddot{\boldsymbol{q}}+\boldsymbol{C}_g\dot{\boldsymbol{q}}+\boldsymbol{K}_g(\boldsymbol{q})\boldsymbol{q}=F \tag{4-46}$$

其中 $\boldsymbol{q}$ 是各单元 $\boldsymbol{u}^e$、$\boldsymbol{v}^e$ 位移的集合，$\boldsymbol{M}_g$、$\boldsymbol{C}_g$、$\boldsymbol{K}_g(\boldsymbol{q})$ 分别是管道的全局质量矩阵、全局阻尼矩阵和全局刚度矩阵。由于 $\boldsymbol{K}_g(\boldsymbol{q})$ 是 $\boldsymbol{q}$ 的函数，因此是一个非线性问题。

4.4 非线性问题的求解方法

1. 曲管的自然频率

为了求得曲管的自然频率，需要将式(4-46) 线性化，即为：

$$\boldsymbol{M}_g\ddot{\boldsymbol{q}}+\boldsymbol{C}_g\dot{\boldsymbol{q}}+\boldsymbol{K}_{Tg}(\boldsymbol{q}_0)\boldsymbol{q}=0 \tag{4-47}$$

其中，$\boldsymbol{K}_{Tg}$ 表示在静态平衡位置处的切线刚度矩阵。

$$\boldsymbol{K}_{Tg}=\left.\frac{\partial\boldsymbol{K}_g}{\partial\boldsymbol{q}}\right|_{\boldsymbol{q}=\boldsymbol{q}_0} \tag{4-48}$$

$\boldsymbol{q}_0$ 可由下式求出，

$$\boldsymbol{K}_g(\boldsymbol{q}_0)\boldsymbol{q}_0=F \tag{4-49}$$

计算过程都是在施加边界条件之后进行的。求解式(4-49) 非线性问题，主要采用直接迭代法和牛顿-拉斐森迭代法，读者可参考相关文献，在此不再赘述。考虑 $\boldsymbol{q}=Qe^{\Omega t}$，式(4-47) 可改写为：

$$\left\{\begin{bmatrix}0 & \boldsymbol{I}\\ -\boldsymbol{M}_g^{-1}\boldsymbol{K}_{Tg} & -\boldsymbol{M}_g^{-1}\boldsymbol{C}_g\end{bmatrix}-\Omega\begin{bmatrix}\boldsymbol{I} & 0\\ 0 & \boldsymbol{I}\end{bmatrix}\right\}\begin{bmatrix}\boldsymbol{Q}\\ \Omega\boldsymbol{Q}\end{bmatrix}=\begin{bmatrix}0\\ 0\end{bmatrix} \tag{4-50}$$

计算上式的特征值，即可求出自然频率，定义无量纲频率和流速分别为：

$$\omega=i\Omega R^2\sqrt{\frac{m_p+m_f}{EI}},\ \overline{U}=UR\sqrt{\frac{m_f}{EI}} \tag{4-51}$$

2. 切线刚度矩阵的求解

计算切线刚度矩阵 $\boldsymbol{K}_{Tg}$ 的数值方法有前向差分法、中心差分法、复数步进法(Complex-Step formula)。差分法对步长有一定的要求,太小并不一定能提高精度,而复数步进法却没有这方面的限制。复数步进法的原理是将复变函数 $f(x+ih)$ 在 x 处进行泰勒展开,$f(x+ih)$ 的表达式如下:

$$f(x+ih)=f(x)+\frac{\partial f(x)}{\partial x}\frac{ih}{1!}+\frac{\partial^2 f(x)}{\partial x^2}\frac{(ih)^2}{2!}+\cdots \tag{4-52}$$

其中,$x+ih$ 中的 i 是虚数单位,h 是沿虚轴的小扰动步长。忽略二阶以上无穷小项,取其虚部系数,可得 $f(x)$ 的导数为:

$$\frac{\partial f(x)}{\partial x}=\frac{\mathrm{Im}[f(x+ih)]}{h}+O(h^2) \tag{4-53}$$

根据上述原理,求解切线刚度矩阵的复数步长法表达式如下:

$$\boldsymbol{K}_{Tg}^{IJ}\approx\frac{\mathrm{Im}[F_I^{\mathrm{int}}(q+ih\vec{e}_J)]}{h} \tag{4-54}$$

其中,$q+ih\vec{e}_j$ 中的 i 是虚数单位,$\mathrm{Im}[\cdot]$ 表示复数的虚部系数,$F_I^{\mathrm{int}}(U+ih\vec{e}_J)$ 是以复数向量为变量的函数向量 F^{int} 的第 I 个分量。由于没有差分法中的加减,精度有所提高。

4.5 数值算例

根据上文分析,作者编写了一套用于输流管道流固耦合振动分析的小波有限元程序,其中包含生成区间样条小波尺度函数的基础程序、用于计算样条小波有限元单元矩阵的分段高斯积分程序和相关有限元的程序,并将其应用于本书中输流曲管流固耦合面内振动分析。本节将小波有限元计算的曲管频率、模态和时间积分与相关文献、传统有限元进行对比,验证精度。

首先,应用复数步进法生成切线刚度矩阵,采用不同单元数的小波有限元程序计算 $\bar{U}=4$ 时输流曲管面内振动频率,并与相关文献对比,对比结果见表 4-1 所列。随着单元数的增加,频率稳定地收敛,当单元达到 4 个时,频率数值结果与相关文献相差不大,且在相同的程序结构下,1 个、2 个、3 个和 4 个小波曲管单元所花费的时间分别为1.6545s、4.0267s、10.1900s、55.3064s，而相关文献采用40个传统有限元单元所花时间为465.1518s，小波有限元计算时间大大减少。因此可知小波有限元所计算的数值结果可靠、准确，且所花费时间较少。

表 4-1　$\bar{U}=4$ 时输流曲管面内振动频率对比结果

阶 数	小波曲管单元数				相关文献
	1	2	3	4	
1	4.9139	3.91548	3.70912	3.63460	3.64575
2	10.7433	9.61940	9.40507	9.32872	9.34364
3	16.1332	15.0850	14.90652	14.84348	14.85636
时 间	1.6545	4.0267	10.1900	55.3064	465.1518

再来看一下 $\bar{U}=4$ 时输流曲管面内振动的振动模态，如图 4-5 所示，分别绘制了前三阶的径向模态和周向模态。从图 4-5(a) 至图 4-5(d) 可知，小波有限元所计算的前二阶模态，在形态上基本相似，只是波峰和波谷附近区域在模态上的贡献有所不同，与小波有限元对比，传统有限元在波峰波谷上稍显平缓，而对于第三阶模态，如图 4-5(e) 和图 4-5(f) 所示，两者计算的模态又基本重合。

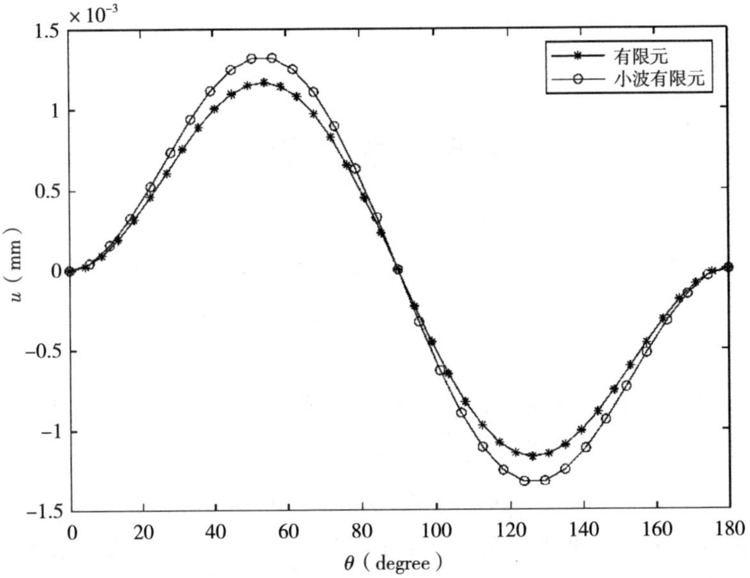

(a) 第一阶径向模态

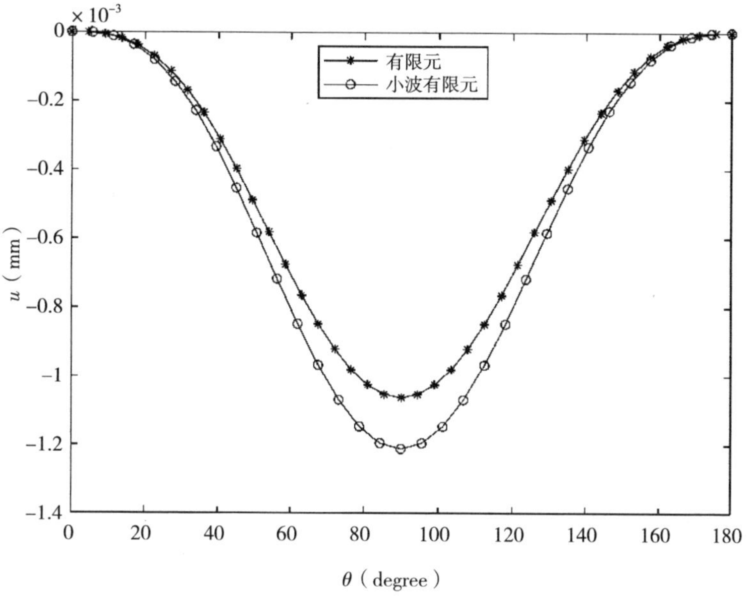

（b）第一阶周向模态

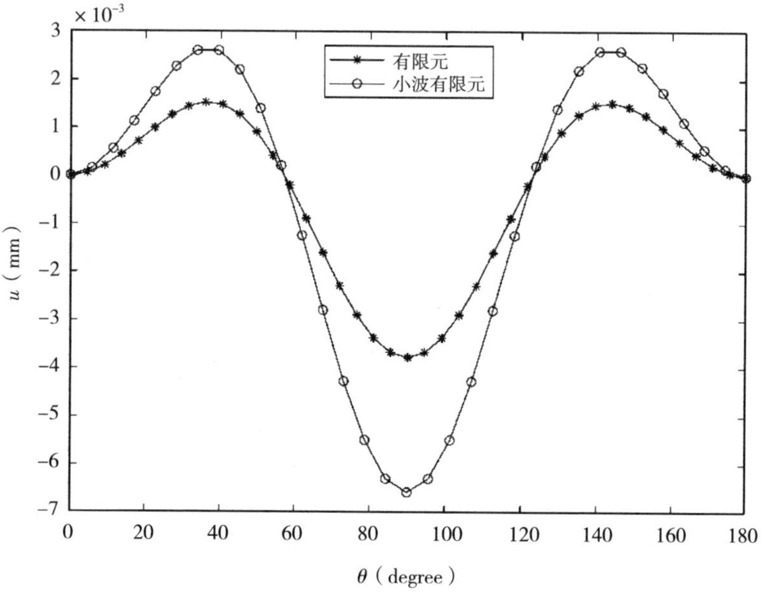

（c）第二阶径向模态

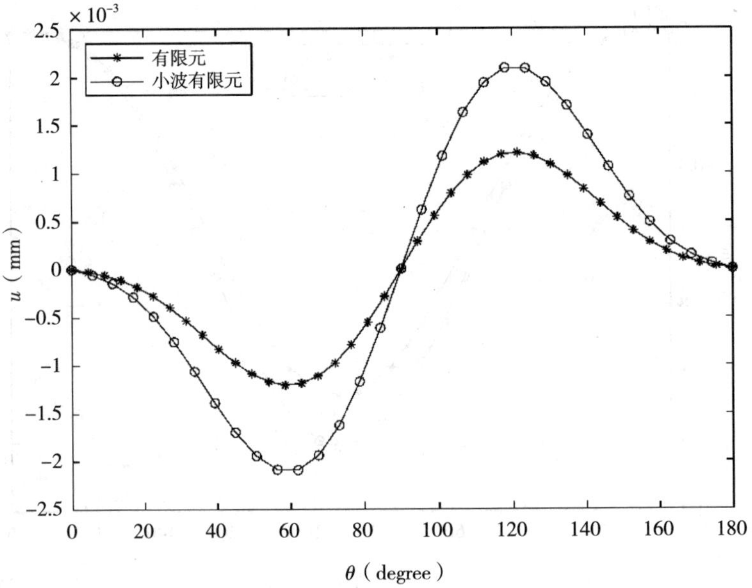

（d）第二阶周向模态

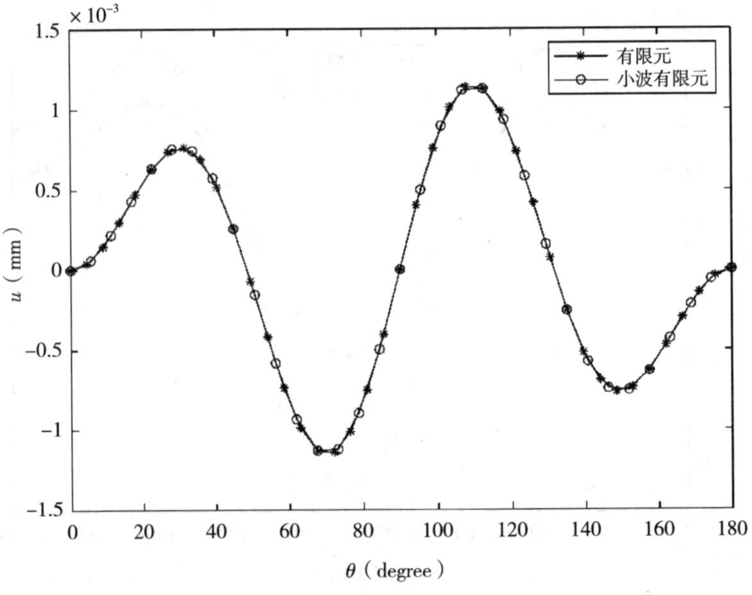

（e）第三阶径向模态

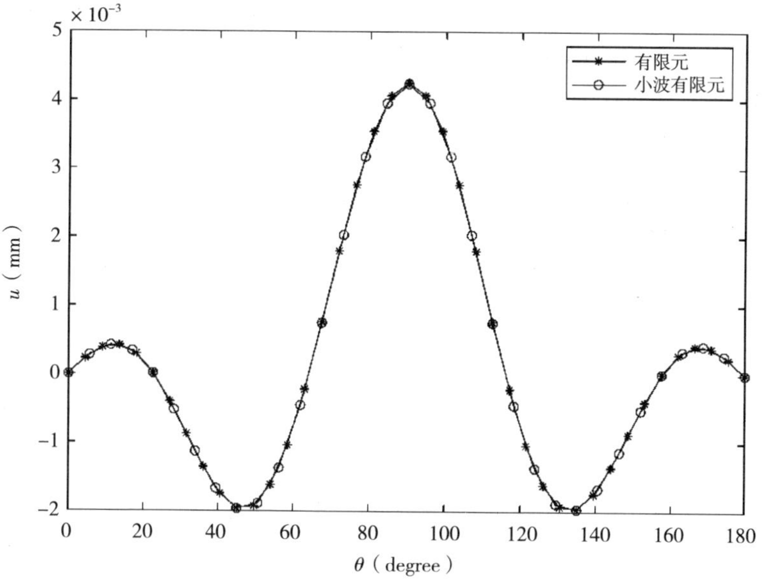

（f）第三阶周向模态

图 4-5 输流曲管前三阶径向和周向模态

采用不同单元数的小波有限元程序计算输流曲管面内振动前三阶频率随无量纲流速 U 的变化曲线，如图 4-6 所示。第一阶和第三阶频率随流速增大而缓慢减少；1 个单元计算的第二阶频率随流速增大而缓慢减少，其他单元数计算的第二阶频率随流速增大产生的变化不是单调的。4 个单元和 6 个单元的计算结果基本重合，表明 4 个小波曲管单元的计算收敛，且由前三阶频率实部随流速变化曲线比较可知，如图 4-7 所示，4 个单元计算的频率随流速的变化趋势与相关文献所述基本一致。

以上数值结果是采用复数步进法生成切线刚度矩阵的，分别应用复数步进法、中心差分法、前向差分法和向后差分法计算输流曲管频率随流速变化曲线，如图 4-8 所示，曲线相差不大，中心差分法、前向差分法和向后差分法的计算结果保持一致。由局部放大图可知，复数步进法的计算结果稍微小一些。

时域动力响应分析也是振动分析的一个重要问题，求解方法有很多，如中心差分法、Wilson-θ 法和 Newmark 法等。最后，当有限元或小波有限元离散微分方程之后，采用牛顿-拉斐森迭代法和 Newmark 法求解非线性输流曲管的时域动力响应，其详细算法可参考相关文献。$\overline{U}=2$ 时输流曲管中点的径向位移的动力时间响应如图 4-9 所示，与传统有限元对比，小波有限元数值结果相差不大，几乎重合。不同流速情况下输流曲管中点的径向位移的动力响应如图 4-10 所示，随着流速增大，其位移动力响应时间也在显著增大，这与速度越大，式中力 F 越大有关。$\overline{U}=4$ 的输流曲管中点的径向位移的动力时间响应如图 4－11 所示，当流速 $\overline{U}$ 增大到 4 时，输流曲管中点的径向位移响应时间越来越大，这一点值得注意，且传统有限元计算所花时间为 229.9589s，而小波有限元所花时间为 31.8884s。

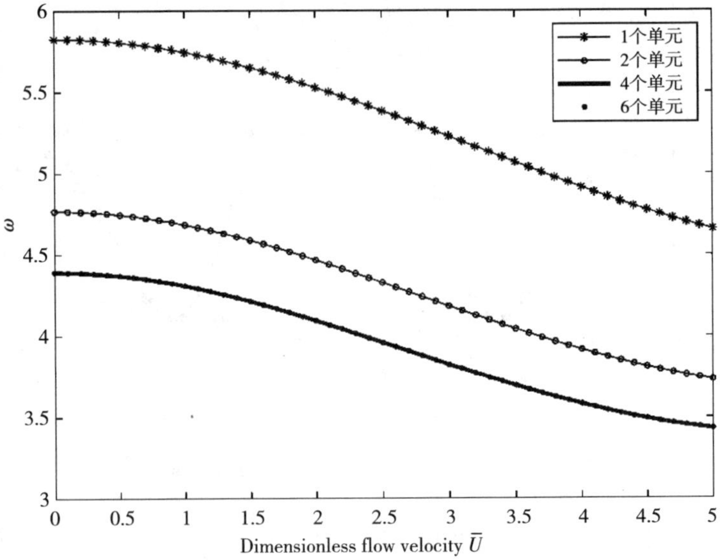

（a）第一阶频率

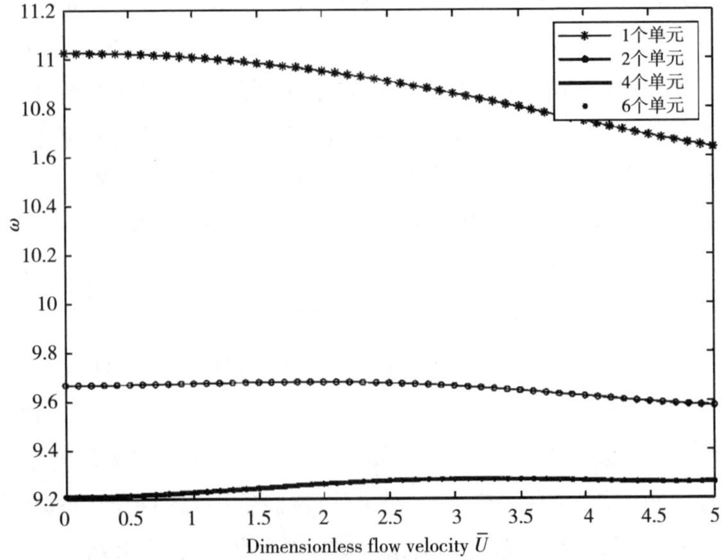

（b）第二阶频率

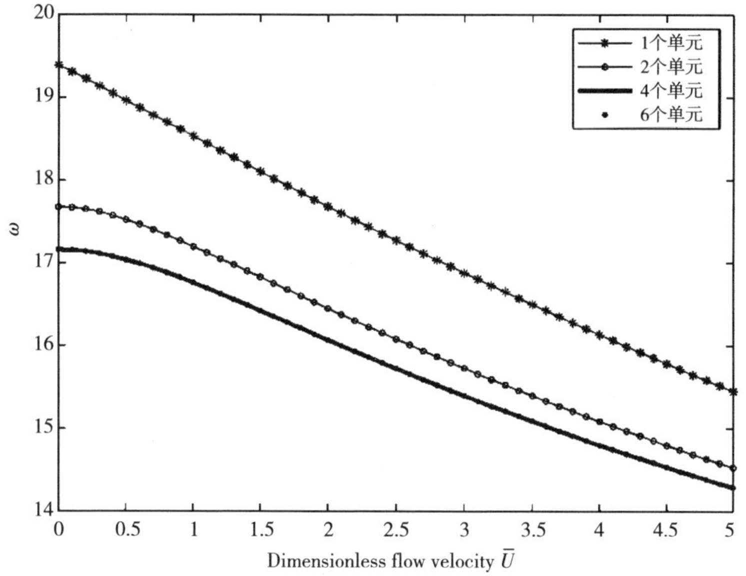

（c）第三阶频率

图 4-6　不同单元数计算下的输流曲管前三阶频率实部随流速变化曲线

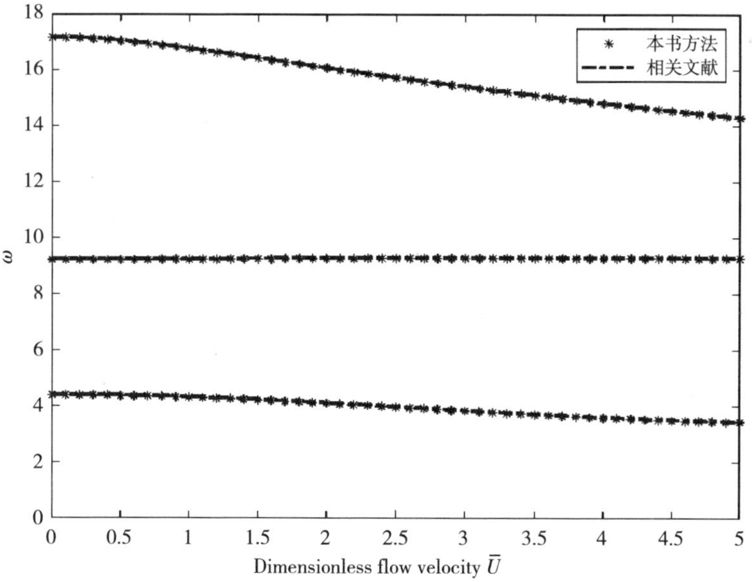

图 4-7　输流曲管前三阶频率实部随流速变化曲线比较

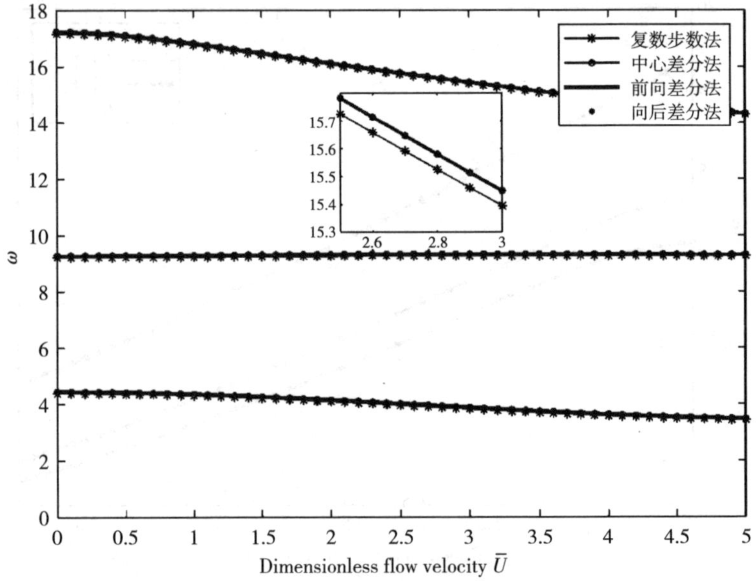

图 4-8　不同计算切线刚度矩阵方法的输流曲管前三阶频率实部随流速变化曲线比较

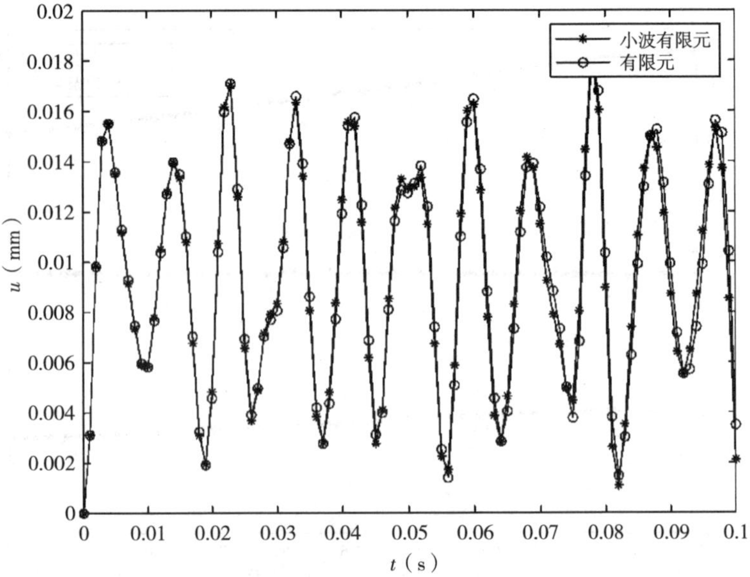

图 4-9　非线性输流曲管中点的径向位移的动力时间响应($\bar{U}=2$)

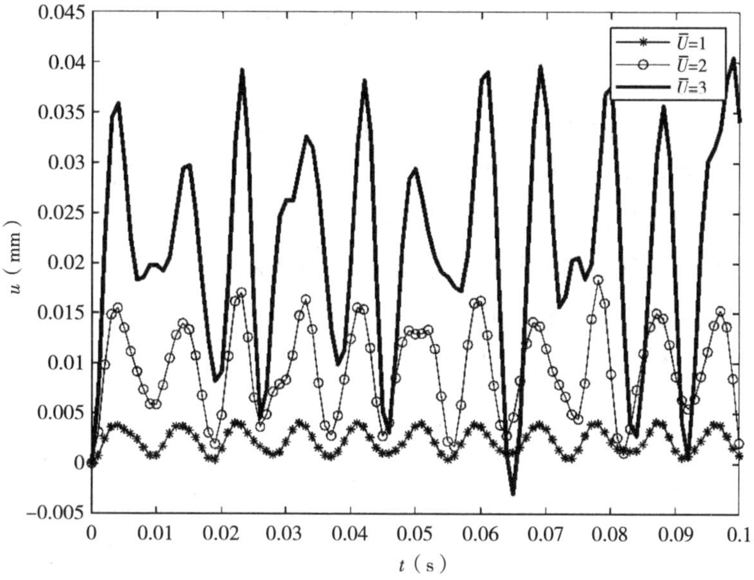

图 4-10 不同流速下非线性输流曲管中点的径向位移的动力时间响应

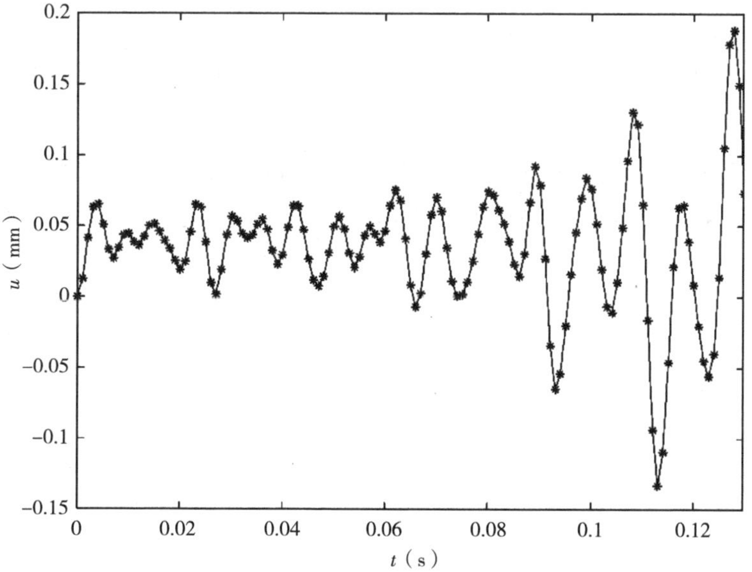

图 4-11 非线性输流曲管中点的径向位移的动力时间响应($\overline{U}=4$)

4.6 本章小节

本章在前人文献的基础上，详细推导了曲管截面上一点的应变公式，并简述了输流曲管面内振动非线性微分方程的推导过程，采用尺度为 3，阶数为 4 的区间样条小波尺度函数作为径向位移的插值函数，尺度为 2，阶数为 3 的区间样条小波尺度函数作为周向位移的插值函数，推导出了区间样条小波曲管单元相关矩阵，并将其用于离散输流曲管面内振动微分方程，求解了输流曲管的频率、模态和时域响应，并与相关文献、传统有限元对比，进行验证。根据数值结果进行讨论，主要结论如下：

1. 中心差分法、前向差分法和向后差分法计算切线刚度矩阵的频率结果保持一致，与复数步进法相比，数值相差不大，说明了复数步进法的精确性和可靠性；

2. 通过不同单元数计算 $\overline{U}=4$ 的曲管频率对比，当小波单元数为 4 个时，频率数值结果收敛，与相关文献结果相差不大，但在模态方面有些区别，且采用 4 个小波单元计算的前三阶频率随流速的变化曲线同样收敛；

3. 与传统有限元对比，采用小波有限元计算的时域动力响应相差不大，且数值结果表明流速越大，位移时域响应就越大；

4. 无论是频率计算还是时域动力响应计算，小波有限元计算时间都比传统有限元少，收敛速度快。

综上所述，与传统有限元相比，在非线性输流曲管面内振动计算方面，小波有限元计算结果较为准确，花费时间较少，有着一定的优势。

5　功能梯度薄壁输流管道流固耦合振动特性分析

5.1　功能梯度薄壁输流管道的热耦合振动分析

功能梯度材料一般是两种材料混合的复合材料，如金属和陶瓷两相组成的复合材料，两相材料之间的比例按照一定的规律连续变化，因而具有良好的热力学性能，受到了学者越来越多的关注。由于材料与温度密切相关，所以温度影响不可忽略。基于薄壁梁模型，Hosseini 等考虑了温度对材料的影响，研究了受轴向力的薄壁输流管道的热力学稳定性。Wang 和 Liu 采用辛方法研究了功能梯度输流管道的横向振动。邓家全采用梁模型，考虑了材料的黏弹性，研究了多跨度功能梯度输流管道的动力学。

Wang、邓家全等并没有考虑温度的影响，Hosseini 等仅仅研究了管外温度比管内高的情形，而在工程应用中，管内温度比管外高的情况亦是不少，因此针对温度对材料的影响需要更加深入的研究。本章结合功能梯度材料的相关特性，考虑了两种工况：工况一是管外温度高于管内，工况二是管内温度高于管外，针对两种工况，分别采用不考虑剪切效应和考虑剪切效应两种模型研究功能梯度悬臂输流管道，并比较两种工况下功能梯度输流管道的动力学特性。

5.1.1　功能梯度薄壁输流管道几何结构和材料

考虑水平放置的悬臂薄壁输流管道，管长为 L，管内为不可压缩流体，流速为 U，其几何结构如图 5-1 所示。惯性坐标系 (x, y, z) 固定在管道截面中心。h 为管道壁厚，r、r_o 和 r_i 分别为横截面的中径、外径和内径。横截面上有一个局部坐标系 (s, z, n)。s 和 n $(-h/2 \leqslant n \leqslant h/2)$ 分别表示周向坐标和管道厚度坐标。

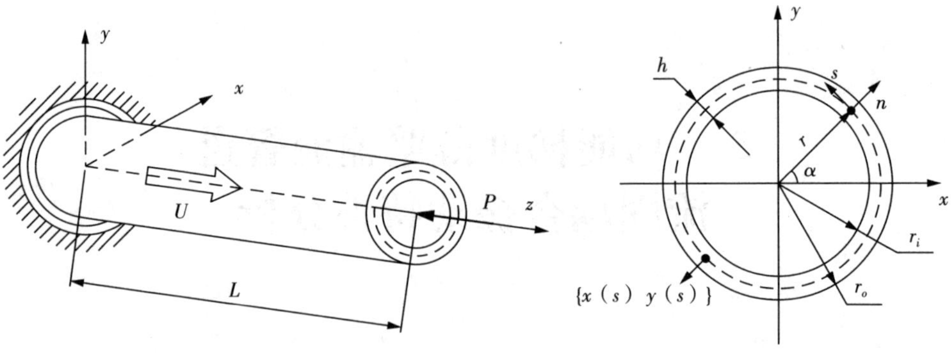

(a) 管道结构　　　　(b) 截面坐标系

图 5-1　管道结构和坐标系

在本章的分析中，功能梯度管道由金属(SUS304)和陶瓷(Si_3N_4)两相材料组成，管道外壁为陶瓷，管内内壁为金属，从管内到管外，各相材料按照一定的规律连续变化。各相材料性能与温度 T 有关，其表达式为：

$$p(n)=p_0\left(\frac{p_{-1}}{T+1}+p_1T+p_2T^2+p_3T^3\right)$$
$$p(n)=p_0\left(\frac{p_{-1}}{T+1}+p_1T+p_2T^2+p_3T^3\right) \tag{5-1}$$

其中 p_{-1}、p_0、p_1、p_2 和 p_3 表示各相材料性能 $p(n)$ 表达式中的系数，其数值见表 5-1 所列。功能梯度管道各相材料性能 $p(n)$ 包含弹性模量 E、泊松比 v、热膨胀系数 α、密度 ρ 和热传导率 κ，它们亦可以分别表示如下：

$$E(n)=p_0\left(\frac{p_{-1}}{T+1}+p_1T+p_2T^2+p_3T^3\right) \tag{5-2}$$

$$\nu(n)=p_0\left(\frac{p_{-1}}{T+1}+p_1T+p_2T^2+p_3T^3\right) \tag{5-3}$$

$$\alpha(n)=p_0\left(\frac{p_{-1}}{T+1}+p_1T+p_2T^2+p_3T^3\right) \tag{5-4}$$

$$\rho(n)=p_0\left(\frac{p_{-1}}{T+1}+p_1T+p_2T^2+p_3T^3\right) \tag{5-5}$$

$$\kappa(n)=p_0\left(\frac{p_{-1}}{T+1}+p_1T+p_2T^2+p_3T^3\right) \tag{5-6}$$

其中 p_{-1}、p_0、p_1、p_2 和 p_3 为表 5-1 各自对应的数值。

表 5-1 各相材料属性对应的系数 p_{-1}、p_0、p_1、p_2、p_3 数值

材料属性 $p(n)$	材料	p_{-1}	p_0	p_1	p_2	p_3
E	Si_3N_4	0	348.43×10^9	-3.070×10^{-4}	2.16×10^{-7}	-8.946×10^{-11}
	SUS304	0	201.04×10^9	3.079×10^{-4}	-6.534×10^{-7}	0
ν	Si_3N_4	0	0.2400	0	0	0
	SUS304	0	0.3262	-2.002×10^{-4}	3.797×10^{-7}	0
α	Si_3N_4	0	5.8723×10^{-6}	9.095×10^{-4}	0	0
	SUS304	0	12.33×10^{-6}	8.086×10^{-4}	0	0
ρ	Si_3N_4	0	2370	0	0	0
	SUS304	0	8166	0	0	0
κ	Si_3N_4	0	13.723	-1.032×10^{-3}	5.466×10^{-7}	-7.876×10^{-11}
	SUS304	0	15.379	-1.264×10^{-3}	2.092×10^{-6}	-7.223×10^{-10}

假设管道温度沿壁厚呈一维稳态热分布，在管内壁和外壁所受温度为：

$$T(n=h/2)=T_o \quad T(n=-h/2)=T_i \tag{5-7}$$

温度梯度 λ_T 定义为：

$$\lambda_T=\frac{T_o-T_i}{T_i} \tag{5-8}$$

其中 T_i 和 T_o 分别表示管内温度和管外温度。

沿着壁厚的温度分布表达式可以求解稳态热传导方程获得：

$$\frac{\mathrm{d}}{\mathrm{d}n}\left[\kappa(n)\frac{\mathrm{d}T}{\mathrm{d}n}\right]=0 \tag{5-9}$$

功能梯度材料等效性能 p_{eff} 采用指数形式，表达式如下：

$$p_{eff}=(p_o-p_i)\left(\frac{n}{h}+\frac{1}{2}\right)^k+p_i, \quad -\frac{h}{2}\leqslant n\leqslant\frac{h}{2} \tag{5-10}$$

其中，下标 i 和 o 分别表示功能梯度管道管内和管外的材料性能，$k(0\leqslant k\leqslant\infty)$ 表示体积分数指数(volume fraction index)。当 $k=0$ 时，$p_{eff}=p_o$；当 k 趋于无穷时，$p_{eff}=p_i$。功能梯度材料等效性能 p_{eff} 包括弹性模量 E、泊松比 v、热膨胀系数 α、密度 ρ 和热传导率 κ，可以分别表示如下：

$$E_{eff}=(E_o-E_i)\left(\frac{n}{h}+\frac{1}{2}\right)^k+E_i,\quad -\frac{h}{2}\leqslant n\leqslant\frac{h}{2} \tag{5-11}$$

$$\nu_{eff}=(\nu_o-\nu_i)\left(\frac{n}{h}+\frac{1}{2}\right)^k+\nu_i,\quad -\frac{h}{2}\leqslant n\leqslant\frac{h}{2} \tag{5-12}$$

$$\alpha_{eff}=(\alpha_o-\alpha_i)\left(\frac{n}{h}+\frac{1}{2}\right)^k+\alpha_i,\quad -\frac{h}{2}\leqslant n\leqslant\frac{h}{2} \tag{5-13}$$

$$\rho_{eff}=(\rho_o-\rho_i)\left(\frac{n}{h}+\frac{1}{2}\right)^k+\rho_i,\quad -\frac{h}{2}\leqslant n\leqslant\frac{h}{2} \tag{5-14}$$

$$\kappa_{eff}=(\kappa_o-\kappa_i)\left(\frac{n}{h}+\frac{1}{2}\right)^k+\kappa_i,\quad -\frac{h}{2}\leqslant n\leqslant\frac{h}{2} \tag{5-15}$$

5.1.2 不考虑剪切作用的功能梯度薄壁输流管道微分方程

1. 位移应变关系

不考虑(横截面面内的)剪切作用的功能梯度薄壁输流管道振动微分方程在相关文献中有详细的推导,为了保持一致,将其推导过程作如下简述。

如图 5-1 所示,薄壁输流管道位移表达式为:

$$\begin{aligned}&u(x,y,z;t)=u_0(z;t)\\&\upsilon(x,y,z;t)=\upsilon_0(z;t)\\&w(x,y,z;t)=\theta_x(z;t)\left[y(s)-n\frac{\mathrm{d}x}{\mathrm{d}s}\right]+\theta_y(z;t)\left[x(s)+n\frac{\mathrm{d}y}{\mathrm{d}s}\right]\end{aligned} \tag{5-16}$$

其中:$u_0(z;t)$ 和 $\upsilon_0(z;t)$ 分别表示截面沿着 x 和 y 方向的运动位移,$\theta_x(z;t)$ 和 $\theta_y(z;t)$ 分别表示截面绕着 x 和 y 方向的转动。

$$\begin{aligned}&\theta_x(z;t)=-\upsilon'_0(z;t)\\&\theta_y(z;t)=-u'_0(z;t)\end{aligned} \tag{5-17}$$

轴向应变为:

$$\varepsilon_{zz}=\frac{\partial\omega}{\partial z} \tag{5-18}$$

假设截面形状保持不变,因此

$$\varepsilon_{xx}=\varepsilon_{yy}=\gamma_{xy}=0 \tag{5-19}$$

在运动中,管道上任一点坐标可以表示为:

$$\vec{\boldsymbol{r}}=(x+u)\vec{\boldsymbol{i}}+(y+\upsilon)\vec{\boldsymbol{j}}+(z+\omega)\vec{\boldsymbol{k}} \tag{5-20}$$

流体速度表达式为：

$$\vec{\boldsymbol{v}}_f=(\dot{u}_0+Uu'_0)\vec{\boldsymbol{i}}+(\dot{\upsilon}_0+U\upsilon')\vec{\boldsymbol{j}}+U\vec{\boldsymbol{k}} \tag{5-21}$$

根据式(5－16) 和式(5－18)，薄壁输流管道轴向应变可以表示为：

$$\varepsilon_{zz}=\varepsilon_1(s,z,t)+n\varepsilon_2(s,z,t) \tag{5-22}$$

$$\varepsilon_{zz}=-\frac{\partial^2\upsilon_0}{\partial z^2}\left(y(s)-n\frac{\mathrm{d}x}{\mathrm{d}s}\right)-\frac{\partial^2 u_0}{\partial z^z}\left(x(s)+n\frac{\mathrm{d}y}{\mathrm{d}s}\right) \tag{5-23}$$

其中：

$$\varepsilon_1(s,z,t)=-\upsilon''(z;t)y(s,z)-u''(z;t)x(s,z) \tag{5-24}$$

$$\varepsilon_2(s,z,t)=-u''_0(z;t)\frac{\mathrm{d}y}{\mathrm{d}s}+\upsilon''_0(z;t)\frac{\mathrm{d}x}{\mathrm{d}s} \tag{5-25}$$

其中$()^{\cdot}$ 和$()'$ 分别表示 $\partial()/\partial t$ 和 $\partial()/\partial z$。

2. 材料本构关系

考虑温度效应，复合材料薄壁输流管道的本构方程为，

$$\begin{bmatrix}\sigma_{ss}\\ \sigma_{zz}\end{bmatrix}=\begin{bmatrix}Q_{11} & Q_{12}\\ Q_{12} & Q_{11}\end{bmatrix}-\begin{bmatrix}\alpha\Delta T\\ \alpha\Delta T\end{bmatrix} \tag{5-26}$$

其中$Q_{11}=\dfrac{E_{eff}}{1-\upsilon_{eff}^2}$， $Q_{12}=\dfrac{E_{eff}\upsilon_{eff}}{1-\upsilon_{eff}^2}$， $\hat{\alpha}=\dfrac{E_{eff}}{1-\upsilon_{eff}}\alpha_{eff}$，$\Delta T$表示与未有预应力状态比较时的温度变化量。

3. 运动微分方程推导过程

根据 Hamilton 原理，

$$\int_0^T[\delta T-\delta U]\mathrm{d}t=\int_0^T(m_fU(\dot{\vec{\boldsymbol{r}}}_L+U\vec{\boldsymbol{\tau}}_L)\cdot\delta\vec{\boldsymbol{r}}_L\mathrm{d}t \tag{5-27}$$

其中：

$$U=\frac{1}{2}\int_0^L\int_C\int_h\sigma_{zz}\varepsilon_{zz}\mathrm{d}n\mathrm{d}s\mathrm{d}z+\frac{1}{2}\int_0^L(-P(\upsilon')^2-P(u')^2)\mathrm{d}z \tag{5-28}$$

$$\begin{aligned}T=&\frac{1}{2}\int_0^L\int_C\int_h\rho_p(n)(\dot{u}^2+\dot{\upsilon}^2+\dot{\omega}^2)\mathrm{d}n\mathrm{d}s\mathrm{d}z+\frac{1}{2}\int_0^L\rho_fA_f\vec{\boldsymbol{v}}_f\cdot\vec{\boldsymbol{v}}_f\mathrm{d}z\\&+\int_0^L\left(\frac{1}{2}m_fr_x^2\left(\frac{\partial^2\upsilon}{\partial t\partial z}\right)2+\frac{1}{2}m_fr_y^2\left(\frac{\partial^2u}{\partial t\partial z}\right)2\right)\mathrm{d}z\end{aligned} \tag{5-29}$$

其中，m_f 和 U 分别表示流体的单位长度质量和流体速度。在式(5-29)中考虑了截面的转动效应，r_x 表示截面的惯性半径。刚度项 a_{ij}、质量项 b_i 和 $\hat{b}_i$ 均与温度梯度 λ_T 及体积分数指数 k 有关。

经过分部积分，可得功能梯度输流管道的动力微分方程如下：

δu_0：

$$-a_{22}\frac{\partial^4 u_0}{\partial z^4}-P\frac{\partial^2 u_0}{\partial z^2}+(m_f r_y^2+b_5+2\hat{b}_9+b_{15})\frac{\partial^4 u_0}{\partial t^2\partial z^2}-(b_1+m_f)\ddot{u}_0$$
$$-2m_f U\frac{\partial^2 u_0}{\partial t\partial z}-m_f U^2\frac{\partial^2 u_0}{\partial z^2}-M_y^{T''}=0 \tag{5-30}$$

$\delta \upsilon_0$：

$$-a_{33}\frac{\partial^4 \upsilon_0}{\partial z^4}-P\frac{\partial^2 \upsilon_0}{\partial z^2}+(m_f r_x^2+b_4-2\hat{b}_8+b_{14})\left(\frac{\partial^4 \upsilon_0}{\partial t^2\partial z^2}\right)-(m_f+b_1)\ddot{\upsilon}_0$$
$$-2m_f U\frac{\partial^2 \upsilon_0}{\partial t\partial z}-m_f U^2\frac{\partial^2 \upsilon_0}{\partial z^2}-M_x^{T''}=0 \tag{5-31}$$

悬臂输流管道的边界条件为：

在 $z=0$

$$u_0=\frac{\partial u_0}{\partial z}=0$$
$$\upsilon_0=\frac{\partial \upsilon_0}{\partial z}=0 \tag{5-32}$$

在 $z=L$

$$a_{22}\frac{\partial^3 u_0}{\partial z^3}-(b_5+2\hat{b}_9+b_{15})\frac{\partial^3 u_0}{\partial t^2\partial z}+Pu'_0-m_f r_y^2\frac{\partial^3 u_0}{\partial t^2\partial z}+(M_y^T)'=0$$
$$-a_{22}\frac{\partial^2 u_0}{\partial z^2}-M_y^T=0$$
$$a_{33}\frac{\partial^3 \upsilon_0}{\partial z^3}-(b_4-2\hat{b}_8+b_{14})\frac{\partial^3 \upsilon_0}{\partial t^2\partial z}+P\upsilon'_0-m_f r_x^2\frac{\partial^3 \upsilon_0}{\partial t^2\partial z}+(M_x^T)'=0$$
$$-a_{33}\frac{\partial^2 \upsilon_0}{\partial z^2}-M_x^T=0 \tag{5-33}$$

5.1.3　考虑剪切作用的功能梯度薄壁输流管道微分方程

1. 位移应变关系

如图 5－1 所示，薄壁输流管道位移表达式为：

$$
\begin{aligned}
&u(x,y,z;t)=u_0(z;t)\\
&\upsilon(x,y,z;t)=\upsilon_0(z;t)\\
&w(x,y,z;t)=\theta_x(z;t)\left[y(s)-n\frac{\mathrm{d}x}{\mathrm{d}s}\right]+\theta_y(z;t)\left[x(s)+n\frac{\mathrm{d}y}{\mathrm{d}s}\right]
\end{aligned}
\tag{5-34}
$$

其中：$u_0(z;t)$ 和 $\upsilon_0(z;t)$ 分别表示截面沿着 x 和 y 方向的运动位移，$\theta_x(z;t)$ 和 $\theta_y(z;t)$ 分别表示截面绕着 x 和 y 方向的转动。

$\theta_x(z;t)$ 和 $\theta_y(z;t)$ 表达式为：

$$
\begin{aligned}
&\theta_x(z;t)=\gamma_{yz}(z;t)-\upsilon'_0(z;t)\\
&\theta_y(z;t)=-\gamma_{xz}(z;t)-u'_0(z;t)
\end{aligned}
\tag{5-35}
$$

其中 $\gamma_{yz}(z;t)$ 和 $\gamma_{xz}(z;t)$ 为横向剪切应变。

沿 z 方向的轴向应变为：

$$
\varepsilon_{zz}=\theta'_x(z,t)y(s,z)+\theta'_y(z,t)x(s,z)+n\left(\theta'_y(z,t)\frac{\mathrm{d}y}{\mathrm{d}s}-\theta'_x(z,t)\frac{\mathrm{d}x}{\mathrm{d}s}\right)
\tag{5-36}
$$

切向剪切应变为：

$$
\varepsilon_{sz}=[\theta_y(z;t)+u'_0(z,t)]\frac{\mathrm{d}x}{\mathrm{d}s}+[\theta_x(z;t)+\upsilon'_0(z,t)]\frac{\mathrm{d}y}{\mathrm{d}s}
\tag{5-37}
$$

横向剪切应变为：

$$
\varepsilon_{nz}=[\theta_y(z;t)+u'_0(z,t)]\frac{\mathrm{d}y}{\mathrm{d}s}-[\theta_x(z;t)+\upsilon'_0(z,t)]\frac{\mathrm{d}x}{\mathrm{d}s}
\tag{5-38}
$$

管道上一点的速度表示为：

$$
\vec{\boldsymbol{v}}_p(x,y,z;t)=\dot{u}\vec{\boldsymbol{i}}+\dot{\upsilon}\vec{\boldsymbol{j}}+\dot{\omega}\vec{\boldsymbol{k}}
\tag{5-39}
$$

管道内流体流速为：

$$
\vec{\boldsymbol{v}}_f=\left(\dot{u}_0+U\frac{\partial u_0}{\partial z}\right)\vec{\boldsymbol{i}}+\left(\dot{\upsilon}_0+U\frac{\partial \upsilon_0}{\partial z}\right)\vec{\boldsymbol{j}}+U\vec{\boldsymbol{k}}
\tag{5-40}
$$

其中下标 f 和 p 分别表示与流体和管道相关的物理量。

2. 材料本构关系

考虑剪切效应，功能梯度输流管道材料本构关系表示为：

$$\begin{bmatrix}\sigma_{ss}\\ \sigma_{zz}\\ \sigma_{zn}\\ \sigma_{ns}\\ \sigma_{sz}\end{bmatrix}=\begin{bmatrix}Q_{11} & Q_{12} & 0 & 0 & 0\\ Q_{21} & Q_{22} & 0 & 0 & 0\\ 0 & 0 & Q_{44} & 0 & 0\\ 0 & 0 & 0 & Q_{55} & 0\\ 0 & 0 & 0 & 0 & Q_{66}\end{bmatrix}\begin{bmatrix}\varepsilon_{ss}\\ \varepsilon_{zz}\\ \varepsilon_{zn}\\ \varepsilon_{ns}\\ \varepsilon_{sz}\end{bmatrix}-\begin{bmatrix}\hat{\alpha}\Delta T\\ \hat{\alpha}\Delta T\\ 0\\ 0\\ 0\end{bmatrix} \tag{5-41}$$

其中

$$Q_{11}=\frac{E_{eff}}{1-v_{eff}^2},\quad Q_{12}=\frac{E_{eff}v_{eff}}{1-v_{eff}^2},\quad Q_{66}=\frac{E_{eff}}{2(1+v_{eff})}(=G), \tag{5-42}$$

$Q_{44}=Q_{55}=\mu^2 G, \hat{\alpha}=\dfrac{E_{eff}}{1-v_{eff}}\alpha_{eff}$，其中 $\Delta T(s,z,n)$ 表示与未有预应力状态比较时的温度变化量。

通过积分，可以得到考虑剪切时功能梯度输流管道一维本构方程为：

$$\begin{bmatrix}M_y\\ M_x\\ Q_x\\ Q_y\end{bmatrix}=\begin{bmatrix}a_{22} & a_{23} & & \\ a_{32} & a_{33} & & \\ & & a_{44} & a_{45}\\ & & a_{54} & a_{55}\end{bmatrix}\begin{bmatrix}\theta'_y\\ \theta'_x\\ u'+\theta_y\\ v'+\theta_x\end{bmatrix}+\begin{bmatrix}M_y^T\\ M_x^T\\ 0\\ 0\end{bmatrix} \tag{5-43}$$

3. 运动微分方程推导过程

功能梯度输流管道通过 Hamilton 原理进行推导，表达式如下：

$$\int_{t_1}^{t_2}[(\delta T-\delta V)]\mathrm{d}t+\int_{t_1}^{t_2}\delta W_{nc}\,\mathrm{d}t=0 \tag{5-44}$$

其中 T、V 和 δW_{nc} 分别表示动能、应变能和非保守虚功，t_1 和 t_2 表示时间的两个时刻，δ 表示变分符号。

$$\begin{aligned}V=&\frac{1}{2}\int_{z_1}^{z_2}\int_C\int_h(\sigma_{zz}\varepsilon_{zz}+\sigma_{sz}\varepsilon_{sz}+\sigma_{nz}\varepsilon_{nz})\mathrm{d}z\\ &+\frac{1}{2}\int_0^L\left(-P\left(\frac{\partial v}{\partial z}\right)2-P\left(\frac{\partial u}{\partial z}\right)2\right)\mathrm{d}z\end{aligned} \tag{5-45}$$

$$T=\frac{1}{2}\int_{z_1}^{z_2}\int_C\int_h\rho_p(n)(\dot{u}^2+\dot{v}^2+\dot{w}^2)\mathrm{d}n\mathrm{d}s\mathrm{d}z+\frac{1}{2}\int_{z_1}^{z_2}m_f\vec{v}_f\cdot\vec{v}_f\mathrm{d}z \tag{5-46}$$

$$\delta W_{nc}=\int_0^T m_fU(\dot{u}+Uu')\delta u+m_fU(\dot{v}+Uv')\delta v\,\mathrm{d}t \tag{5-47}$$

其中$()^{\cdot}$和$()'$分别表示$\partial()/\partial t$和$\partial()/\partial z$，m_f和ρ_p分别表示流体单位长度质量和管道密度。

δu_0：

$$-b_1\ddot{u}_0-m_f\ddot{u}_0-2m_fU\frac{\partial^2u_0}{\partial t\partial z}-m_fU^2\frac{\partial^2u_0}{\partial z^2}+\frac{\partial Q_x(z,t)}{\partial z}-P\frac{\partial^2u_0}{\partial z^2}=0 \tag{5-48}$$

δv_0：

$$-b_1\ddot{v}_0-m_f\ddot{v}_0-2m_fU\frac{\partial^2v_0}{\partial t\partial z}-m_fU^2\frac{\partial^2v_0}{\partial z^2}+\frac{\partial Q_y(z,t)}{\partial z}-P\frac{\partial^2u_0}{\partial z^2}=0 \tag{5-49}$$

$\delta\theta_x$：

$$-(b_4-2\hat{b}_8+b_{14})\ddot{\theta}_x(z,t)+\frac{\partial M_x(z,t)}{\partial z}-Q_y(z,t)=0 \tag{5-50}$$

$\delta\theta_y$：

$$-(b_5+2\hat{b}_9+b_{15})\ddot{\theta}_y(z,t)+\frac{\partial M_y(z,t)}{\partial z}-Q_x(z,t)=0 \tag{5-51}$$

根据式(5-44)，可得：

δu_0：

$$\begin{aligned}&-b_1\ddot{u}_0-m_f\ddot{u}_0-2m_fU\frac{\partial^2u_0}{\partial t\partial z}-m_fU^2\frac{\partial^2u_0}{\partial z^2}+\\&[a_{44}(u'_0+\theta_y)+a_{45}(v'_0+\theta_x)]'-P\frac{\partial^2u_0}{\partial z^2}=0\end{aligned} \tag{5-52}$$

δv_0：

$$\begin{aligned}&-b_1\ddot{v}_0-m_f\ddot{v}_0-2m_fU\frac{\partial^2v_0}{\partial t\partial z}-m_fU^2\frac{\partial^2v_0}{\partial z^2}+\\&[a_{55}(v'_0+\theta_x)+a_{45}(u'_0+\theta_y)]'-P\frac{\partial^2v_0}{\partial z^2}=0\end{aligned} \tag{5-53}$$

$\delta\theta_x$：

$$\begin{aligned}&-(b_4-2\hat{b}_8+b_{14})\ddot{\theta}_x(z,t)+[a_{22}\theta'_y+a_{23}\theta'_x]'\\&-a_{55}(v'_0+\theta_x)-a_{45}(u'_0+\theta_y)=0\end{aligned} \tag{5-54}$$

$\delta\theta_y$：

$$\begin{aligned}&-(b_5+2\hat{b}_9+b_{15})\ddot{\theta}_y(z,t)+[a_{33}\theta'_x+a_{23}\theta'_y]'\\&-a_{44}(u'_0+\theta_y)-a_{45}(v'_0+\theta_x)=0\end{aligned} \tag{5-55}$$

悬臂输流管道的边界条件为：

在 $z=0$

$$\begin{aligned}u_0&=\frac{\partial u_0}{\partial z}=0\\v_0&=\frac{\partial v_0}{\partial z}=0\end{aligned} \tag{5-56}$$

在 $z=L$

$$\begin{aligned}&\delta u_0:a_{44}(u'_0+\theta_y)+a_{45}(v'_0+\theta_x)-Pu'_0=0\\&\delta v_0:a_{55}(v'_0+\theta_x)+a_{45}(u'_0+\theta_y)-Pv'_0=0\\&\delta\theta_y:a_{22}\theta'_y+a_{23}\theta'_x=M_y^T\\&\delta\theta_x:a_{33}\theta'_x+a_{23}\theta'_y=M_x^T\end{aligned} \tag{5-57}$$

5.1.4 小波有限元分析功能梯度薄壁输流管道

1. 不考虑剪切作用的功能梯度薄壁输流管道小波有限元模型

由于 x 和 y 方向振动特性相同，在此仅简述 y 方向横向运动微分方程的离散过程。其位移近似表达为：

$$v_0(\xi,t)=\boldsymbol{N}(\xi)\boldsymbol{q}^e(t) \tag{5-58}$$

其中 $\boldsymbol{N}(\xi)$ 是四阶三次样条小波有限元的形函数，其对应的单元质量矩阵、单元阻尼矩阵、单元刚度矩阵分别为：

$$\begin{aligned}\boldsymbol{M}^e=&(b_1+m_f)\int_0^1(\mathbf{N})^T\mathbf{N}l_e\mathrm{d}\xi+\\&(m_fr_y^2+b_5+2\hat{b}_9+b_{15})\int_0^1(\mathbf{N})'^T(\mathbf{N})'/l_e\mathrm{d}\xi\end{aligned}\tag{5-59}$$

$$\boldsymbol{C}^e=m_fU\int_0^1[(\mathbf{N})^T(\mathbf{N})'-(\mathbf{N})'^T(\mathbf{N})]\mathrm{d}\xi+m_fU\mathbf{N}^T\mathbf{N}\delta(z-L)\mid_{\xi=1}\tag{5-60}$$

$$\begin{aligned}\boldsymbol{K}^e=&\int_0^1[a_{22}(\mathbf{N})''^T(\mathbf{N})''/l_e^3-(m_fU^2+P)(\mathbf{N})'^T(\mathbf{N})'/l_e]\mathrm{d}\xi\\&+m_fU^2\mathbf{N}'^T\mathbf{N}\delta(z-L)/l_e\mid_{\xi=1}\end{aligned}\tag{5-61}$$

其中$()^{\cdot}$ 和$()'$ 分别表示$\partial()/\partial t$和$\partial()/\partial\xi$。局部坐标$\xi=z_i/l_e(0\leqslant\xi\leqslant1)$，$l_e$ 为单元长度，且 $z_i(0\leqslant z_i\leqslant l_e)$ 是单元长度的局部坐标。

2. 考虑剪切功作用的能梯度薄壁输流管道小波有限元模型

根据有限元方法，位移可表示为：

$$q(\xi,t)=[u_0(\xi,t)\quad\theta_y(\xi,t)\quad\upsilon_0(\xi,t)\quad\theta_x(\xi,t)]^T\tag{5-62}$$

其中

$$\begin{aligned}u_0(\xi,t)&=\sum_{k=-m+1}^{2^j-1}a_{m,k}^j\varphi_{m,k}^j(\xi)=\boldsymbol{\Phi a}^e\\\theta_y(\xi,t)&=\sum_{k=-m+1}^{2^j-1}b_{m,k}^j\varphi_{m,k}^j(\xi)=\boldsymbol{\Phi b}^e\\\upsilon_0(\xi,t)&=\sum_{k=-m+1}^{2^j-1}c_{m,k}^j\varphi_{m,k}^j(\xi)=\boldsymbol{\Phi c}^e\\\theta_x(\xi,t)&=\sum_{k=-m+1}^{2^j\ 1}d_{m,k}^j\varphi_{m,k}^j(\xi)=\boldsymbol{\Phi d}^e\end{aligned}\tag{5-63}$$

$\boldsymbol{a}^e=[a_{m,-m+1}^j a_{m,-m+2}^j\cdots a_{m,2^{j-1}}^j]^T$、$\boldsymbol{b}^e=[b_{m,-m+1}^j b_{m,-m+2}^j\cdots b_{m,2^{j-1}}^j]^T$、$\boldsymbol{c}^e=[a_{m,-m+1}^j a_{m,-m+2}^j\cdots a_{m,2^{j-1}}^j]^T$、$\boldsymbol{d}^e=[b_{m,-m+1}^j b_{m,-m+2}^j\cdots b_{m,2^{j-1}}^j]^T$ 分别对应 $u_0(\xi,t)$、$\theta_y(\xi,t)$、$\upsilon_0(\xi,t)$ 和 $\theta_x(\xi,t)$ 的小波插值函数系数。$\boldsymbol{\Phi}=[\varphi_{m,-m+1}^j\varphi_{m,-m+2}^j\cdots\varphi_{m,2^{j-1}}^j]$ 表示尺度为 j、阶数为 m 的样条小波尺度函数。

单元中节点数均匀分布，定义物理空间中的单元位移为：

$$\boldsymbol{q}^e=[\boldsymbol{u}_0^e\quad\boldsymbol{\theta}_y^e\quad\boldsymbol{\upsilon}_0^e\quad\boldsymbol{\theta}_x^e]^T\tag{5-64}$$

其中

$$\begin{aligned} \boldsymbol{u}_0^e &= [u_0(\xi_1,t) \quad u_0(\xi_2,t) \quad \cdots \quad u_0(\xi_n,t) \quad u_0(\xi_{n+1},t)] \\ \boldsymbol{\theta}_y^e &= [\theta_y(\xi_1,t) \quad \theta_y(\xi_2,t) \quad \cdots \quad \theta_y(\xi_n,t) \quad \theta_y(\xi_{n+1},t)] \\ \boldsymbol{\upsilon}_0^e &= [\upsilon_0(\xi_1,t) \quad \upsilon_0(\xi_2,t) \quad \cdots \quad \upsilon_0(\xi_n,t) \quad \upsilon_0(\xi_{n+1},t)] \\ \boldsymbol{\theta}_x^e &= [\theta_x(\xi_1,t) \quad \theta_x(\xi_2,t) \quad \cdots \quad \theta_x(\xi_n,t) \quad \theta_x(\xi_{n+1},t)] \end{aligned} \tag{5-65}$$

将式(5－64)代入式(5－62)中,可得:

$$\boldsymbol{q}^e = \begin{bmatrix} \boldsymbol{R}^e & 0 & 0 & 0 \\ 0 & \boldsymbol{R}^e & 0 & 0 \\ 0 & 0 & \boldsymbol{R}^e & 0 \\ 0 & 0 & 0 & \boldsymbol{R}^e \end{bmatrix} \begin{bmatrix} \boldsymbol{a}^e \\ \boldsymbol{b}^e \\ \boldsymbol{c}^e \\ \boldsymbol{d}^e \end{bmatrix} \tag{5-66}$$

其中,$\boldsymbol{R}^e = [\boldsymbol{\Phi}^T(\xi_1) \quad \boldsymbol{\Phi}^T(\xi_2) \quad \cdots \quad \boldsymbol{\Phi}^T(\xi_n) \quad \boldsymbol{\Phi}^T(\xi_{n+1})]^T$。 (5－67)

将式(5－66)代入式(5－62)中,可得:

$$q(\xi,t) = \begin{bmatrix} \boldsymbol{N}_u & 0 & 0 & 0 \\ 0 & \boldsymbol{N}_{\theta_y} & 0 & 0 \\ 0 & 0 & \boldsymbol{N}_\upsilon & 0 \\ 0 & 0 & 0 & \boldsymbol{N}_{\theta_x} \end{bmatrix} \boldsymbol{q}^e \tag{5-68}$$

其中 $\boldsymbol{N}_u = \boldsymbol{N}_{\theta_y} = \boldsymbol{N}_\upsilon = \boldsymbol{N}_{\theta_x} = \boldsymbol{\Phi}(\boldsymbol{R}^e)^{-1}$ 是薄壁输流管道横向振动的形函数。$\boldsymbol{N}_u$、$\boldsymbol{N}_{\theta_y}$、$\boldsymbol{N}_\upsilon$ 和 $\boldsymbol{N}_{\theta_x}$ 是坐标为 ξ 的形函数,而 $\boldsymbol{q}^e$ 是单元位移向量。

经过一系列运算,可得单元质量矩阵、单元阻尼矩阵和单元刚度矩阵分别为:

$$\boldsymbol{M}^e = \int_0^1 \begin{bmatrix} (b_1+m_f)\boldsymbol{N}_u^T\boldsymbol{N}_u l_e & 0 & 0 & 0 \\ 0 & (b_5-2b_9+b_{15})\boldsymbol{N}_{\theta_y}^T\boldsymbol{N}_{\theta_y} l_e & 0 & 0 \\ 0 & 0 & (b_1+m_f)\boldsymbol{N}_\upsilon^T\boldsymbol{N}_\upsilon l_e & 0 \\ 0 & 0 & 0 & (b_4-2b_8+b_{14})\boldsymbol{N}_{\theta_x}^T\boldsymbol{N}_{\theta_x} l_e \end{bmatrix} \mathrm{d}\xi \tag{5-69}$$

$$\boldsymbol{C}^e=\int_0^1\begin{bmatrix} m_fU(\boldsymbol{N}_u^T\boldsymbol{N}'_u-\boldsymbol{N}'^T_u\boldsymbol{N}_u)+ & 0 & 0 & 0\\ 0 & 0 & 0 & 0\\ 0 & 0 & m_fU(\boldsymbol{N}_v^T\boldsymbol{N}'_v-\boldsymbol{N}'^T_v\boldsymbol{N}_v) & 0\\ 0 & 0 & 0 & 0\end{bmatrix}\mathrm{d}\xi$$

$$+\begin{bmatrix} m_fU\boldsymbol{N}_u^T\boldsymbol{N}_u\delta(z-L)\mid_{\xi=1} & 0 & 0 & 0\\ 0 & 0 & 0 & 0\\ 0 & 0 & m_fU\boldsymbol{N}_v^T\boldsymbol{N}_v\delta(z-L)\mid_{\xi=1} & 0\\ 0 & 0 & 0 & 0\end{bmatrix}$$

(5-70)

$$\boldsymbol{K}^e=\int_0^1\begin{bmatrix} (a_{44}-m_fU^2-P)\boldsymbol{N}'^T_u\boldsymbol{N}'_u/l_e & a_{44}\boldsymbol{N}'^T_u\boldsymbol{N}_{\theta_y} & a_{45}\boldsymbol{N}'^T_u\boldsymbol{N}'_v/l_e & a_{45}\boldsymbol{N}'^T_u\boldsymbol{N}_{\theta_x}\\ a_{44}\boldsymbol{N}_{\theta_y}^T\boldsymbol{N}'_u & a_{44}\boldsymbol{N}_{\theta_y}^T\boldsymbol{N}_{\theta_y} & a_{45}\boldsymbol{N}_{\theta_y}^T\boldsymbol{N}'_v & a_{44}\boldsymbol{N}_{\theta_y}^T\boldsymbol{N}_{\theta_x}\\ a_{54}\boldsymbol{N}'^T_v\boldsymbol{N}'_u/l_e & a_{54}\boldsymbol{N}'^T_v\boldsymbol{N}_{\theta_y} & (a_{55}-m_fU^2-P)\boldsymbol{N}'^T_v\boldsymbol{N}'_v/l_e & a_{55}\boldsymbol{N}_v^T\boldsymbol{N}'_{\theta_x}\\ a_{54}\boldsymbol{N}_{\theta_x}^T\boldsymbol{N}'_u & a_{54}\boldsymbol{N}_{\theta_x}^T\boldsymbol{N}_{\theta_y} & a_{55}\boldsymbol{N}_{\theta_x}^T\boldsymbol{N}'_v & a_{55}\boldsymbol{N}_{\theta_x}^T\boldsymbol{N}_{\theta_x}\end{bmatrix}\mathrm{d}\xi$$

$$+\begin{bmatrix} m_fU^2\boldsymbol{N}'^T_u\boldsymbol{N}_u\delta(z-L)/l_e\mid_{\xi=1} & 0 & 0 & 0\\ 0 & 0 & 0 & 0\\ 0 & 0 & m_fU^2\boldsymbol{N}'^T_u\boldsymbol{N}_u\delta(z-L)/l_e\mid_{\xi=1} & 0\\ 0 & 0 & 0 & 0\end{bmatrix}$$

(5-71)

5.1.5 求解方法

根据有限元的组装程序，可以得到系统质量矩阵 $\boldsymbol{M}_g$、系统刚度矩阵 $\boldsymbol{K}_g$、系统阻尼矩阵 $\boldsymbol{C}_g$ 和系统位移微量 $\boldsymbol{q}(t)$。功能梯度输流管道振动微分方程的全局离散方程如下：

$$\boldsymbol{M}_g\ddot{\boldsymbol{q}}(t)+\boldsymbol{C}_g\dot{\boldsymbol{q}}(t)+\boldsymbol{K}_g\boldsymbol{q}(t)=0 \tag{5-72}$$

考虑 $\boldsymbol{q}(t)=\boldsymbol{Q}e^{\Omega t}$，采用状态空间法可将式(5－72) 表示为：

$$\left\{\begin{bmatrix} 0 & \boldsymbol{I} \\ -\boldsymbol{M}_g^{-1}\boldsymbol{K}_g & -\boldsymbol{M}_g^{-1}\boldsymbol{C}_g \end{bmatrix}-\Omega\begin{bmatrix} \boldsymbol{I} & 0 \\ 0 & \boldsymbol{I} \end{bmatrix}\right\}\begin{bmatrix} \boldsymbol{Q} \\ \lambda \boldsymbol{Q} \end{bmatrix}=\begin{bmatrix} 0 \\ \vdots \\ 0 \end{bmatrix} \tag{5-73}$$

计算式(5－73) 的特征值，可以得到共轭复数特征值 $\Omega_r=i\omega_r=\alpha_r\pm i\beta_r$，$r=1, 2, \cdots, J$，$i=\sqrt{-1}$，其中 J 为系统自由度。本章采用 Marzani 的方法计算不考虑剪切输流管道的临界流速，方法如下：在程序中，固定质量比 $\beta=m_f/(m_f+b_1)(0<\beta<1)$ 数值，设定流速 U 从 0 开始，按步长增加，α_r 开始小于 0。当流速增加到某一数值时，所得特征值中最大的 α_r 接近 0 或大于 0，此时的流速即为临界流速，悬臂输流管道发生颤振。

5.1.6 数值算例结果分析

在本章的分析中，功能梯度薄壁输流管道结构尺寸为：$r=0.127\text{m}$，$h=0.01\text{m}$，$L=2.032\text{m}$。流体密度为 $\rho_f=1000\text{kg/m}^3$。

定义无量纲频率为：

$$\bar{\omega}=\omega\sqrt{\frac{(m_f+b_{1R})L^4}{a_{22R}}} \tag{5-74}$$

定义无量纲流速为，

$$u=U\sqrt{\frac{m_f L^2}{a_{22R}}} \tag{5-75}$$

无量纲轴向力为：

$$\bar{P}=\frac{P}{P_{cr}} \tag{5-76}$$

其中，下标 R 表示管道材料为金属，在温度 $T=300\text{K}$ 时的物理量。a_{ij} 或 a_{ijR} 在相关文献中有详细的推导和表达式。

本章主要分析两种温度分布：(1) 工况一(Case 1)，管外温度高于管内温度，其温度梯度为 $\lambda_T=(T_o-T_i)/T_i$，$T_i=300\text{K}$；(2) 工况二(Case 2)，管内温度高于管外温度，其温度梯度为 $\lambda_T=(T_i-T_o)/T_o$，$T_o=300\text{K}$。例如，$\lambda_T=2$ 表示工况一中 $T_i=300\text{K}$ 和 $T_o=900\text{K}$，而工况二中 $T_i=900\text{K}$ 和 $T_o=300\text{K}$。工况二定义的温度梯度主要是为了方便数值结果分析与比较。

1. 算例验证

首先，需要验证一下样条小波有限元方法的准确性。采用本书两种小波单元计算出最小临界屈曲轴向压力，并与前人文献进行对比，对比结果见表 5-2 所列，小波单元一表示不考虑剪切时的样条小波有限单元，小波单元二表示考虑剪切时的样条小波有限单元。从表 5-2 可知，两种小波单元计算结果与前人文献相差不大。前人文献中不考虑剪切时前六阶屈曲轴向压力见表 5-3 所列，分别采用小波单元一和小波单元二计算流速为零时功能梯度输流管道前六阶屈曲轴向压力，见表 5-4、表 5-5 所列。经对比后发现，由于采用是同一模型（输流管道微分方程一样），表 5-3 和表 5-5 所得结果非常接近；表 5-4 与表 5-3、表 5-5 相比较，显示具有相同的规律，即第一阶屈曲轴向压，随流速增大而增大，其余阶均随流速增大而减小。

表 5-2　对于不同 λ_T 和 k 值，两种小波单元计算最小临界屈曲力（PL^2/a_{22R}）

体积分数指数 k	屈曲压力 P							
	$\lambda_T=0$				$\lambda_T=3$			
	前人文献一	前人文献二	小波单元一	小波单元二	前人文献一	前人文献二	小波单元一	小波单元二
0	3.811	3.828	3.82676	3.778	3.519	3.544	3.528463	3.483
0.2	3.585	3.594	3.580637	3.534	3.291	3.327	3.252925	3.237
0.5	3.36	3.362	3.380318	3.336	3.06	3.105	3.005587	3.032
1	3.136	3.133	3.165474	3.123	2.817	2.875	2.727726	2.805
100	2.454	2.481	2.540436	2.505	1.944	2.004	2.04539	2.029

表 5-3　对于不同 u 和 k 值，前人文献中不考虑剪切时前六阶临界屈曲 $\bar{P}$

体积分数指数 k	模态阶数	无量纲流速 u			
		0	1	2	3
0	1	1.5430	1.6573	2.0978	3.6967
	2	13.9254	13.3506	11.5230	7.5912
	3	38.8029	38.4945	37.5791	36.0888
	4	76.9655	76.5066	75.1012	72.7526
	5	127.3668	127.0093	125.9384	124.1592
	6	204.4292	203.9897	202.6700	200.4670

（续表）

体积分数指数 k	模态阶数	无量纲流速 u			
		0	1	2	3
10	1	1.0420	1.1596	1.6907	
	2	9.4039	8.8256	6.9037	
	3	26.2038	25.8957	24.9866	23.5264
	4	51.9751	51.5100	50.1078	47.7451
	5	86.0113	85.6539	84.5840	82.8093
	6	138.0519	137.6123	136.2920	134.0861
100	1	1.0000	1.1180	1.6639	
	2	9.0246	8.4459	6.5087	
	3	25.1469	24.8390	23.9306	22.4745
	4	49.8789	49.4138	48.0112	45.6466
	5	82.5424	82.1850	81.1152	79.3411
	6	132.4841	132.0445	130.7241	128.5179

表 5-4　对于不同 u 和 k 值，不考虑剪切时前六阶临界屈曲 $\bar{P}$

体积分数指数 k	模态阶数	无量纲流速 u			
		0	1	2	3
0	1	1.550924	1.66812	2.121944	3.825788
	2	13.96078	13.37646	11.51496	7.442571
	3	38.83259	38.53174	37.6401	36.1932
	4	76.51281	76.03222	74.58485	72.15241
	5	128.3498	128.0049	126.9721	125.258
	6	197.8935	197.4359	196.0616	193.7662
10	1	1.058307	1.178792	1.72487	
	2	9.526441	8.938591	6.981025	
	3	26.49826	26.19782	25.31281	23.89841
	4	52.21017	51.72937	50.27859	47.82937
	5	87.58227	87.23741	86.20588	84.49729
	6	135.0369	134.5792	133.2041	130.905

（续表）

体积分数指数 k	模态阶数	无量纲流速 u			
		0	1	2	3
100	1	1.000	1.150381	1.706525	
	2	9.268015	8.679846	6.711874	
	3	25.77943	25.47903	24.59462	23.18319
	4	50.79385	50.31304	48.86194	46.41119
	5	85.20641	84.86155	83.83013	82.12204
	6	131.3737	130.916	129.5408	127.2414

表 5-5　对于不同 u 和 k 值，考虑剪切时前六阶临界屈曲 $\bar{P}$

体积分数指数 k	模态阶数	无量纲流速 u			
		0	1	2	3
0	1	1.5522	1.6717	2.1513	
	2	12.6651	12.0703	10.1599	
	3	29.6490	29.3339	28.4154	26.9588
	4	47.0660	46.5480	45.0210	42.4892
	5	62.3243	61.9174	60.7744	58.9853
	6	75.4936	74.9391	73.3660	70.8451
10	1	1.0582	1.1815	1.7846	
	2	8.5757	7.9769	5.9392	
	3	19.8702	19.5567	18.6529	17.2580
	4	31.2142	30.6995	29.1804	26.6286
	5	40.9563	40.5576	39.4474	37.7109
	6	49.2157	48.6719	47.1324	44.6347
100	1	1.000	1.1532	1.7703	
	2	8.3451	7.7460	5.6939	
	3	19.3423	19.0289	18.1262	16.7367
	4	30.3950	29.8804	28.3614	25.8071
	5	39.8929	39.4944	38.3859	36.6524
	6	47.9497	47.4061	45.8679	43.3706

2. 不考虑剪切作用的薄壁输流管道数值算例分析

本节首先针对不考虑剪切作用的薄壁输流管道，计算其在不同的流速下的自然频率。不同流速下两种工况的薄壁输流管道前二阶频率随体积分数指数和温度梯度的变化曲线如图 5-2 至图 5-5 所示，从中可知两种工况下输流管道前二阶频率的变化趋相同:随着体积分数指数 k 或温度梯度 λ_T 增大而单调减小,说明体积分数指数 k 或温度梯度 λ_T 增大,使得管道刚度降低。在管道未失稳前,流速越大,使得管道刚度越小,其自然频率越小,与相关文献所述一致。从图 5-2 和图 5-3 可以看出,当 $k \geqslant 10$ 之后,由于管道材料性能接近纯金属,频率曲线随体积分数指数 k 变化缓慢,几乎为水平线。

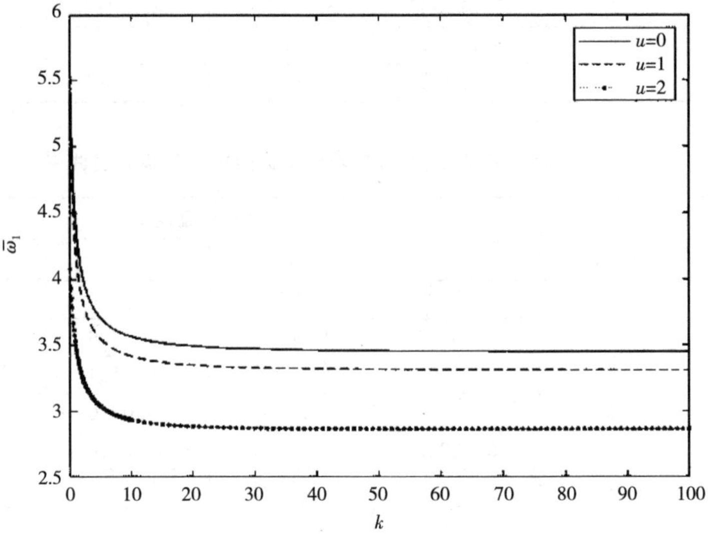

(a) 第一阶频率

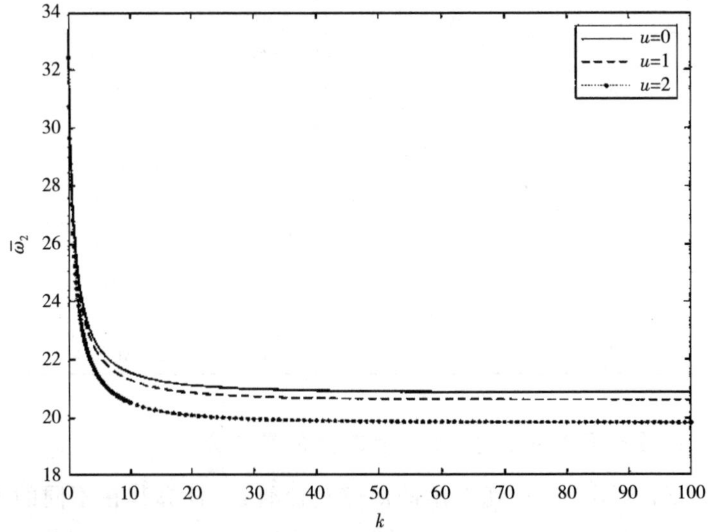

(b) 第二阶频率

图 5-2　不同流速下工况一的薄壁输流管道前二阶频率随体积分数指数的变化曲线($\lambda_T = 1.5$)

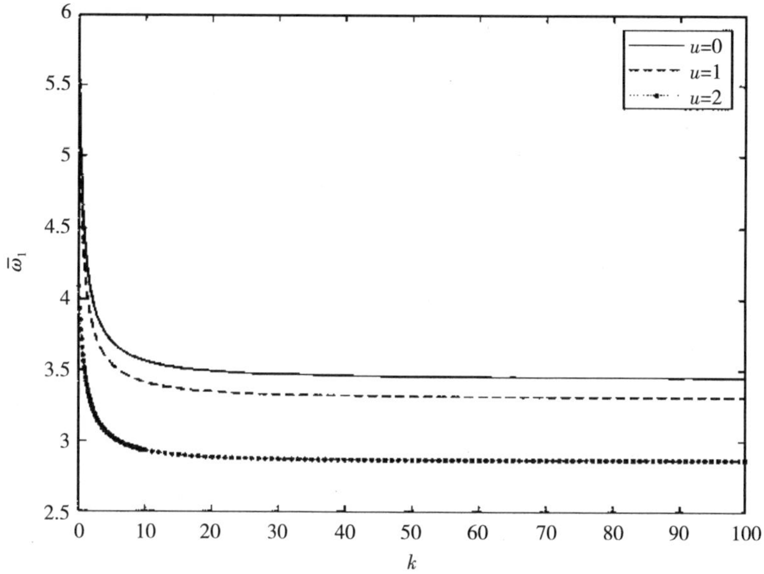

（a）第一阶频率

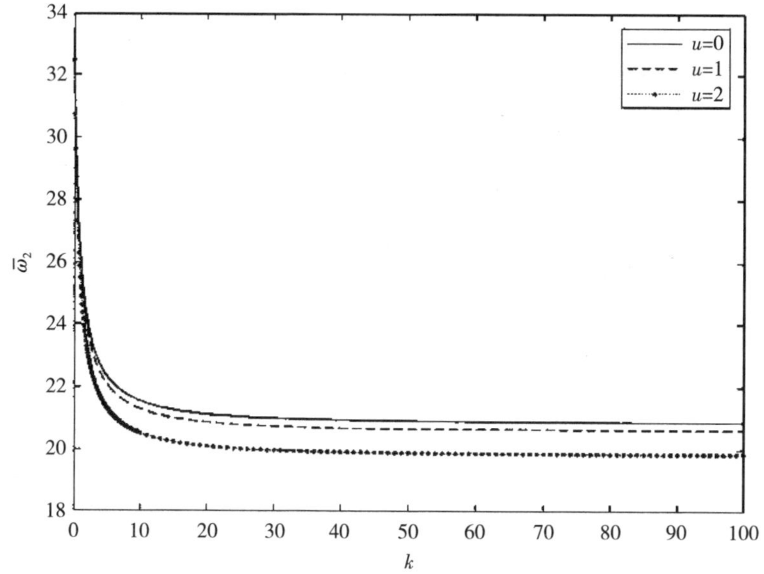

（b）第二阶频率

图 5-3　不同流速下工况二的薄壁输流管道前二阶频率随体积分数指数的变化曲线（$\lambda_T = 1.5$）

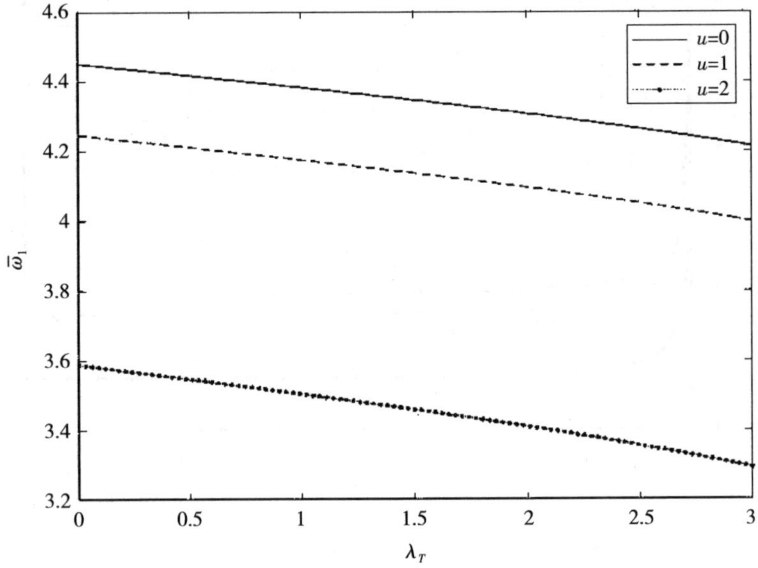

(a) 第一阶频率

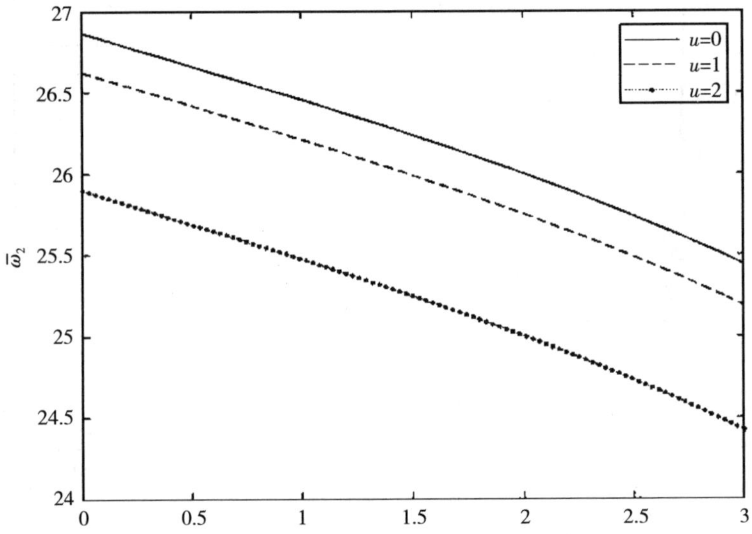

(b) 第二阶频率

图 5-4　不同流速下工况一的薄壁输流管道前二阶频率随温度梯度的变化曲线($k=1$)

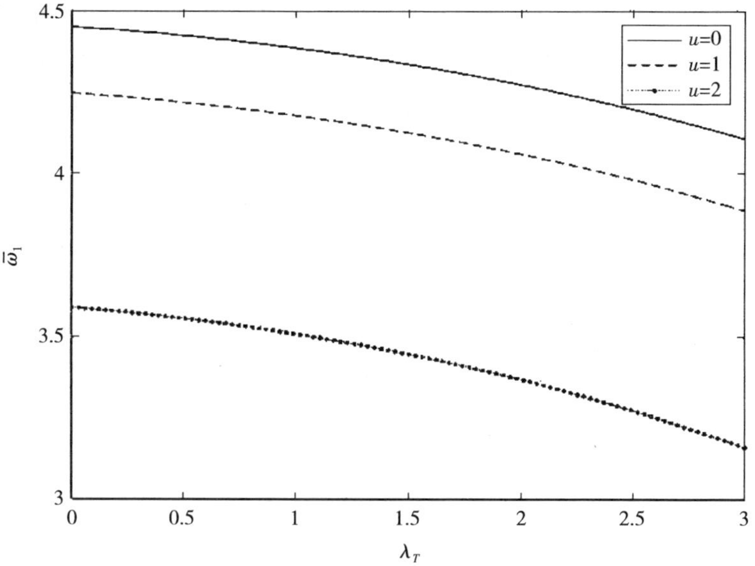

（a）第一阶频率

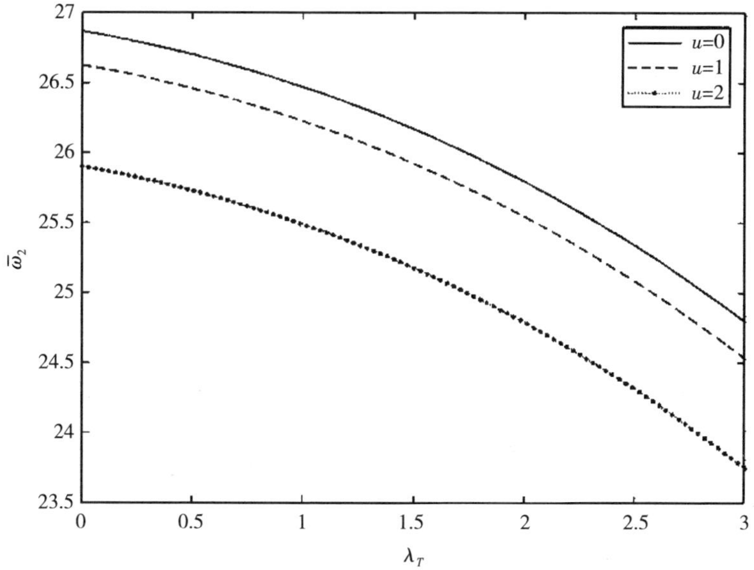

（b）第二阶频率

图 5-5　不同流速下工况二的薄壁输流管道前二阶频率随温度梯度的变化曲线（$k=1$）

综上可知，在管道未发生失稳前，不同流速的频率变化曲线趋势相同，故下文仅研究分析无量纲流速 $u=0$ 时两种不同温度分布下功能梯度输流管道的前六阶自然频率随温度梯度或体积分数指数的变化情况。在特定的温度梯度 λ_T 下，两种工况管道前六阶频率随体积分数指数的变化曲线如图 5-6、图 5-7 所示，从中可以看出，工况一的前六阶频率变化趋势相同，并且随着体积分数指数 k 增大而单调减小，当 $k \geqslant 10$ 之后，前六阶频率曲线梯度变化小，几乎为水平线；工况二的前六阶频率随体积分数指数 k 变化规律与图 5-6 一致。

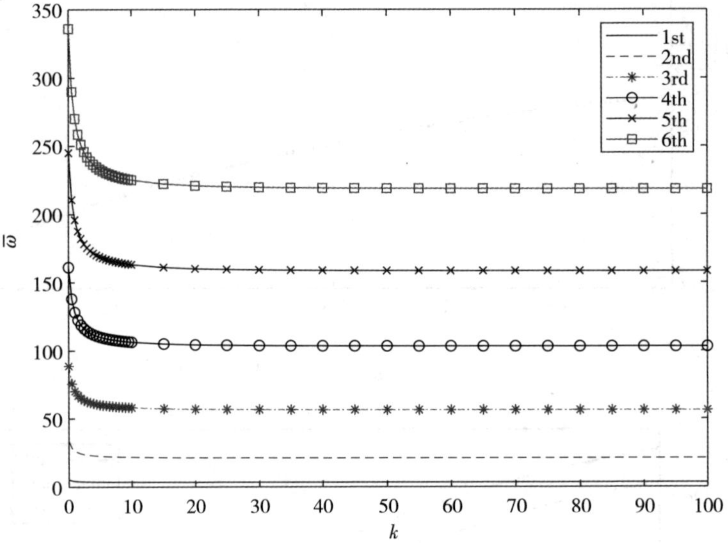

(a) $\lambda_T=1$

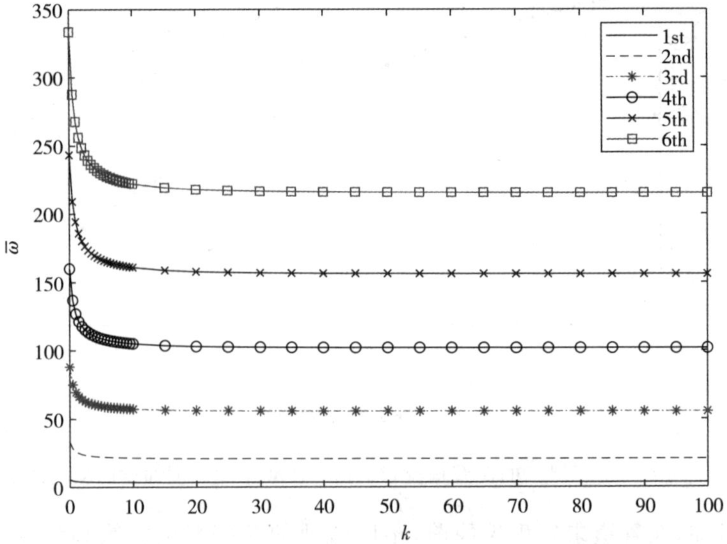

(b) $\lambda_T=1.5$

图 5-6　在特定的温度梯度下，工况一管道前六阶频率随体积分数指数的变化曲线

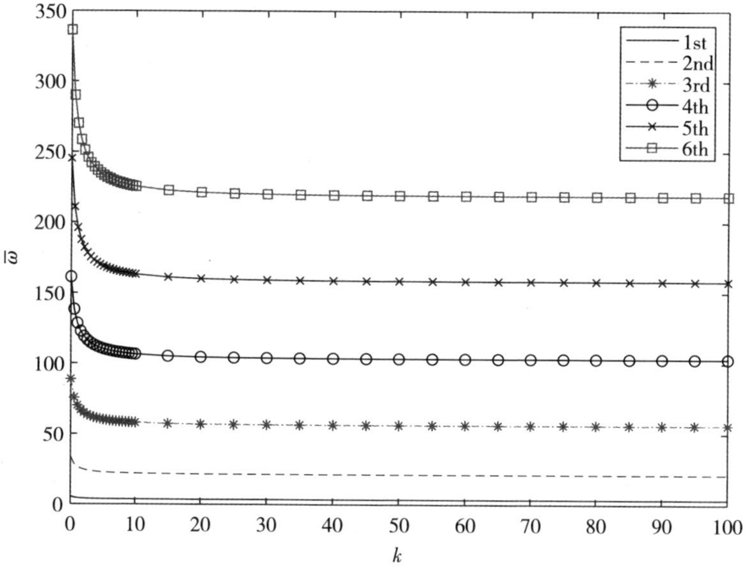

（a）$\lambda_T=1$

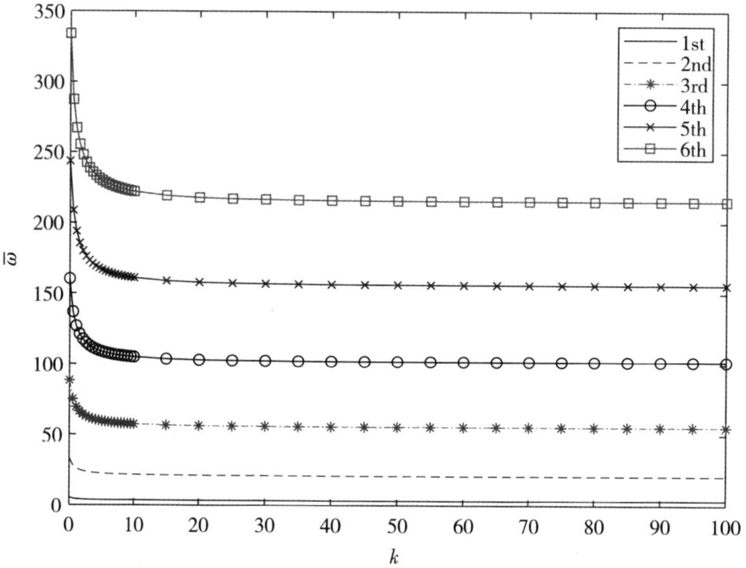

（b）$\lambda_T=1.5$

图 5-7　在特定的温度梯度下，工况二管道前六阶频率随体积分数指数的变化曲线

在特定的温度梯度下，两种温度分布下的前六阶自然频率之差 $\Delta\bar{\omega}$ 随着体积分数指数 k 的变化曲线如图 5-8 至图 5-11 所示，其中每条曲线对应着两种工况下同阶自然频率之差 $\Delta\bar{\omega}$，图中有一条水平虚线表示是 $\Delta\bar{\omega}=0$ 的水平辅助线。$\Delta\bar{\omega}$ 是指两种工

况下无量纲自然频率之差($\Delta\bar{\omega}$= 工况一的自然频率减去工况二的自然频率)。

如图5-8至图5-11所示,$\Delta\bar{\omega}$随着k变化,并不是单调的。$\Delta\bar{\omega}$先是随着k增大而增大,当k达到一定时,$\Delta\bar{\omega}$达到最大值,然后随k值增大而减少,最后各阶频率之差$\Delta\bar{\omega}$为一条水平线。可见,阶数越大,自然频率之差$\Delta\bar{\omega}$绝对值越大。

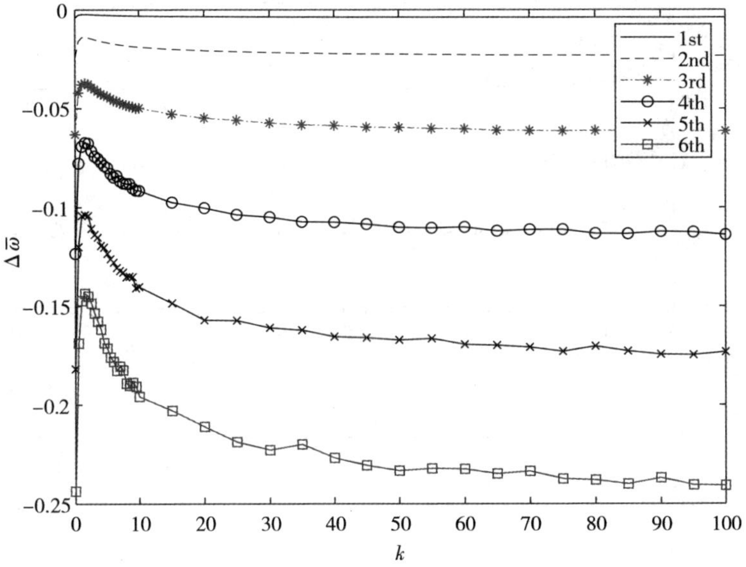

图5-8　两种工况的前六阶自然频率之差($\lambda_T=1,u=0$)

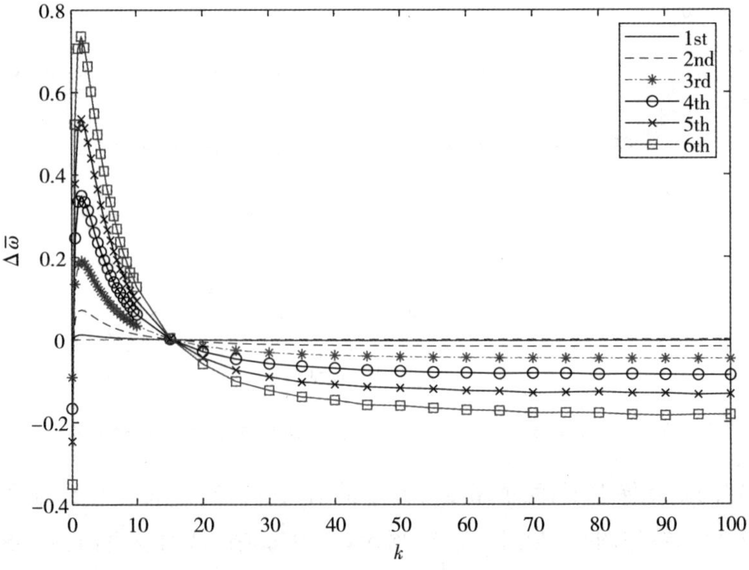

图5-9　两种工况的前六阶自然频率之差($\lambda_T=1.5,u=0$)

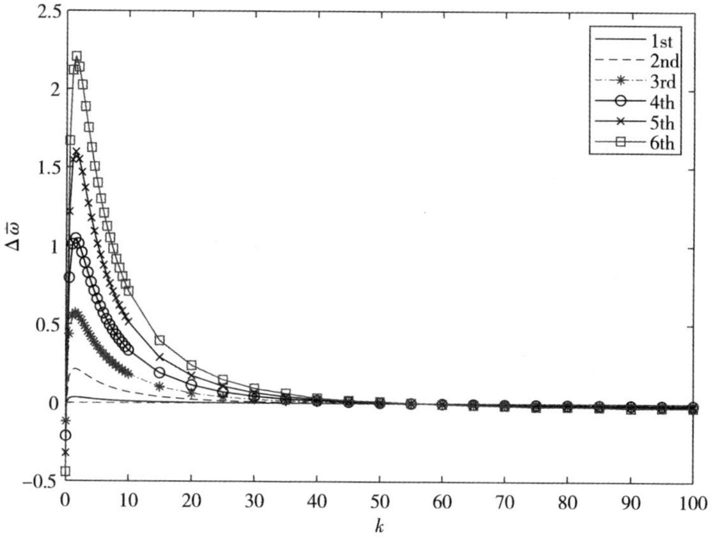

图 5-10 两种工况的前六阶自然频率之差($\lambda_T=2, u=0$)

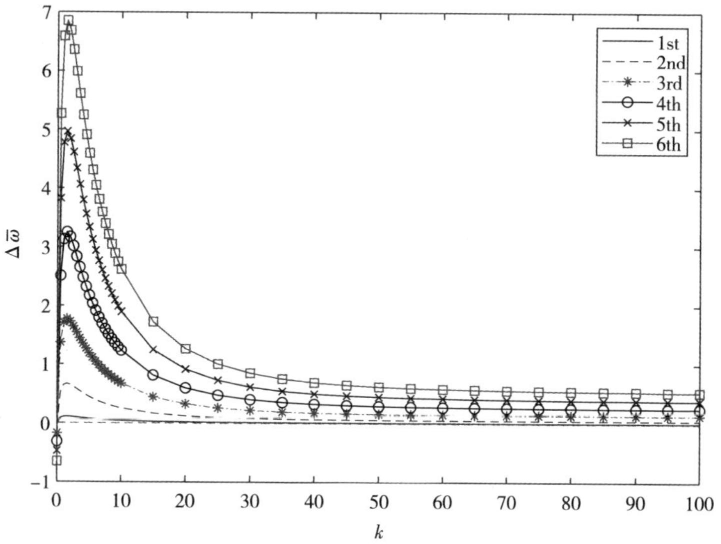

图 5-11 两种工况的前六阶自然频率之差($\lambda_T=3, u=0$)

从图5-8至图5-11可以看出，随着温度梯度λ_T增大，前六阶自然频率之差$\Delta\bar{\omega}$从全小于0($\lambda_T=1$)，逐渐变为全大于0($\lambda_T=3$)。在$\lambda_T=1.5$时，自然频率之差$\Delta\bar{\omega}$在$k\in[0,15]$大于0，在$k\in[15,100]$小于0，并且前六阶自然频率之差$\Delta\bar{\omega}$小于0或大于0的区间是一样的。

两种工况的薄壁输流管道前二阶频率随温度梯度的变化曲线如图5-12、图5-13所示，从图中可以看出，不同体积分数指数 k 对应的频率随温度梯度 λ_T 变化趋势相同，并且随着温度梯度 λ_T 增大而单调减小。体积分数指数 k 越大，工况一的薄壁输流管道的频率越小；工况二的频率随温度梯度 λ_T 变化规律与图5-12一致。

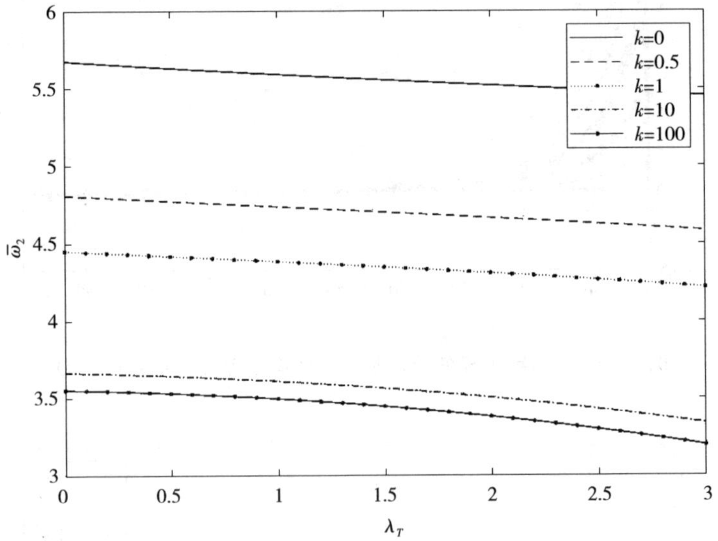

（a）第一阶频率 $\bar{\omega}_1$

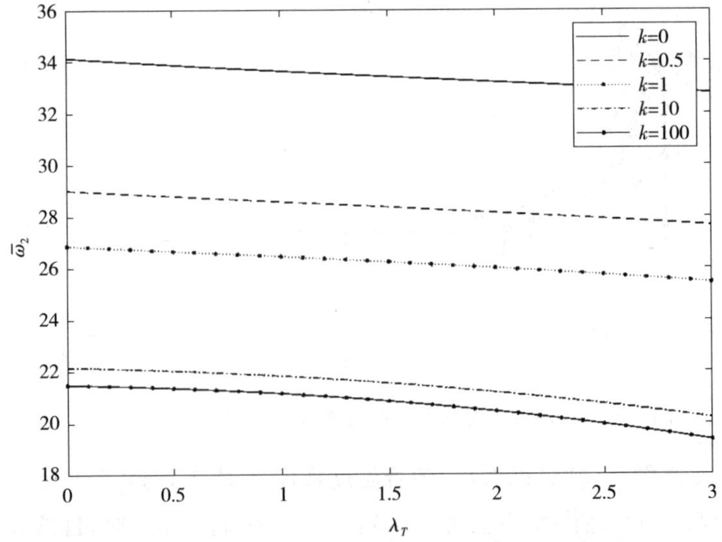

（b）第二阶频率 $\bar{\omega}_2$

图5-12　工况一的薄壁输流管道频率随温度梯度的变化曲线

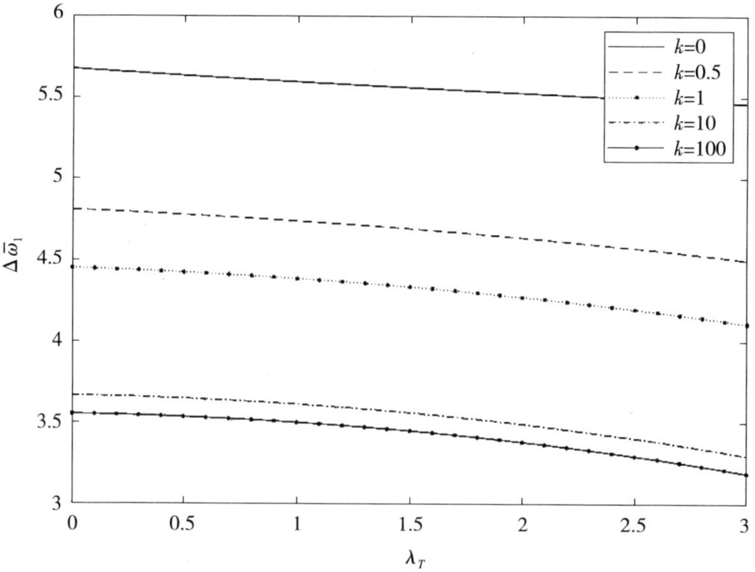

（a）第一阶频率 $\bar{\omega}_1$

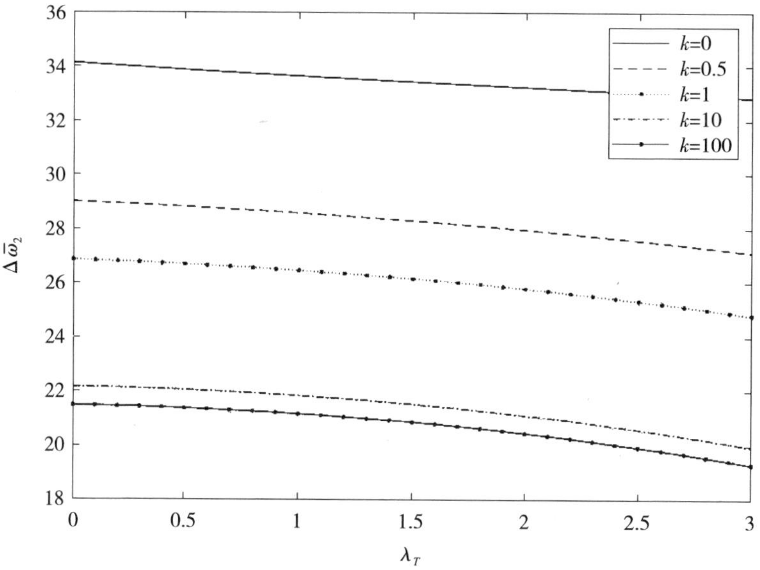

（b）第二阶频率 $\bar{\omega}_2$

图 5-13　工况二的薄壁输流管道频率随温度梯度的变化曲线

在不同 k 值时，两种工况的前两阶自然频率之差 $\Delta\bar{\omega}$ 随温度梯度 λ_T 的变化曲线如图 5-14 所示。从图中可以看出，频率之差 $\Delta\bar{\omega}$ 随温度梯度 λ_T 的变化不是单调的，随着 λ_T 的增大，$\Delta\bar{\omega}$ 先从 0 逐渐减小至最小，然后逐渐增大，并且 $\Delta\bar{\omega}$ 并不总是小于 0 或大于 0，如一阶自然频率之差 $\Delta\bar{\omega}_1$ 在区间(0,1.114) 小于 0，在区间[1.114,3] 大于 0。

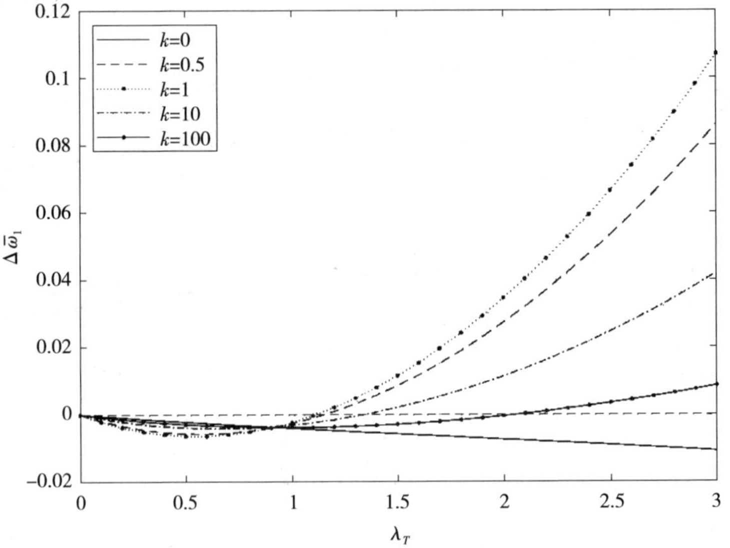

（a）第一阶频率之差 $\Delta\bar{\omega}_1$

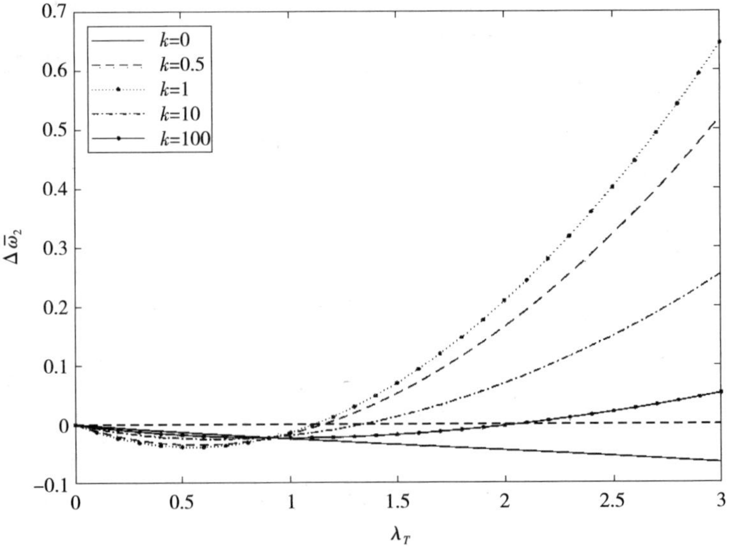

（b）第二阶频率之差 $\Delta\bar{\omega}_2$

图 5-14　不同 k 值时，两种工况的前两阶自然频率之差随温度梯度的变化曲线($u=0$)

为了观察 k 和 λ_T 共同对频率的影响，本节绘制了在区间 $k \in [0,10]$ 和 $\lambda_T \in [0,3]$ 的前二阶频率之差 $\Delta\bar{\omega}$ 的三维图，如图 5-15 所示。前六阶自然频率之差最大值与最小值对应的 k 和 λ_T 见表 5-6、表 5-7 所列。从两表中可以看出，前六阶自然频率之差数值最大处在(1.5, 3)，最小处在(0, 3)。

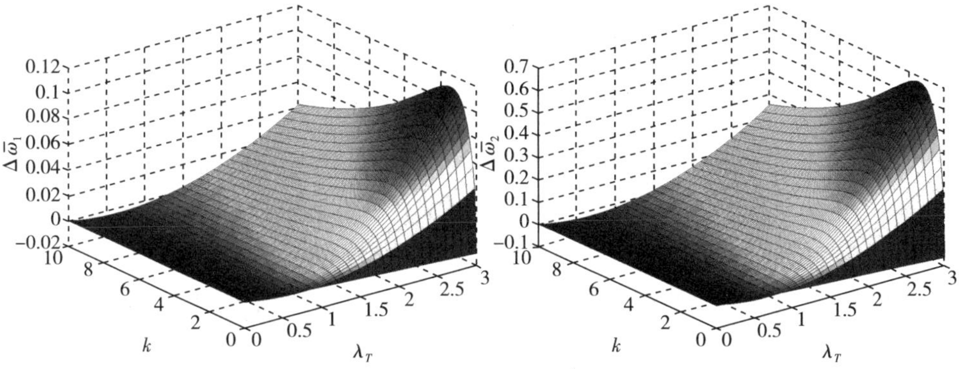

（a）第一阶频率之差 $\Delta\bar{\omega}_1$　　（b）第二阶频率之差 $\Delta\bar{\omega}_2$

图 5-15　两种工况的前两阶自然频率之差 $\Delta\bar{\omega}$ 随 k 和 λ_T 变化的三维图($u=0$)

表 5-6　前六阶自然频率之差 $\Delta\bar{\omega}$ 最大值对应的 k 和 λ_T

阶 数	体积分数指数 k	温度梯度 λ_T	最大值
1	1.5	3	0.111
2	1.5	3	0.669
3	1.5	3	1.775
4	1.5	3	3.2469
5	1.5	3	4.9658
6	1.5	3	6.8532

表 5-7　前六阶自然频率之差 $\Delta\bar{\omega}$ 最小值对应的 k 和 λ_T

阶 数	体积分数指数 k	温度梯度 λ_T	最大值
1	0	3	−0.011
2	0	3	−0.065

（续表）

阶 数	体积分数指数 k	温度梯度 λ_T	最大值
3	0	3	−0.172
4	0	3	−0.313
5	0	3	−0.473
6	0	3	−0.651

计算两种温度分布下悬臂输流管道的临界流速，首先应在相同的温度梯度情况下进行比较。为了考查两种温度分布对临界流速的影响，对固定的 $k=1$，本节计算了两种温度分布下的临界流速曲线 u_{cf} 和差值曲线 Δu_{cf}。在不同温度梯度下，两种工况的临界流速曲线如图 5-16 所示，可见两种温度分布下的临界流速曲线单调递增，趋势相同，除 $\beta=1$ 附近外，均单调上升；在 $\beta=0.3$、0.71、0.96 三点处“跳跃”，这表明随着质量比的增大，颤抖失稳临界流速在此三点处突变，其数值急剧增大。由于式(5-1)考虑了管道截面的转动效应，在 $\beta=1$ 附近临界流速曲线 u_{cf} 有轻微下降。曲线的下方为稳定区；曲线的上方为不稳定区。

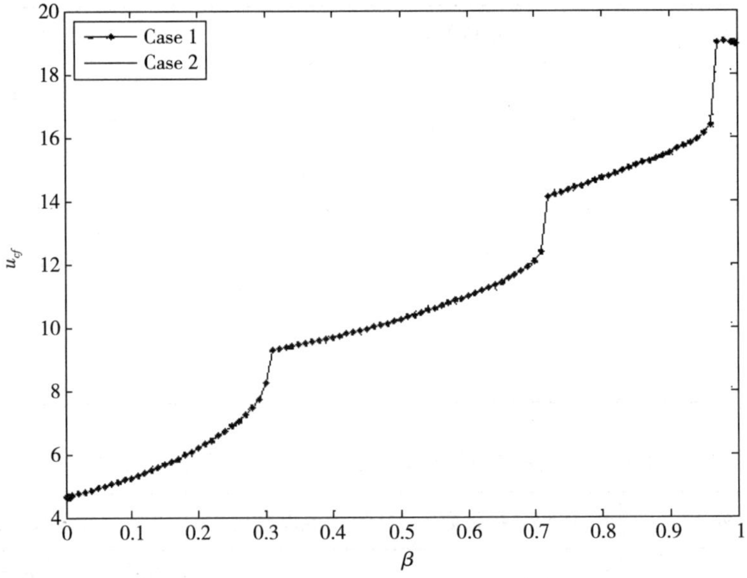

（a）λ_T=0.1时两种工况的临界流速曲线u_{cf}

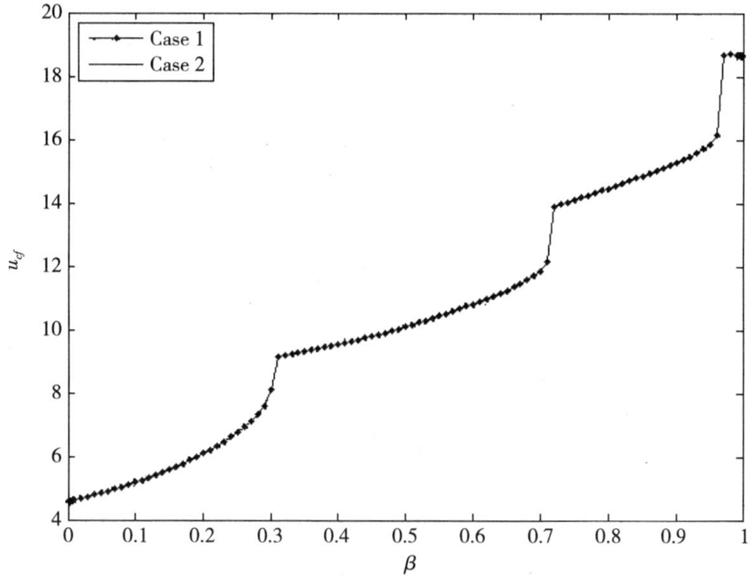

（b）λ_T=1时两种工况的临界流速曲线u_{cf}

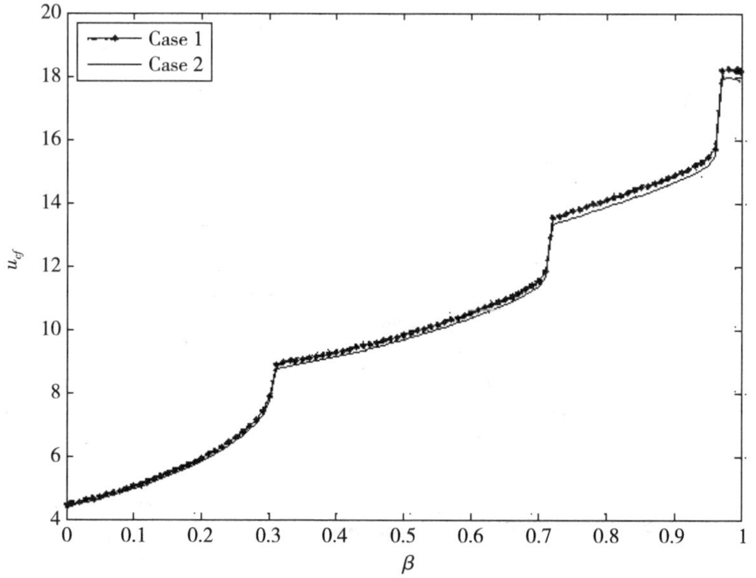

（c）λ_T=2.5时两种工况的临界流速曲线u_{cf}

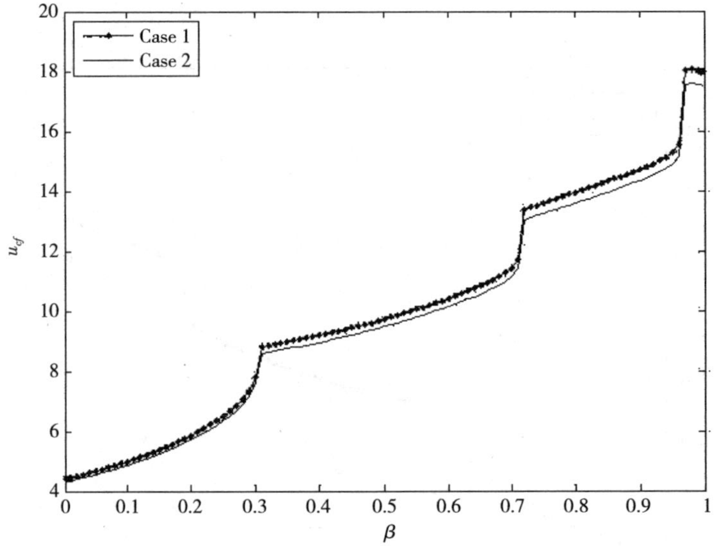

（d）λ_T=3时两种工况的临界流速曲线u_{cf}

图 5－16　在不同温度梯度 λ_T 下，两种工况的临界流速曲线($k=1$)

在不同温度梯度下，两种工况的临界流速之差随质量比变化曲线如图 5－17 所示。从图中可以看出，临界流速之差 Δu_{cf} 随质量比变化曲线是单调的，且温度梯度较大时，Δu_{cf} 随质量比变化曲线在 $\beta=0.3$、0.71、0.96 处也有“跳跃”。当温度梯度

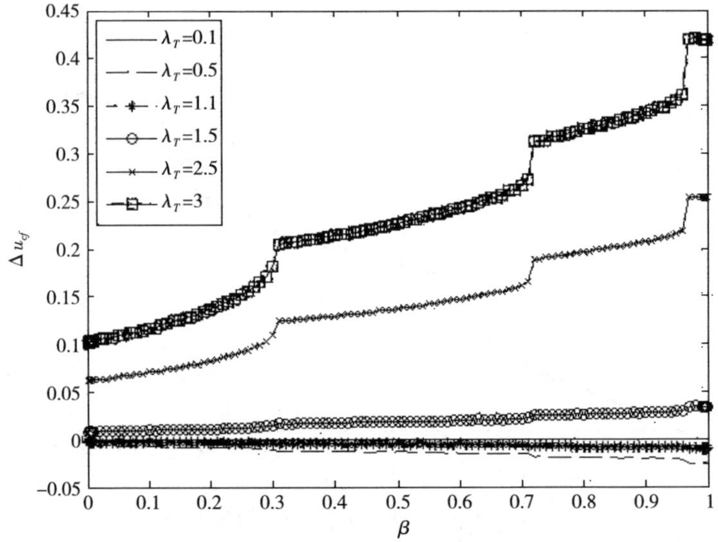

图 5－17　在不同温度梯度下，两种工况的临界流速之差随质量比变化曲线($k=1$)

较小时，临界流速之差 Δu_{cf} 总是小于 0。当温度梯度超过某一值时，临界流速之差 Δu_{cf} 总是大于 0 且随着 β 增大，频率之差的绝对值 Δu_{cf} 增大。

本节还在不同的质量比下，考查了两种温度分布对临界流速的影响。在不同质量比下，两种工况的临界流速随温度梯度变化曲线如图 5－18 所示，可见两种温度分布下的临界流速随温度梯度变化曲线趋势相同，单调下降，只是随着温度梯度

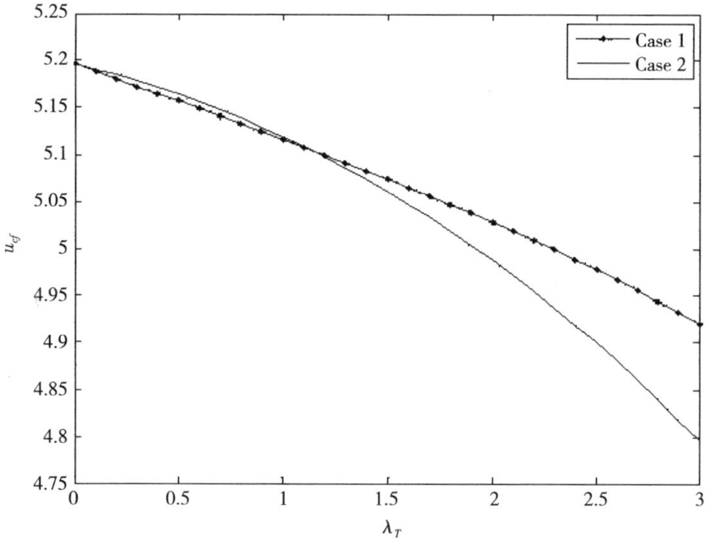

（a）β=0.1时两种工况的临界流速曲线u_{cf}

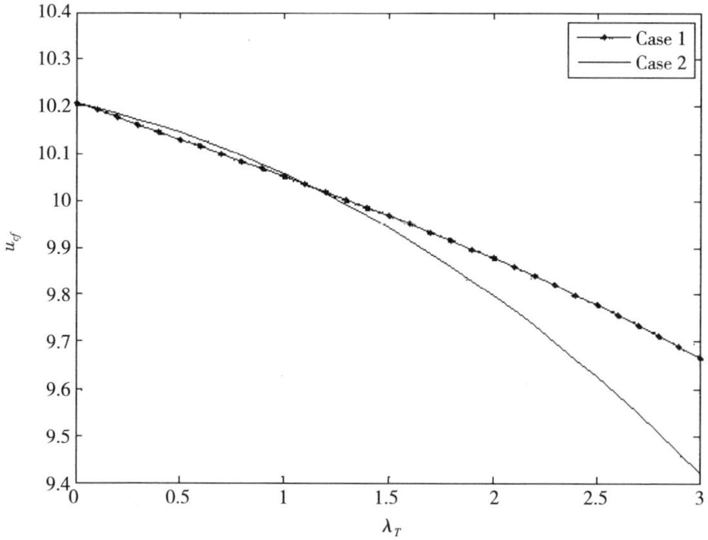

（b）β=0.5时两种工况的临界流速曲线u_{cf}

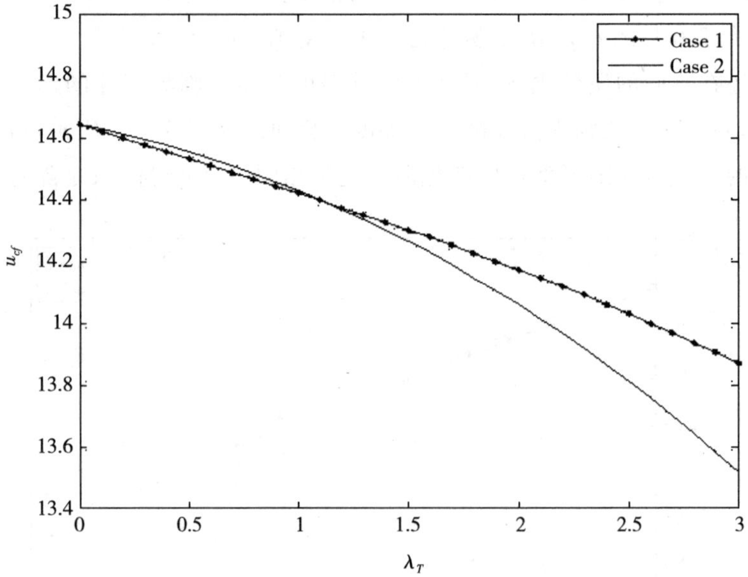

(c) β=0.8时两种工况的临界流速曲线u_{cf}

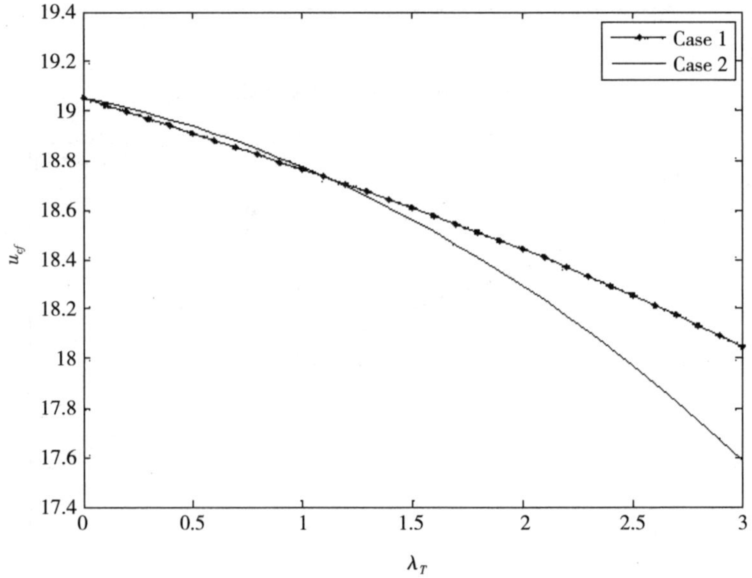

(d) β=0.99时两种工况的临界流速曲线u_{cf}

图 5-18　在不同质量比下，两种工况的临界流速随温度梯度变化曲线($k=1$)

增大，工况二下降得更多。在不同质量比下，两种工况的临界流速之差随温度梯度变化曲线如图 5－19 所示，可知在不同的质量比情况下，两种工况的临界流速之差随温度梯度变化不是单调的，在 $\lambda_T \leqslant 1.1$ 时小于 0，在 $\lambda_T > 1.1$ 时大于 0。

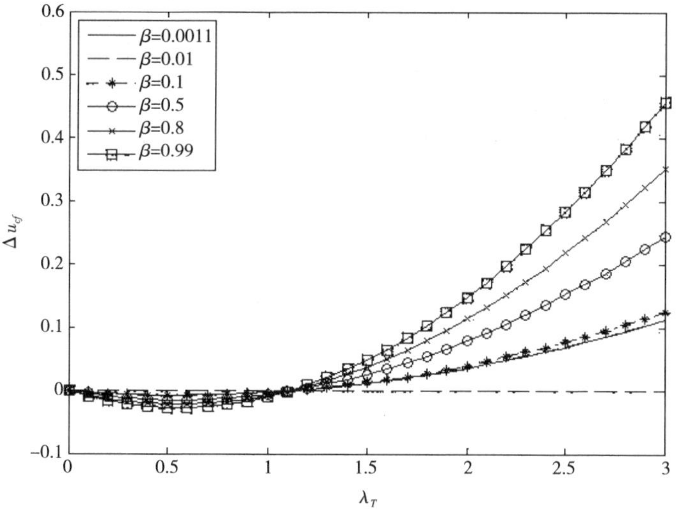

图 5－19　在不同质量比下，两种工况的临界流速之差随温度梯度变化曲线（$k=1$）

为了更加详细阐述两种温度分布对临界流速的影响，本节绘制了不同体积分数指数下在区间 $\beta \in (0,1)$ 和 $\lambda_T \in [0,3]$ 的临界流速之差 Δu_{cf} 三维图，如图 5－20 所示，从中可以看出，不同体积分数指数的临界流速之差 Δu_{cf} 呈现相同的趋势：当固定质量比 β 时，两种工况下的临界流速之差 Δu_{cf} 随温度梯度变化不是单调的；当固定温度梯度时，两种工况下的临界流速之差 Δu_{cf} 随质量比变化曲线是单调的，且 Δu_{cf} 绝对值随质量比增大而增大。

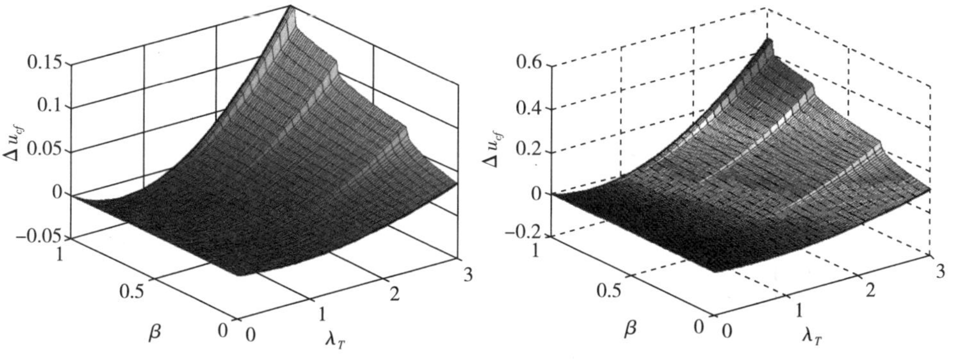

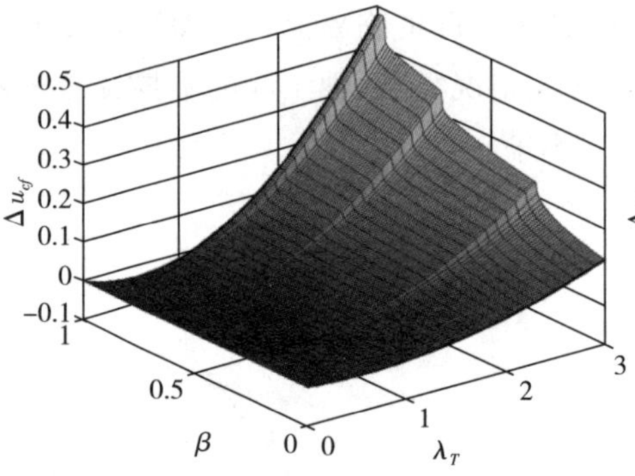

(c) k=2

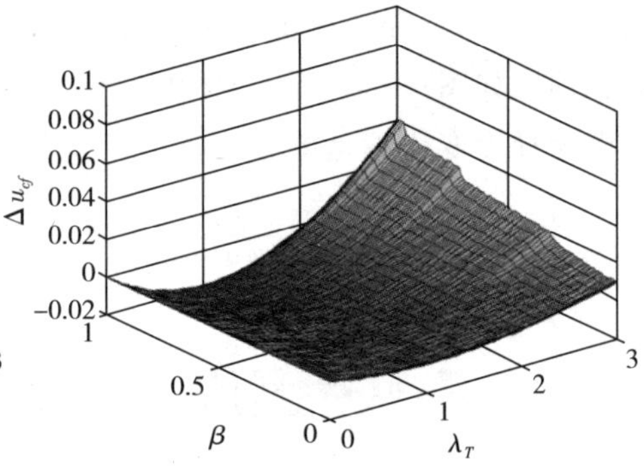

(d) k=100

图 5-20　不同 k 值时两种工况的临界流速之差 $\Delta u_{cf}(\beta,\lambda_T)$ 随 β 和 λ_T 变化的三维图

3. 考虑剪切作用的薄壁输流管道数值算例分析

本节首先针对考虑剪切作用的功能梯度薄壁输流管道，计算其在不同的流速下的自然频率。不同流速下两种工况的薄壁输流管道前二阶频率随体积分数指数和温度梯度的变化曲线如图 5-21 至图 5-24 所示，可见两种工况下输流管道前二阶的自然频率的变化趋势相同：随着体积分数指数 k 或温度梯度 λ_T 增大而单调减小。在管道未失稳前，流速越大，其自然频率越小。从图 5-21 和图 5-22 亦可以看出，当 $k \geqslant 10$ 之后，频率曲线随体积分数指数 k 变化缓慢，几乎为水平线。以上现象均与不考虑剪切作用时的图 5-2 至图 5-5 相同。

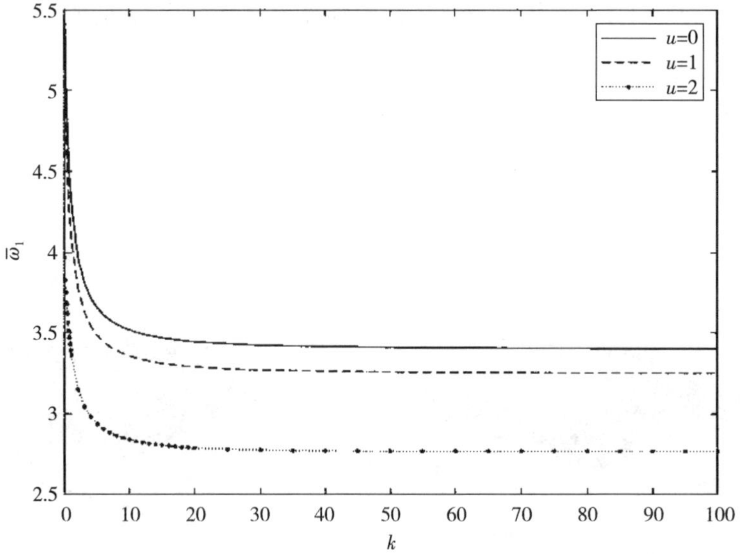

(a) 第一阶频率

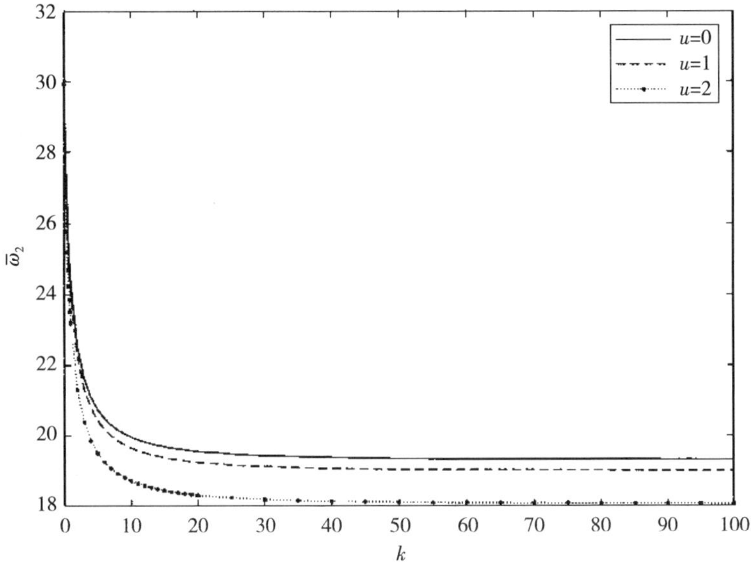

（b）第二阶频率

图 5－21　不同流速下工况一的薄壁输流管道前二阶频率随体积分数指数的变化曲线

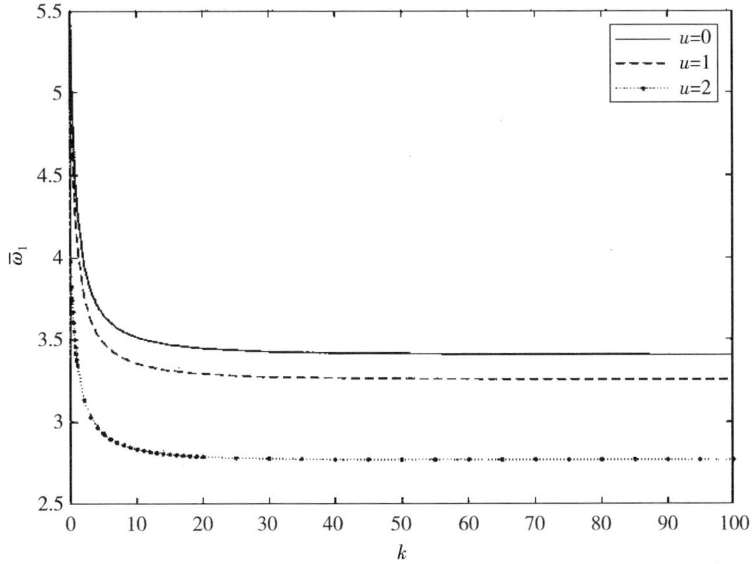

（a）第一阶频率

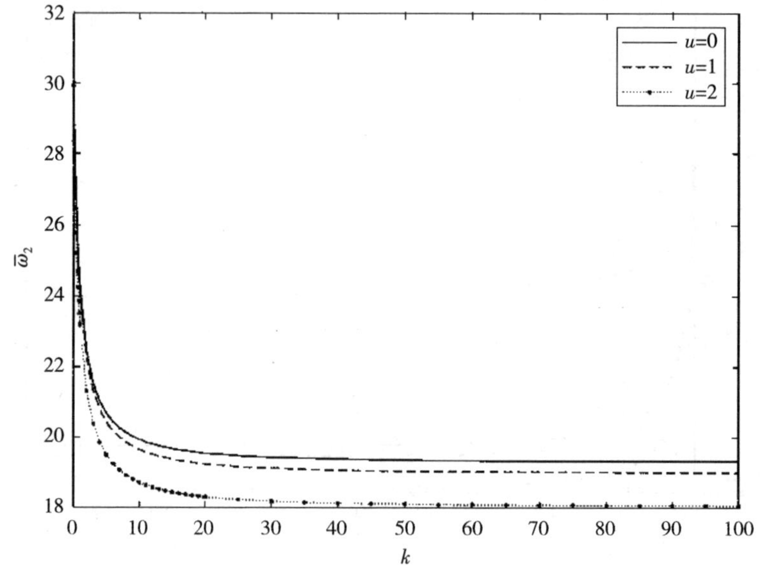

（b）第二阶频率

图 5-22　不同流速下工况二的薄壁输流管道前二阶频率随体积分数指数的变化曲线

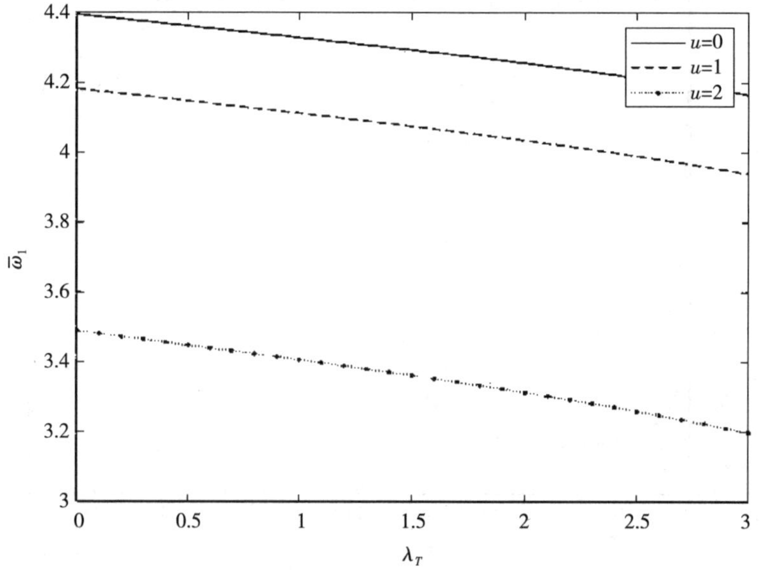

（a）第一阶频率

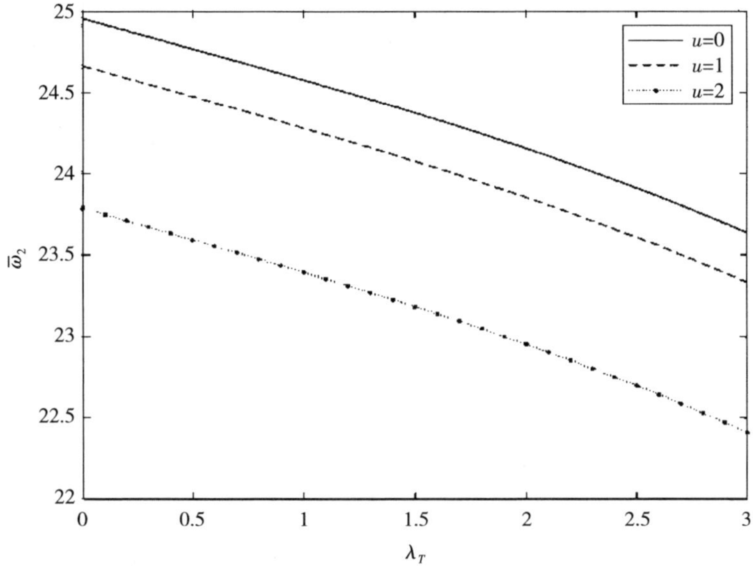

（b）第二阶频率

图 5-23　不同流速下工况一的薄壁输流管道前二阶频率随温度梯度的变化曲线($k=1$)

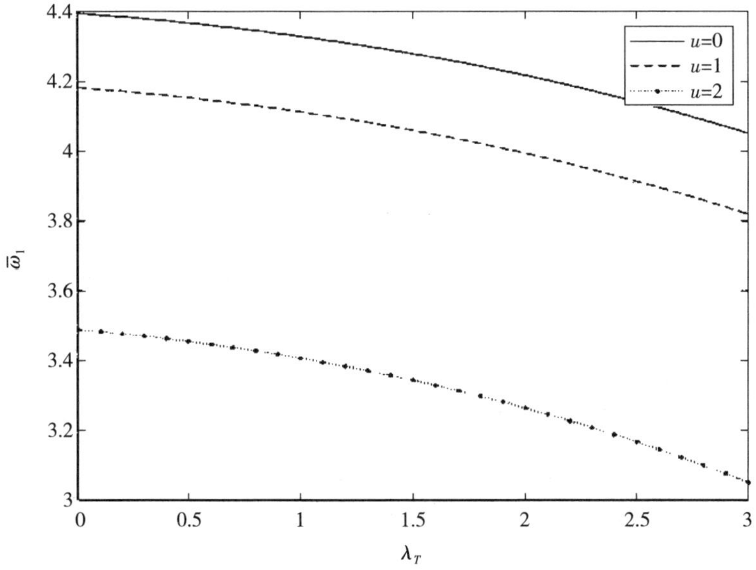

（a）第一阶频率

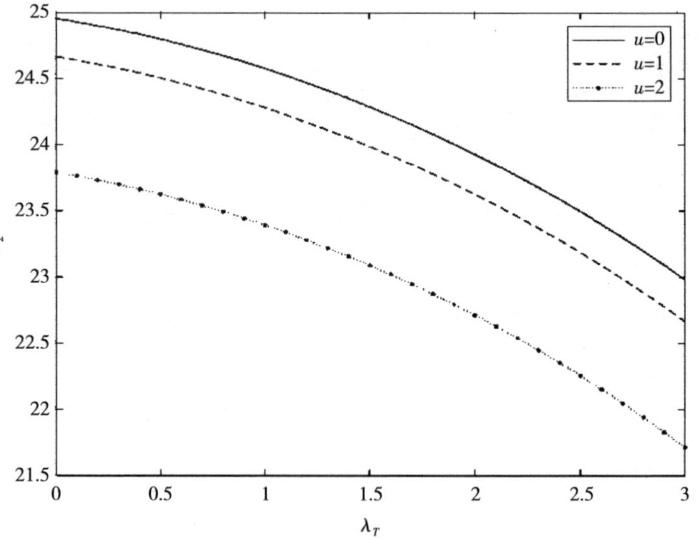

（b）第二阶频率

图 5-24　不同流速下工况二的薄壁输流管道前二阶频率随温度梯度的变化曲线($k=1$)

综上可知，不同流速下的功能梯度薄壁输流管道频率随体积分数指数或温度梯度的变化曲线趋势相同，故下文仅分析和比较流速为 0 时输流管道的数值结果。在特定的温度梯度 λ_T 下，两种工况管道前六阶频率随体积分数指数的变化曲线如图 5-25、图 5-26 所示，从中可见，工况一的前六阶频率变化趋势相同，并且随

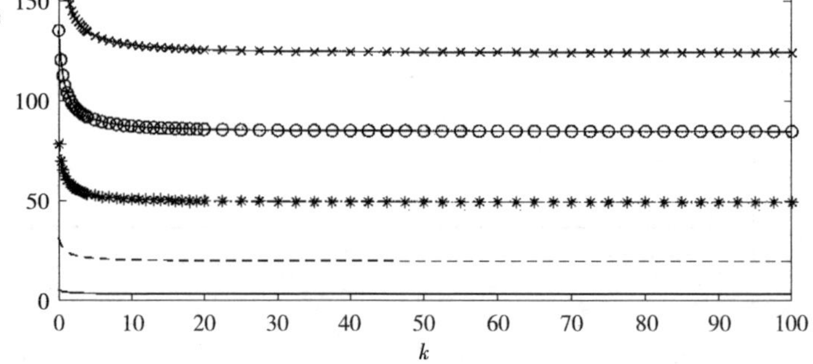

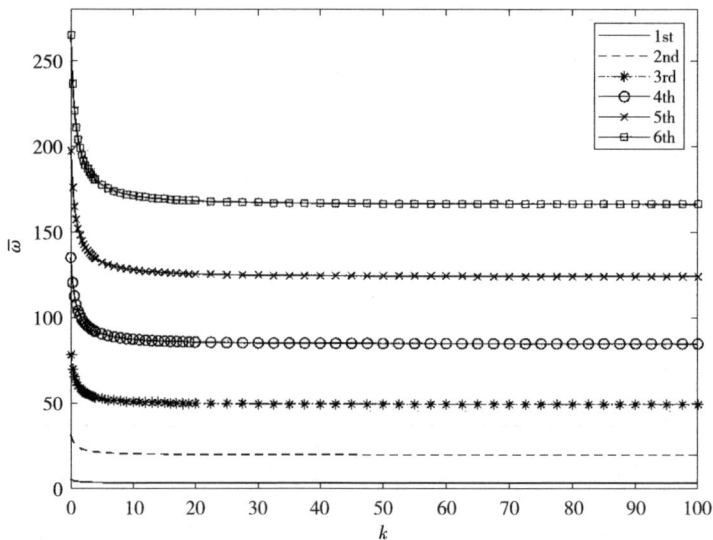

（a）$\lambda_T=0.5$

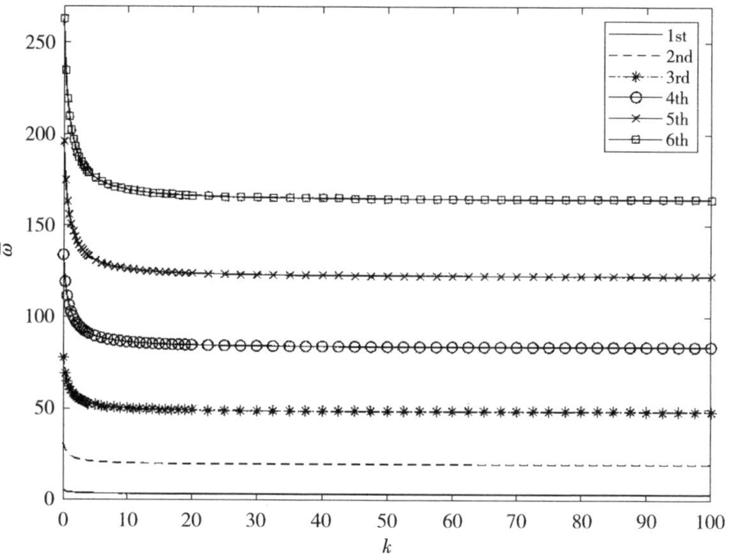

（b）λ_T=1

图 5－25　在特定的温度梯度下，工况一管道前六阶频率随体积分数指数的变化曲线

着体积分数指数 k 增大而单调减小，当 $k \geqslant 10$ 之后，前六阶频率曲线变化缓慢，之后随着 k 增大，直至为水平线；工况二的前六阶频率随体积分数指数 k 变化规律与图 5－25 一致。这与不考虑剪切作用的模型保持一致。

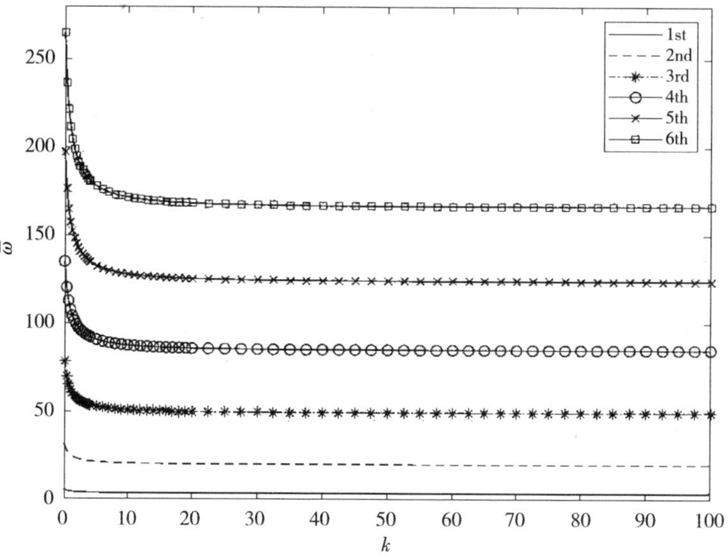

（a）λ_T=0.5

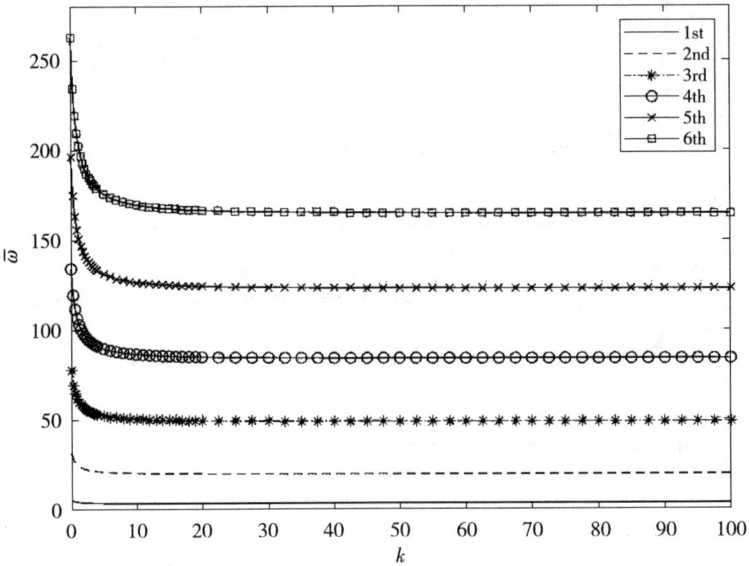

（b）$\lambda_T=1$

图 5-26　在特定的温度梯度下，工况二管道前六阶频率随体积分数指数的变化曲线

针对选定的温度梯度λ_T，两种温度分布下的前六阶自然频率之差$\Delta\bar{\omega}$随体积分数指数k的变化曲线如图5-27至图5-30所示。每个图中有6条曲线，每条曲线对应着某一阶自然频率之差，其随体积分数指数k变化趋势相同。

如图5-27所示，$\Delta\bar{\omega}$区间在$k\in[0,100]$小于0，如图5-29和图5-30所示，$\Delta\bar{\omega}$在区间$k\in[0,100]$大于0。在此三图中，$\Delta\bar{\omega}$绝对值随着k变化，并不是单调的。$\Delta\bar{\omega}$绝对值先是随着k增大而增大，当k达到一定时，$\Delta\bar{\omega}$达到最大值，然后随k值增大而减少，最后为一常数。阶数越大，自然频率之差$\Delta\bar{\omega}$绝对值越大。而在图5-28中，随着k增大，$\Delta\bar{\omega}$开始大于0，当k增大到一定时，$\Delta\bar{\omega}$开始小于0。但与不考虑剪切模型相比，前六阶自然频率之差$\Delta\bar{\omega}$小于0的区间并不相同。

从图5-27至图5-30可以看出，随着温度梯度λ_T增大，前六阶自然频率之差$\Delta\bar{\omega}$从全小于0($\lambda_T=0.5$)，然后有部分区间小0，有部分区间大于0，逐渐过渡到全大于0($\lambda_T=2,3$)。这与不考虑剪切模型趋势相似，但也有所不同，如图5-9和图5-28所示，在图5-9中，各阶频率之差随体积分数指数k的曲线交于一点，而且数值为0，而在图5-28中，各阶频率之差为0的点却不在同一个点。

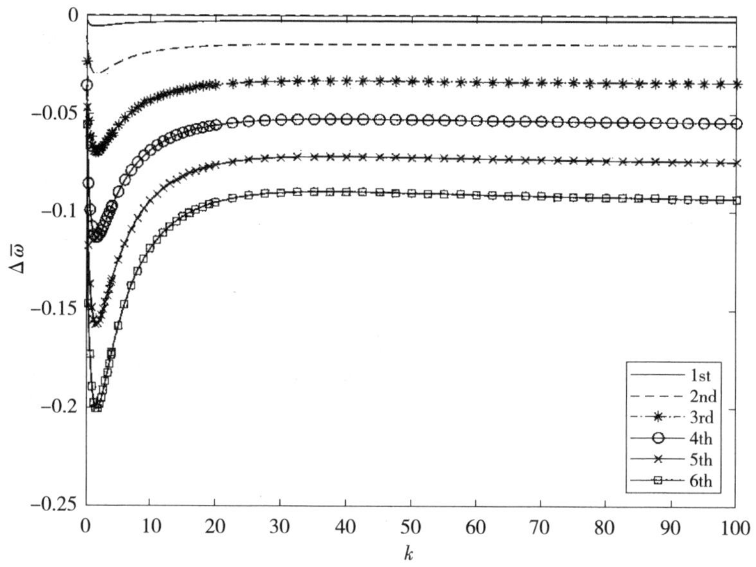

图 5-27　两种工况的前六阶自然频率之差($\lambda_T = 0.5, \bar{P} = 0, u = 0$)

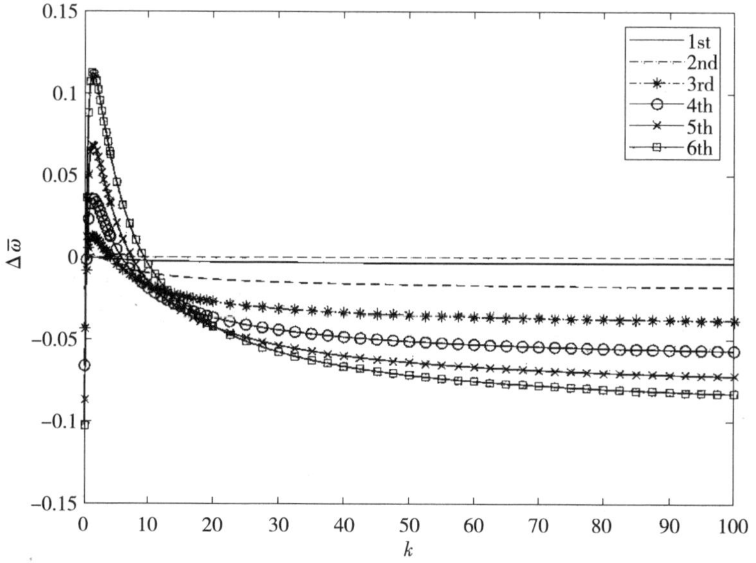

图 5-28　两种工况的前六阶自然频率之差($\lambda_T = 1, \bar{P} = 0, u = 0$)

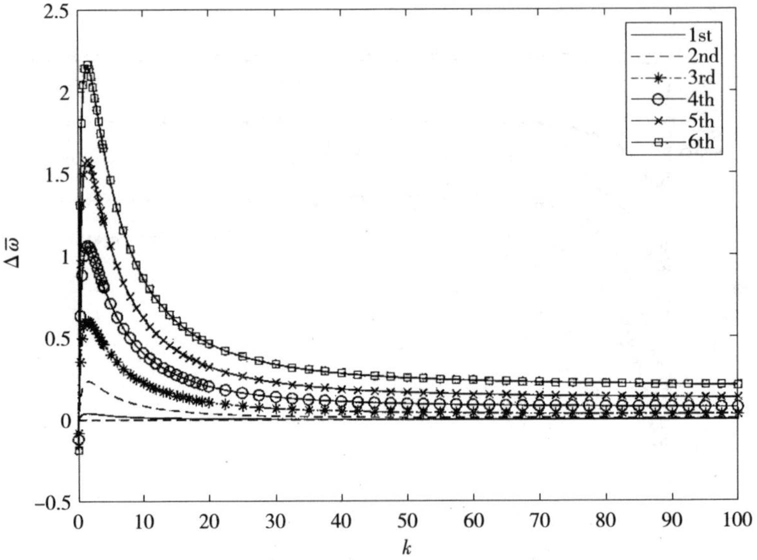

图 5-29　两种工况的前六阶自然频率之差($\lambda_T=2,\bar{P}=0,u=0$)

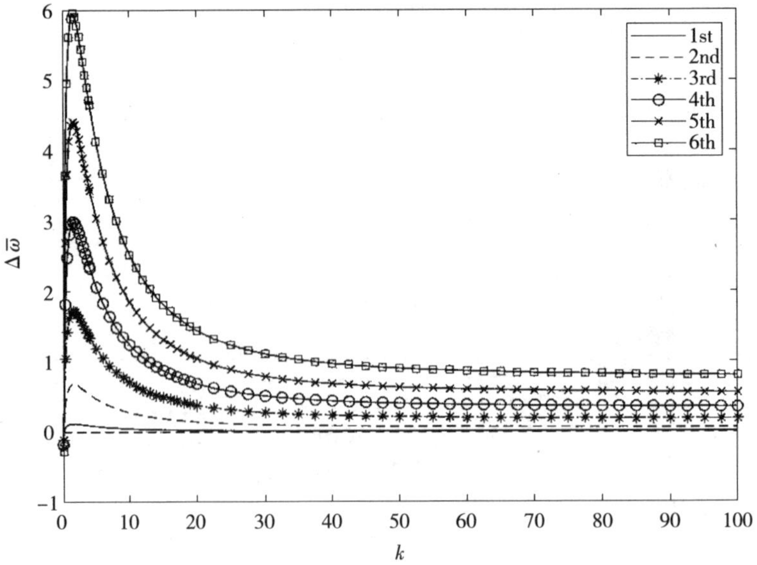

图 5-30　两种工况的前六阶自然频率之差($\lambda_T=3,\bar{P}=0,u=0$)

两种工况的薄壁输流管道前二阶频率随温度梯度的变化曲线如图 5-31、图 5-32 所示，从中可见，不同体积分数指数 k 对应的频率随温度梯度 λ_T 变化趋势相同，并且随着温度梯度 λ_T 增大而单调减小。体积分数指数 k 越大，工况一的薄壁输流管道的频率越小；工况二的频率随温度梯度 λ_T 变化规律与图 5 - 31 一致。

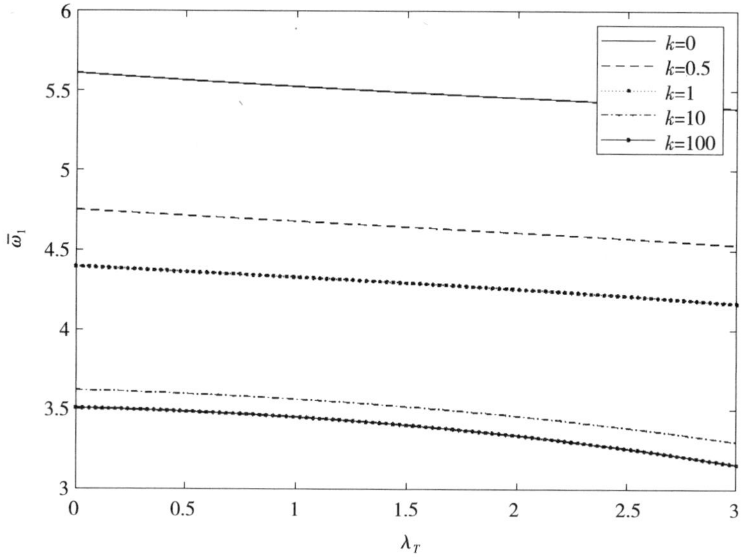

（a）第一阶频率 $\bar{\omega}_1$

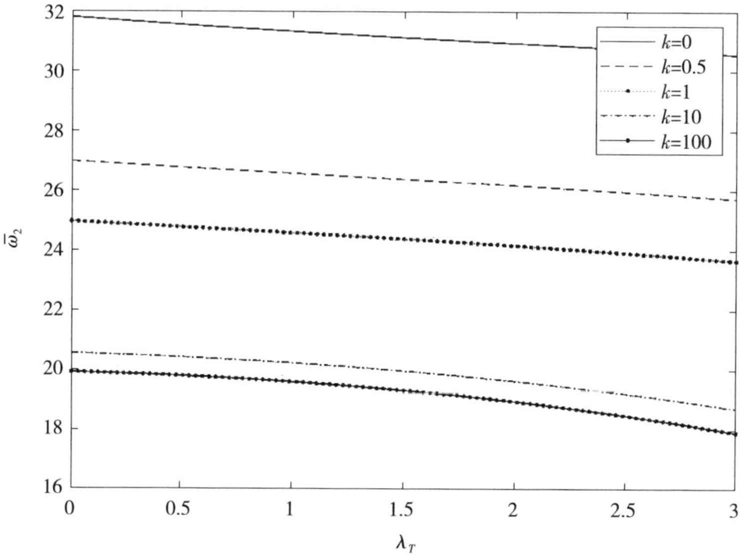

（b）第二阶频率 $\bar{\omega}_2$

图 5 - 31　工况一薄壁输流管道频率随温度梯度的变化曲线

针对选定的 k 值，两种工况的前二阶频率之差 $\Delta\bar{\omega}$ 随温度梯度 λ_T 的变化曲线如图 5 - 33 所示，可见频率之差 $\Delta\bar{\omega}$ 随温度梯度 λ_T 的变化不是单调的，随着 λ_T 的增大，

$\Delta\bar{\omega}$ 先从 0 逐渐减小至最小，然后逐渐增大，并且 $\Delta\bar{\omega}$ 并不总是小于 0 或大于 0，如 $k=0.5$ 时，一阶自然频率之差 $\Delta\bar{\omega}_1$ 在区间(0,1.07)内小于 0，在区间[1.07,3]大于 0。与不考虑剪切模型的图 5-14 对比，频率之差 $\Delta\bar{\omega}$ 变化趋势相似，且数值相差不大。

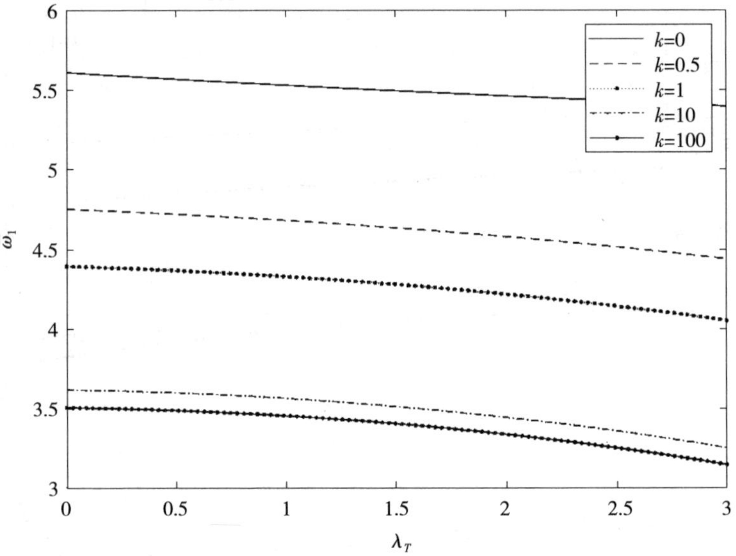

（a）第一阶频率 $\bar{\omega}_1$

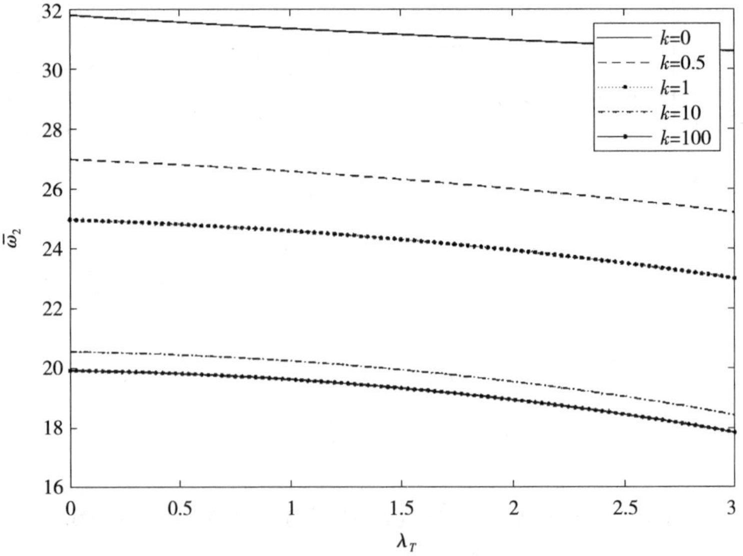

（b）第二阶频率 $\bar{\omega}_2$

图 5-32 工况二薄壁输流管道频率随温度梯度的变化曲线

为了观察 k 和 λ_T 共同对频率的影响，本节绘制了在区间 $k \in [0,10]$ 和 $\lambda_T \in [0,3]$ 的前二阶频率之差 $\Delta\bar{\omega}$ 的三维图，如图 5-34 所示。前六阶自然频率之差最大值与最小值对应的 k 和 λ_T 见表 5-8 和表 5-9 所列，前六阶自然频率之差数值最大处在(1.5，3)，最小处在(0，3)。

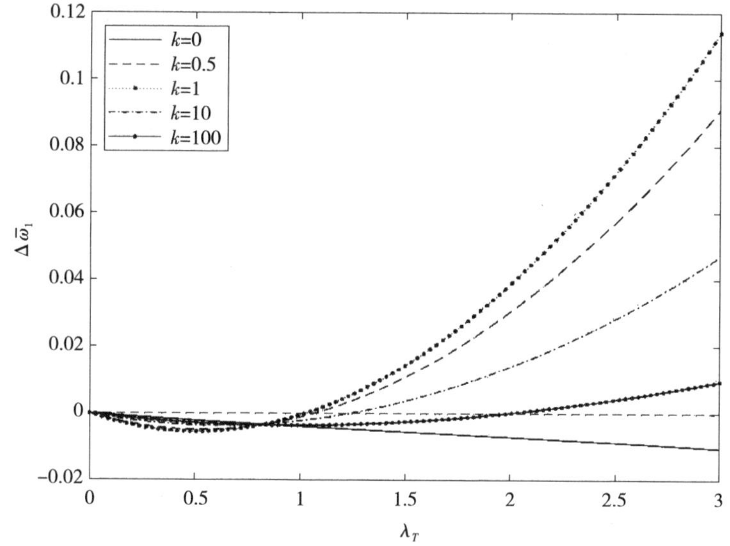

(a) 第一阶频率之差 $\Delta\bar{\omega}_1$

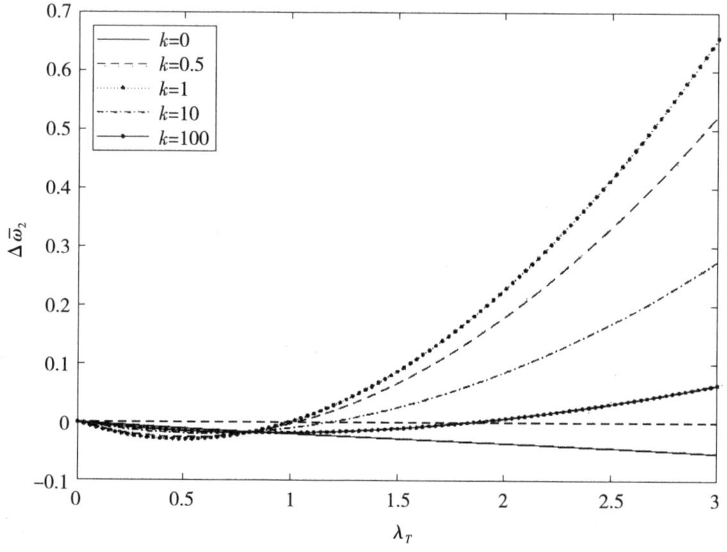

(b) 第二阶频率之差 $\Delta\bar{\omega}_2$

图 5-33 针对选定的 k 值，两种工况的前两阶自然频率之差($\bar{P}=0, u=0$)

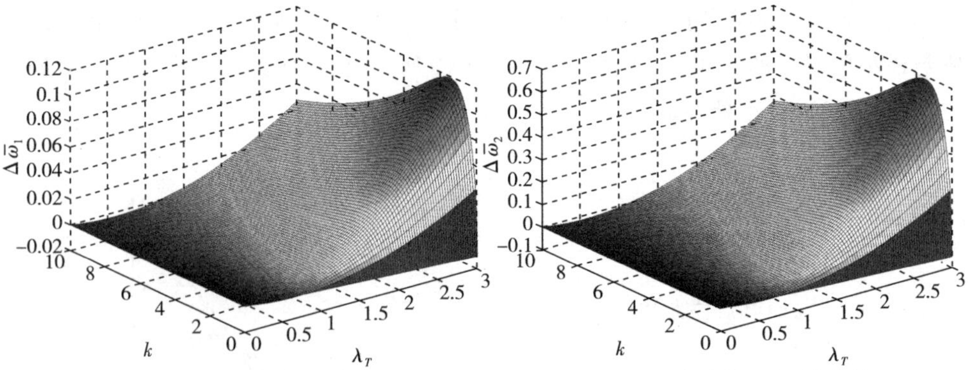

(a) 第一阶频率之差 $\Delta\bar{\omega}_1$　　(b) 第二阶频率之差 $\Delta\bar{\omega}_2$

图 5-34　两种工况的前两阶自然频率之差 $\Delta\bar{\omega}$ 随 k 和 λ_T 变化的三维图($\bar{P}=0, u=0$)

表 5-8　前六阶自然频率之差 $\Delta\bar{\omega}$ 最大值对应的 k 和 λ_T

阶 数	体积分数指数 k	温度梯度 λ_T	最大值
1	1.5	3	0.1188
2	1.5	3	0.6830
3	1.5	3	1.7171
4	1.5	3	2.9862
5	1.5	3	4.4046
6	1.5	3	5.9542

表 5-9　前六阶自然频率之差 $\Delta\bar{\omega}$ 最小值对应的 k 和 λ_T

阶 数	体积分数指数 k	温度梯度 λ_T	最小值
1	0	3	−0.0104
2	0	3	−0.0526
3	0	3	−0.1153
4	0	3	−0.1752
5	0	3	−0.2293
6	0	3	−0.2719

4. 数值结果解释

结合5.1.1和5.1.2,可以看出,对于不考虑剪切作用的模型,质量项 b_1 和刚度项 a_{22} 分别影响管道系统的质量矩阵和刚度矩阵;对于考虑剪切作用的模型,b_1 与质量矩阵有关,而 a_{44}、a_{55} 与刚度矩阵有关。两种温度分布下质量项和刚度项的比较如图5-35所示,其中 Δb=工况一的 b_1 减去工况二的 b_1,$\Delta A22$=工况一的 a_{22} 减去工况二的 a_{22},$\Delta A44$($\Delta A55$)与之类似。

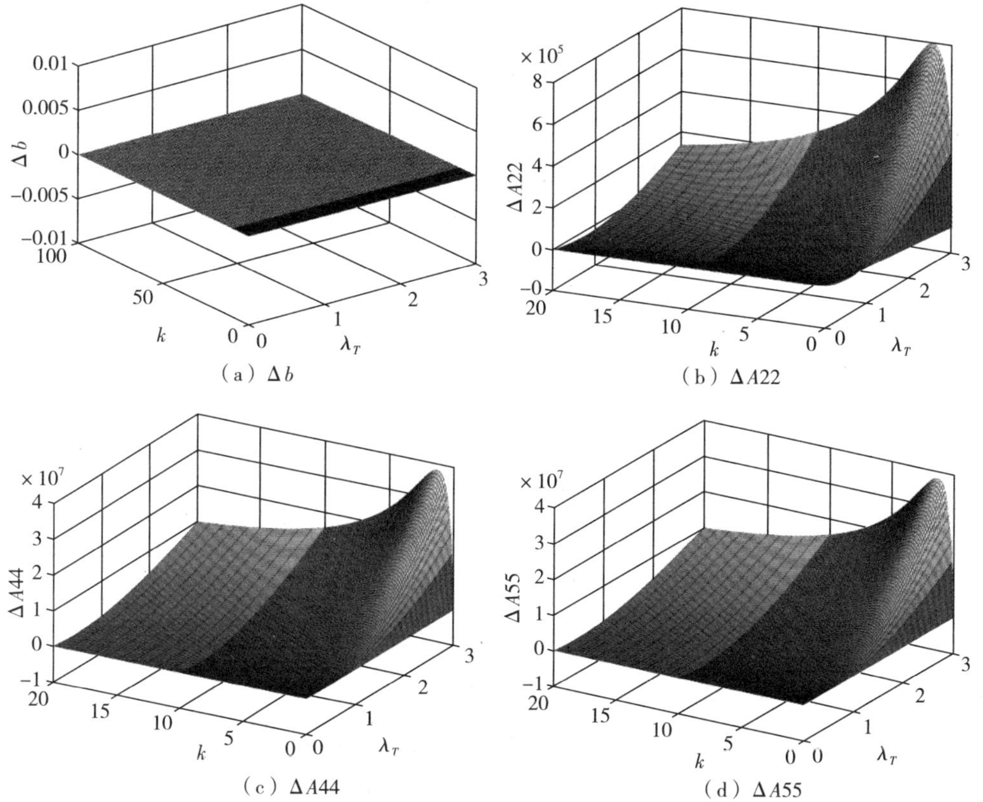

(a) Δb　(b) $\Delta A22$

(c) $\Delta A44$　(d) $\Delta A55$

图5-35　两种温度分布下质量项和刚度项的比较

从图5-35(a)中可以看出,Δb 在 k 和 λ_T 的变化下,相差不大,说明两种温度分布对质量项或质量矩阵没有影响。针对不考虑剪切作用的模型,图5-35(b)中 $\Delta A22$ 随 k 和 λ_T 的变化与本小节第2项的数值结果非常相似:当固定 λ_T 值时,$\Delta A22$ 的变化规律与图5-8和图5-11中频率之差 $\Delta\bar{\omega}$ 相似;当固定 k 值时,$\Delta A22$ 的变化规律与图5-14与图5-15中 $\Delta\bar{\omega}$ 相似。同时 $\Delta A22$ 也影响着两种温度分布下管道的临界流速,如图5-16至图5-20所示。针对考虑剪切作用的模型,$\Delta A44$($\Delta A55$)的变化规律与本小节第3项的数值结果相似。综上所述,两种温度分布对质量项或质量矩阵没有影响,对刚度项或刚度矩阵影响大,这是两种温度分布下功能梯度输流管道动力特性产生差别的原因。

5.1.7 本节小结

本节基于薄壁梁模型,采用Hamilton方法推导了考虑剪切作用的功能梯度薄壁输流管道控制微分方程及其边界条件,并简述了不考虑剪切作用的振动方程推导过程,应用样条小波有限元,求解了输流管道的频率和临界流速。通过与前人文献对比,验证了本节方法的正确性。通过本节的分析,得到的主要结论如下:

1. 无论是不考虑剪切作用的模型,还是考虑剪切作用的模型,两种温度分布下的前六阶自然频率曲线随着体积分数指数 k 或温度梯度 λ_T 的变化趋势相同,且是单调递减。在特定的温度梯度下,当 $k>10$ 时,频率随 k 变化的曲线变化缓慢,几乎为一水平线。

2. 在特定的 λ_T 值时,无论是不考虑剪切作用的模型,还是考虑剪切作用的模型,两种温度分布下的前六阶自然频率之差 $\Delta\bar{\omega}$ 曲线随着 k 变化趋势相同,且不是单调的。$\Delta\bar{\omega}$ 先是随着 k 增大而增大,当 k 达到一定时,$\Delta\bar{\omega}$ 达到最大值,然后随 k 值增大而减少,最后为一条水平线。

3. 针对不同的 λ_T 值,各阶频率之差 $\Delta\bar{\omega}$ 随着 k 变化的曲线,在 λ_T 值较小时全小于0,当 λ_T 较大时全大于0。当 λ_T 增大时,$\Delta\bar{\omega}$ 部分区间大于0,部分区间小于0,不同的是,在不考虑剪切作用的各阶频率之差大于或小于0的区间,前六阶自然频率是相同的,而考虑剪切作用的,是不相同的。

4. 在特定的 k 值时,频率之差 $\Delta\bar{\omega}$ 随温度梯度 λ_T 变化的曲线表明,$\Delta\bar{\omega}$ 除了 $k=0$ 单调递减外,随温度梯度 λ_T 的变化趋势相同,且不是单调的,随着 λ_T 的增大,$\Delta\bar{\omega}$ 先从0逐渐减小至最小,然后逐渐增大,并且 $\Delta\bar{\omega}$ 并不总是小于0或大于0。

5. 对于不考虑剪切作用的模型,两种温度分布下的临界流速曲线均是单调上升的,在质量比 $\beta=0.3$、0.71、0.96附近,有三处"跳跃"。随着 λ_T 值增大,临界流速之差 Δu_{cf} 在 $\lambda_T<1.2$ 时小于0,在 $\lambda_T>1.2$ 时大于0。随着质量比 β 增大,临界流速之差 Δu_{cf} 的绝对值增大。

6. 功能梯度输流管道系统的固有频率通过调整管内外温度梯度和体积分数指数,可以实现较大范围的调整。因此在已知其工作环境情况下,通过设计体积分数指数和温度梯度来避开激励频率,从而减小管道振动是可以实现的。

综上所述,不同的温度分布对功能梯度输流管道的振动特性的影响是不可忽略的,在输流管道的设计和安装时应考虑管道内外环境温度的差异。

5.2　基于同轴双壳模型的薄壁输流管道流固耦合动力学分析

5.2.1　引言

薄壁输流圆柱壳应用广泛,如工业中的热交换器、天然气与石油等的存储罐、各种输流管道系统、核工业中的冷却塔等,其流固耦合振动现象引起了众多学者的关注。1972年,Paidoussis和Denise结合Flugge薄壳理论和流体势能理论推导出了其运动微分方程,采用行波法,研究了两端固定和悬臂输流管道动力学特性。1973年,Weaver和Unny采用Donnell壳研究了两端简支的输流圆柱壳。Lakis等采用混合有限元法,研究了输流壳体的线性和非线性行为,并且考虑流体的非线性,得出流体的非线性影响不大。Amabili采用试验和Ritz数值方法,深入研究了输流薄壳的线性和非线性动力特性,并对不同的薄壳理论进行了对比。基于薄壳理论,Sheng和Wang采用模态叠加法,研究了在弹性介质上功能梯度薄壁输流管道流固耦合振动,并分析了热载荷、流速和轴向阶数对其振动的影响,他们还研究了功能梯度薄壁输流管道在热载荷作用下的振动特性及振动响应,探讨了体积分数指数、流速等对响应的影响,但并没有系统研究体积分数指数对频率的影响。

同轴双壳薄壁输流管道在现代工业特别是冷却系统中有着非常重要的作用。Paidoussis等在1984年分别研究了流体在内孔或环孔流动时的壳体运动。他采用Flugge壳体方程和线性势能流体理论,建立了同轴双壳输流壳体的分析模型,研究表明当流体在环孔流动时,失稳时的流速小于流体在内孔流动的工况。虽然前人的研究成果丰硕,但依然存在不足之处,这也是本节研究的出发点。不足之处主要包括:(1) 圆柱薄壳理论包括Donnell、Timoshenko、Novozhilov、Morley-Koiter、Flugge、DMV、Sander等,这些理论忽略了梯形影响,以及采用不同的简化方法导致了不同薄壳理论的简化并不一致,边界条件也不能显式表示出来;(2) 目前还没有出现与功能梯度材料相关的同轴双壳薄壁输流管道的研究文献。

本节基于 Salahifar 推导的壳体方程，研究了两端固定的同轴双壳薄壁输流管道的动力特性，但仅考虑两壳中只有一壳为功能梯度材料的情形，同轴双壳薄壁输流管道有两种情形：一种是外壳材料为刚体，内壳为功能梯度材料；另一种是一壳材料为金属，另一壳为功能梯度材料。本节不考虑温度对功能梯度材料的影响，研究了体积分数指数对同轴双壳薄壁输流管道动力特性的影响，以及内壳或外壳为功能梯度材料对其振动的影响。

5.2.2 同轴双壳薄壁输流管道流固耦合微分方程

1. 圆柱壳微分方程

如图 5-36 所示圆柱薄壳，长度为 L，半径为 R，厚度为 h，无流体及流速 U，在截面有坐标系 $(x,\ s,\ n)$。

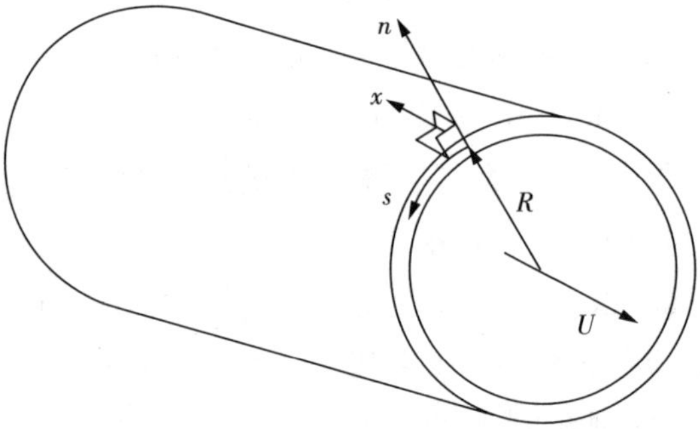

图 5-36　输流圆柱薄壳结构和坐标

Salahifar 基于广义薄壁壳假设，应用张量微积分和哈密顿原理，推导出一种新的薄壁圆柱薄壳微分方程和边界条件，推导过程清晰规范、无简化，边界条件显示表达，适当简化可成为其他薄壳方程，故本节采用其所推导公式，两端固定的薄壁圆柱壳体的控制微分方程为：

$$\delta u:\quad R^2\left[u_{,11}+\Lambda\frac{1-\mu}{2}u_{,22}+\frac{1+\mu}{2}v_{,12}+\frac{\mu}{R}w_{,1}-\frac{h^2}{12R}w_{,111}+R(\Lambda-1)\frac{1-\mu}{2}w_{,122}\right]-\frac{\rho R^2(1-\mu^2)}{E}\left(\ddot{u}-\frac{h^2}{12R}\ddot{w}_{,1}\right)=0 \tag{5-77}$$

$$\delta v: \quad R^2\left[\frac{1+\mu}{2}u_{,12}+\left(1+\frac{h^2}{4R^2}\right)\frac{1-\mu}{2}v_{,11}+v_{,22}+\frac{1}{R}w_{,2}-\frac{h^2}{12R}\frac{3-\mu}{2}w_{,112}\right]$$

$$-\frac{\rho R^2(1-\mu^2)}{E}\left[\ddot{v}\left(1+\frac{h^2}{12R^2}\right)-2\frac{h^2}{12R}\ddot{w}_{,2}\right]=0 \tag{5-78}$$

$$\delta w: \quad -R^2\left\{\frac{\mu}{R}u_{,1}+\frac{1}{R}v_{,2}+\frac{1}{R^2}\Lambda w+2(\Lambda-1)w_{,22}\right.$$

$$-\frac{h^2}{12R}u_{,111}+R(\Lambda-1)\frac{1-\mu}{2}u_{,122}-\frac{h^2}{12R}\frac{3-\mu}{2}v_{,112}+\frac{h^2}{12}w_{,1111}$$

$$\left.+\left[\frac{h^2}{12}\frac{3+\mu}{2}+R^2(\Lambda-1)\frac{1-\mu}{2}\right]w_{,1122}+R^2(\Lambda-1)w_{,2222}\right\}$$

$$-\frac{\rho R^2(1-\mu^2)}{E}\left[\ddot{w}-\frac{h^2}{12}(\ddot{w}_{,11}+\ddot{w}_{,22})+\frac{h^2}{12R}(\ddot{u}_{,1}+2\ddot{v}_{,2})\right]=0$$

(5-79)

其中 u、v、w 分别为 x、s、n 方向的位移，$s=R\theta$，$0\leqslant\theta\leqslant 2\pi$，$0\leqslant x\leqslant L$，$-h/2\leqslant n\leqslant h/2$，$\dot{()}$、$()_{,1}$、$()_{,2}$、$()_{,3}$ 分别表示对时间 t、x、s、n 的导数，E 为弹性模量，ρ 为密度，μ 为泊松比。Λ 的表达式为：

$$\Lambda=\Lambda(h/R)=ln\left[(2+h/R)/(2-h/R)\right]/(h/R)$$

$$=1+\frac{1}{12}\left(\frac{h}{R}\right)^2+\frac{1}{80}\left(\frac{h}{R}\right)^4+\cdots,$$

后文的 Λ 的表达式也是一样的。当 $\Lambda\approx 1+\frac{1}{12}\left(\frac{h}{R}\right)^2$ 时，该微分方程即为 Flugge 壳体方程。

其固定端边界条件为：

在 $x=0$ 和 $x=L$，

$$u=v=w=0,\quad \frac{\partial w}{\partial x}=0 \tag{5-80}$$

2. 功能梯度薄壁输流管道的控制微分方程

如图 5-36 所示功能梯度薄壁输流管道，长度为 L，半径为 R，厚度为 h，流体的流速为 U，在截面有坐标系$(x, \dot{s}, n)$。薄壁输流管道的控制微分方程为：

$$\delta u:\ R^2\left[u_{,11}+\Lambda\frac{1-\mu_{eff}}{2}u_{,22}+\frac{1+\mu_{eff}}{2}v_{,12}+\frac{\mu_{eff}}{R}w_{,1}-\frac{h^2}{12R}w_{,111}+R(\Lambda-1)\frac{1-\mu_{eff}}{2}w_{,122}\right]-\frac{\rho_{eff}R^2(1-\mu_{eff}^2)}{E_{eff}}\left(\ddot{u}-\frac{h^2}{12R}\ddot{w}_{,1}\right)=0 \tag{5-81}$$

$$\delta v:\ R^2\left[\frac{1+\mu_{eff}}{2}u_{,12}+\left(1+\frac{h^2}{4R^2}\right)\frac{1-\mu_{eff}}{2}v_{,11}+v_{,22}+\frac{1}{R}w_{,2}-\frac{h^2}{12R}\frac{3-\mu_{eff}}{2}w_{,112}\right]-\frac{\rho_{eff}R^2(1-\mu_{eff}^2)}{E_{eff}}\left[\ddot{v}\left(1+\frac{h^2}{12R^2}\right)-2\frac{h^2}{12R}\ddot{w}_{,2}\right]=0 \tag{5-82}$$

$$\begin{aligned}\delta w:\ -R^2\Big\{&\frac{\mu_{eff}}{R}u_{,1}+\frac{1}{R}v_{,2}+\frac{1}{R^2}\Lambda w+2(\Lambda-1)w_{,22}\\&-\frac{h^2}{12R}u_{,111}+R(\Lambda-1)\frac{1-\mu_{eff}}{2}u_{,122}-\frac{h^2}{12R}\frac{3-\mu_{eff}}{2}v_{,112}+\frac{h^2}{12}w_{,1111}\\&+\left[\frac{h^2}{12}\frac{3+\mu_{eff}}{2}+R^2(\Lambda-1)\frac{1-\mu_{eff}}{2}\right]w_{,1122}+R^2(\Lambda-1)w_{,2222}\Big\}\\&-\frac{\rho_{eff}R^2(1-\mu_{eff}^2)}{E_{eff}}\left[\ddot{w}-\frac{h^2}{12}(\ddot{w}_{,11}+\ddot{w}_{,22})+\frac{h^2}{12R}(\ddot{u}_{,1}+2\ddot{v}_{,2})-q/(\rho_{eff}h)\right]=0\end{aligned} \tag{5-83}$$

其中 u、v、w 分别为 x、s、n 方向的位移，$s=R\theta$，$0\leqslant\theta\leqslant 2\pi$，$0\leqslant x\leqslant L$，$-h/2\leqslant n\leqslant h/2$，$\dot{()}$、$()_{,1}$、$()_{,2}$、$()_{,3}$ 分别表对时间 t、x、s、n 的导数，E_{eff}、ρ_{eff}、μ_{eff} 分别对应功能梯度薄壁输流管道的复合材料性能弹性模量 E、密度 ρ、泊松比 μ，q 为流体对壳体的压力。

其固定端边界条件为：

在 $x=0$ 和 $x=L$，

$$u=v=w=0,\quad \frac{\partial w}{\partial x}=0 \tag{5-84}$$

3. 同轴双壳薄壁输流管道的控制微分方程

如图 5-37 所示同轴双壳薄壁输流管道，长度为 L，内外半径分别为 a、b，内外壳厚度分别为 h_i、h_o，孔内流体、环内流体的流速分别为 U_i、U_o，在截面有坐标系

(x, s, n)，内外壳分别对应的位移为(u_i, v_i, w_i)、(u_o, v_o, w_o)。两端固定的同轴双壳薄壁输流管道控制微分方程为：

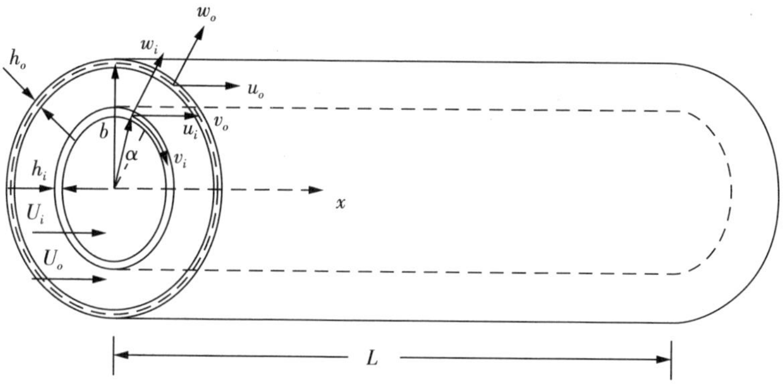

图 5-37　同轴功能梯度输流圆柱薄壳

$$\delta u_i:\quad a^2\left[u_{i,11}+\Lambda_i\frac{1-\mu_{ieff}}{2}u_{i,22}+\frac{1+\mu_{ieff}}{2}v_{i,12}+\frac{\mu_{ieff}}{a}w_{i,1}-\frac{h_i^2}{12a}w_{i,111}+a(\Lambda_i-1)\frac{1-\mu_{ieff}}{2}w_{i,122}\right]-\gamma_i\left(\ddot{u}_i-\frac{h_i^2}{12a}\ddot{w}_{i,1}\right)=0 \tag{5-85}$$

$$\delta v_i:\quad a^2\left[\frac{1+\mu_{ieff}}{2}u_{i,12}+\left(1+\frac{h_i^2}{4a^2}\right)\frac{1-\mu_{ieff}}{2}v_{i,11}+v_{i,22}+\frac{1}{a}w_{i,2}-\frac{h_i^2}{12a}\frac{3-\mu_{ieff}}{2}w_{i,112}\right]-\gamma_i\left[\ddot{v}_i\left(1+\frac{h_i^2}{12a^2}\right)-2\frac{h_i^2}{12a}\ddot{w}_{i,2}\right]=0 \tag{5-86}$$

$$\delta w_i:\quad -a^2\left\{\frac{\mu_{ieff}}{a}u_{i,1}+\frac{1}{a}v_{i,2}+\frac{1}{a^2}\Lambda_i w_i+2(\Lambda_i-1)w_{i,22}-\frac{h_i^2}{12a}u_{i,111}+a(\Lambda_i-1)\frac{1-\mu_{ieff}}{2}u_{i,122}-\frac{h_i^2}{12a}\frac{3-\mu_{ieff}}{2}v_{i,112}+\frac{h_i^2}{12}w_{i,1111}+\left[\frac{h_i^2}{12}\frac{3+\mu_{ieff}}{2}+a^2(\Lambda_i-1)\frac{1-\mu_{ieff}}{2}\right]w_{i,1122}+a^2(\Lambda_i-1)w_{i,2222}\right\}-\gamma_i\left[\ddot{w}_i-\frac{h_i^2}{12}(\ddot{w}_{i,11}+\ddot{w}_{i,22})+\frac{h_i^2}{12a}(\ddot{u}_{i,1}+2\ddot{v}_{i,2})-q_i/(\rho_{ieff}h_i)\right]=0 \tag{5-87}$$

$$\delta u_o: \quad b^2\left[u_{o,11}+\Lambda_o\frac{1-\mu_{ieff}}{2}u_{o,22}+\frac{1+\mu_{oeff}}{2}v_{o,12}+\frac{\mu_{oeff}}{b}w_{o,1}\right.$$
$$\left.-\frac{h_o^2}{12b}w_{o,111}+b(\Lambda_o-1)\frac{1-\mu_{oeff}}{2}w_{o,122}\right]-\gamma_o\left(\ddot{u}_o-\frac{h_o^2}{12b}\ddot{w}_{o,1}\right)=0 \tag{5-88}$$

$$\delta v_o: \quad b^2\left[\frac{1+\mu_{oeff}}{2}u_{o,12}+\left(1+\frac{h_o^2}{4b^2}\right)\frac{1-\mu_{oeff}}{2}v_{o,11}+v_{o,22}+\frac{1}{b}w_{o,2}\right.$$
$$\left.-\frac{h_o^2}{12b}\frac{3-\mu_{oeff}}{2}w_{o,112}\right]-\gamma_o\left[\ddot{v}_o\left(1+\frac{h_o^2}{12b^2}\right)-2\frac{h_o^2}{12b}\ddot{w}_{o,2}\right]=0 \tag{5-89}$$

$$\delta w_o: \quad -b^2\left\{\frac{\mu_{oeff}}{b}u_{o,1}+\frac{1}{b}v_{o,2}+\frac{1}{b^2}\Lambda_o w_o+2(\Lambda_o-1)w_{o,22}\right.$$
$$-\frac{h_o^2}{12b}u_{o,111}+b(\Lambda_o-1)\frac{1-\mu_{oeff}}{2}u_{o,122}-\frac{h_o^2}{12b}\frac{3-\mu_{oeff}}{2}v_{o,112}+\frac{h_o^2}{12}w_{o,1111}$$
$$\left.+\left[\frac{h_o^2}{12}\frac{3+\mu_{oeff}}{2}+b^2(\Lambda_o-1)\frac{1-\mu_{oeff}}{2}\right]w_{o,1122}+b^2(\Lambda_o-1)w_{o,2222}\right\}$$
$$-\gamma_o\left[\ddot{w}_o-\frac{h_o^2}{12}(\ddot{w}_{o,11}+\ddot{w}_{o,22})+\frac{h_o^2}{12b}(\ddot{u}_{o,1}+2\ddot{v}_{o,2})-q_o/(\rho_{oeff}h_o)\right]=0 \tag{5-90}$$

其中,式(5-85)至式(5-90)中 $\gamma_i=\dfrac{\rho_{ieff}a^2(1-\mu_{ieff}^2)}{E_{ieff}}$,$\gamma_o=\dfrac{\rho_{oeff}b^2(1-\mu_{oeff}^2)}{E_{oeff}}$,$\dot{()}$、$()_{,1}$、$()_{,2}$、$()_{,3}$ 分别表对时间 t、x、s、n 的导数,E_{eff}、ρ_{eff}、μ_{eff} 分别对应功能梯度薄壁输流管道的复合材料性能弹性模量 E、密度 ρ、泊松比 μ,下标中的 i 和 o 分别表示内壳和外壳。

其两端固定端边界条件为:

在 $x=0$ 和 $x=L$,

$$u_i=v_i=w_i=0, \quad \frac{\partial w_i}{\partial x}=0 \tag{5-91}$$

$$u_o=v_o=w_o=0, \quad \frac{\partial w_o}{\partial x}=0 \tag{5-92}$$

5.2.3 同轴双壳薄壁输流管道的控制方程求解

1. 流体压力

本小节针对两端固定的同轴双壳薄壁输流管道流体压力进行叙述。采用相关文献，根据无旋势能理论，存在势能 $\Psi(x,\theta,r,t)$，使流速表达式为：

$$\vec{V}=\vec{\nabla}\Psi \tag{5-93}$$

其中$\vec{\nabla}$为梯度算子。

势能 $\Psi(x,\theta,r,t)$ 包含两部分：稳定部分（产生 x 方向稳定流速 U）和不稳定部分 $\Phi(x,\theta,r,t)$。因此势能 $\Psi(x,\theta,r,t)$ 可以表示为：

$$\Psi(x,\theta,r,t)=Ux+\Phi \tag{5-94}$$

根据式(5－94)，受扰动的流体速度为：

$$V_x=U+\frac{\partial\Phi}{\partial x},V_\theta=\frac{1}{r}\frac{\partial\Phi}{\partial\theta},V_r=\frac{\partial\Phi}{\partial r} \tag{5-95}$$

同样，流体压力为：

$$P=P_o+\bar{P} \tag{5-96}$$

其中 P_o 为流体稳态压力，$\bar{P}$ 为扰动压力作用在壳体上的动态载荷。

流体压力与速度势能是符合非稳态流体的 Bernoulli 方程：

$$\frac{\partial\Phi}{\partial x}+\frac{V^2}{2}+\frac{P}{\rho}=\frac{P_S}{\rho} \tag{5-97}$$

其中 $V^2=V_x^2+V_r^2+V_\theta^2$ 和 P_S 为静态压力。根据式(5－95)，V^2 可以展开为：

$$V^2=U^2+2U\frac{\partial\Phi}{\partial x}+\left(\frac{\partial\Phi}{\partial x}\right)^2+\left(\frac{\partial\Phi}{\partial r}\right)^2+\frac{1}{r^2}\left(\frac{\partial\Phi}{\partial\theta}\right)^2 \tag{5-98}$$

在本小节中，假定有足够小的扰动，上式可以线性化为：

$$V^2=U^2+2U\frac{\partial\Phi}{\partial x} \tag{5-99}$$

针对稳态流体的 Bernoulli 方程为：

$$\frac{U^2}{2}+\frac{P_o}{\rho}=\frac{P_S}{\rho} \tag{5-100}$$

将式(5－99)和式(5－100)代入式(5－97)中，可以得到：

$$\bar{P}=-\rho\left(\frac{\partial\Phi}{\partial t}+U\frac{\partial\Phi}{\partial x}\right)\tag{5-101}$$

流体势能的控制微分方程为拉普拉斯方程：

$$\nabla^2\Phi=0\tag{5-102}$$

将式(5-100)代入式(5-102)中，采用柱坐标，可得：

$$\nabla^2\Phi=\frac{1}{r}\frac{\partial}{\partial r}\left(r\frac{\partial\Phi}{\partial r}\right)+\frac{1}{r^2}\frac{\partial^2\Phi}{\partial\theta^2}+\frac{\partial^2\Phi}{\partial x^2}=0\tag{5-103}$$

在流体和壳体接触处，边界条件为：

$$V_r\Big|_{流体与壳体接触处}=\frac{\partial\Phi}{\partial r}\Big|_{流体与壳体接触处}=\left(\frac{\partial w}{\partial t}+U\frac{\partial w}{\partial x}\right)\tag{5-104}$$

针对本小节的研究问题，考虑孔内流体和环内流体两个区域。对于孔内流体，

$$\nabla^2\Phi_i=\frac{1}{r}\frac{\partial}{\partial r}\left(r\frac{\partial\Phi_i}{\partial r}\right)+\frac{1}{r^2}\frac{\partial^2\Phi_i}{\partial\theta^2}+\frac{\partial^2\Phi_i}{\partial x^2}=0\tag{5-105}$$

其边界条件为：

$$\frac{\partial\Phi_i}{\partial r}\Big|_{r=a}=\left(\frac{\partial w_i}{\partial t}+U_i\frac{\partial w_i}{\partial x}\right)\tag{5-106}$$

同样，针对环内流体有，

$$\nabla^2\Phi_o=\frac{1}{r}\frac{\partial}{\partial r}\left(r\frac{\partial\Phi_o}{\partial r}\right)+\frac{1}{r^2}\frac{\partial^2\Phi_o}{\partial\theta^2}+\frac{\partial^2\Phi_o}{\partial x^2}=0\tag{5-107}$$

其边界条件为：

$$\frac{\partial\Phi_o}{\partial r}\Big|_{r=a}=\left(\frac{\partial w_i}{\partial t}+U_o\frac{\partial w_i}{\partial x}\right)\tag{5-108}$$

和

$$\frac{\partial\Phi_o}{\partial r}\Big|_{r=b}=\left(\frac{\partial w_o}{\partial t}+U_o\frac{\partial w_o}{\partial x}\right)\tag{5-109}$$

根据相关文献，定义同轴双壳输流圆柱薄壳的位移解表达式为：

$$u_i=\sum_{M=1}^{\infty}A_{MN}\cos(N\theta)\left(a_i\frac{\partial\varphi_M(x)}{\partial x}\right)e^{i\Omega t}\tag{5-110}$$

$$v_i=\sum_{M=1}^{\infty}B_{MN}\sin(N\theta)\varphi_M(x)e^{i\Omega t}\tag{5-111}$$

$$w_i = \sum_{M=1}^{\infty} C_{MN} \cos(N\theta) \varphi_M(x) e^{i\Omega t} \tag{5-112}$$

$$u_o = \sum_{M=1}^{\infty} D_{MN} \cos(N\theta) \left(a_o \frac{\partial \varphi_M(x)}{\partial x}\right) e^{i\Omega t} \tag{5-113}$$

$$v_o = \sum_{M=1}^{\infty} E_{MN} \sin(N\theta) \varphi_M(x) e^{i\Omega t} \tag{5-114}$$

$$w_o = \sum_{M=1}^{\infty} F_{MN} \cos(N\theta) \varphi_M(x) e^{i\Omega t} \tag{5-115}$$

其中 N 为周向波数，M 为轴向波数，$\varphi_M(x)$ 为两端固定梁的特征函数。

同轴双壳输流薄壳的扰动流体势能解为：

$$\Phi_i = \psi_{in}(x,r) \cos(N\theta) e^{i\Omega t} \tag{5-116}$$

$$\Phi_o = \psi_{on}(x,r) \cos(N\theta) e^{i\Omega t} \tag{5-117}$$

其中 $\psi_{in}(x,r)$ 和 $\psi_{on}(x,r)$ 可以表示为傅里叶逆变换：

$$\psi_{in}(x,r) = \frac{1}{2\pi} \int_{-\infty}^{+\infty} \psi_{in}^{*}(\alpha,r) e^{-i\alpha x} \mathrm{d}\alpha \tag{5-118}$$

$$\psi_{on}(x,r) = \frac{1}{2\pi} \int_{-\infty}^{+\infty} \psi_{on}^{*}(\alpha,r) e^{-i\alpha x} \mathrm{d}\alpha \tag{5-119}$$

其中 α 是变换变量，其傅里叶变换为：

$$\psi_{in}^{*}(\alpha,r) = \int_{-\infty}^{+\infty} \psi_{in}(x,r) e^{i\alpha x} \mathrm{d}x \tag{5-120}$$

$$\psi_{on}^{*}(\alpha,r) = \int_{-\infty}^{+\infty} \psi_{on}(x,r) e^{i\alpha x} \mathrm{d}x \tag{5-121}$$

将式(5-105)进行傅里叶变换，得到：

$$\frac{\partial^2 \psi_{in}^{*}}{\partial r^2} + \frac{1}{r} \frac{\partial \psi_{in}^{*}}{\partial r} - \frac{N^2}{r^2} \psi_{in}^{*} - \alpha^2 \psi_{in}^{*} = 0 \tag{5-122}$$

因此 ψ_{in}^{*} 的解为：

$$\psi_{in}^{*}(\alpha,r) = C_{N1} I_N(\alpha r) + C_{N2} K_N(\alpha r) \tag{5-123}$$

其中 $I_N(\alpha r)$ 和 $K_N(\alpha r)$ 分别为第一类和第二类 N 阶修正贝塞尔函数。由于当 $r \to 0$ 时，$K_N(\alpha r) \to +\infty$，再加上 ψ_{in}^{*} 和 ψ_{in} 在 $r=0$ 处均有限，故 $C_{N2}=0$。因此式(5-123)为：

$$\psi_{in}^{*}(\alpha,r)=C_{N1}I_N(\alpha r) \tag{5-124}$$

将式(5-112)和式(5-106)代入其边界条件式(5-116)，并进行傅里叶变换，得到：

$$\left.\frac{\partial\psi_{in}^{*}(\alpha,r)}{\partial r}\right|_{r=a}=\sum_{M=1}^{\infty}(i\Omega-i\alpha U_i)\varphi_M^{*}(\alpha)C_{MN} \tag{5-125}$$

将式(5-124)代入其边界条件式(5-125)，求出 C_{N1}，进而得到：

$$\psi_{in}^{*}(\alpha,r)=\sum_{M=1}^{\infty}\frac{iU_i(\kappa_i-\bar{\alpha})}{\alpha L}E_N(\bar{\alpha},r)\varphi_M^{*}(\alpha)C_{MN} \tag{5-126}$$

将式(5-107)进行傅里叶变换，得到：

$$\frac{\partial^2\psi_{on}^{*}}{\partial r^2}+\frac{1}{r}\frac{\partial\psi_{on}^{*}}{\partial r}-\frac{N^2}{r^2}\psi_{on}^{*}-\alpha^2\psi_{on}^{*}=0 \tag{5-127}$$

因此 ψ_{on}^{*} 的解为：

$$\psi_{in}^{*}(\alpha,r)=C_{N3}I_N(\alpha r)+C_{N4}K_N(\alpha r) \tag{5-128}$$

将式(5-115)和式(5-117)代入其边界条件式(5-108)和式(5-109)，并进行傅里叶变换，得到：

$$\left.\frac{\partial\psi_{on}^{*}(\alpha,r)}{\partial r}\right|_{r=a}=\sum_{M=1}^{\infty}\frac{iU_o(\kappa_o-\bar{\alpha})}{L}\varphi_M^{*}(\alpha)C_{MN} \tag{5-129}$$

$$\left.\frac{\partial\psi_{on}^{*}(\alpha,r)}{\partial r}\right|_{r=b}=\sum_{M=1}^{\infty}\frac{iU_o(\kappa_o-\bar{\alpha})}{L}\varphi_M^{*}(\alpha)F_{MN} \tag{5-130}$$

将式(5-128)分别代入其边界条件式(5-129)和式(5-130)，求出 C_{N3} 和 C_{N4}，得到：

$$\begin{aligned}\psi_{on}^{*}(\alpha,r)=&\sum_{M=1}^{\infty}\frac{iU_o(\kappa_o-\bar{\alpha})}{\alpha L}F_N(\bar{\alpha},r)\varphi_M^{*}(\alpha)C_{MN}\\&+\sum_{M=1}^{\infty}\frac{iU_o(\kappa_o-\bar{\alpha})}{\alpha L}G_N(\bar{\alpha},r)\varphi_M^{*}(\alpha)F_{MN}\end{aligned} \tag{5-131}$$

其中，

$$E_N(\bar{\alpha},r)=\frac{I_N(\bar{\alpha}r)}{I'_N(\bar{\alpha}a_i)} \tag{5-132}$$

$$F_N(\bar{\alpha},r)=\frac{I'_N(\bar{\alpha}a_o)K_N(\bar{\alpha}r)-I_N(\bar{\alpha}r)K'_N(\bar{\alpha}a_o)}{I'_N(\bar{\alpha}a_o)K'_N(\bar{\alpha}a_o)-I'_N(\bar{\alpha}a_o)K'_N(\bar{\alpha}a_o)} \tag{5-133}$$

$$G_N(\bar{\alpha},r)=\frac{I_N(\bar{\alpha}r)K'_N(\bar{\alpha}a_i)-I'_N(\bar{\alpha}a_i)K_N(\bar{\alpha}r)}{I'_N(\bar{\alpha}a_o)K'_N(\bar{\alpha}a_i)-I'_N(\bar{\alpha}a_i)K'_N(\bar{\alpha}a_o)} \tag{5-134}$$

在上述公式中，

$$\xi=x/L,\kappa_i=\Omega L/U_i,\kappa_o=\Omega L/U_o,\bar{\alpha}=\alpha L \tag{5-135}$$

考虑孔内流体，将式(5-116)代入式(5-101)，为了保持与位移解形式一致，其扰动压力表示如下：

$$\bar{P}_i(x,r,\theta)e^{i\Omega t}=-\rho_{fi}\left(i\Omega\psi_{in}+U_i\frac{\partial\psi_{in}}{\partial x}\right)\cos(N\theta)e^{i\Omega t} \tag{5-136}$$

经过傅里叶变换，可得：

$$\bar{P}_i^*(\bar{\alpha},r,\theta)=-\frac{i\rho_{fi}U_i(\kappa_i-\bar{\alpha})}{L}\psi_{in}^*(\bar{\alpha},r)\cos(N\theta) \tag{5-137}$$

同样可得，环内流体压力 $\bar{P}_o(x,r,\theta)$，并经傅里叶变换，得到：

$$\bar{P}_o^*(\bar{\alpha},r,\theta)=-\frac{i\rho_{fo}U_o(\kappa_o-\bar{\alpha})}{L}\psi_{on}^*(\bar{\alpha},r)\cos(N\theta) \tag{5-138}$$

假设孔内和环内的稳态压力是相等的，于是内壳壳体所受扰动压力为：

$$q_i=(P_i|_{r=a}-P_o|_{r=a})e^{i\Omega t} \tag{5-139}$$

外壳壳体所受扰动压力为：

$$q_o=(P_o|_{r=b})e^{i\Omega t} \tag{5-140}$$

将式(5-137)和式(5-138)进行傅里叶逆变换，并代入 $\psi_{in}^*(\bar{\alpha},r)$ 和 $\psi_{on}^*(\bar{\alpha},r)$，将所得结果分别代入式(5-139)和式(5-140)，求得流体压力 q_i 和 q_o 的表达式为：

$$q_i=\sum_{M=1}^{\infty}Q_{MN}(\xi)\cos(N\theta)e^{i\Omega t} \tag{5-141}$$

$$q_o=\sum_{M=1}^{\infty}R_{MN}(\xi)\cos(N\theta)e^{i\Omega t} \tag{5-142}$$

上面两式中 $Q_{MN}(\xi)$ 和 $R_{MN}(\xi)$ 表达式分别为：

$$\begin{aligned}Q_{MN}(\xi)=&\frac{\rho_{fi}U_i^2C_{MN}}{2\pi L^2}\int_{-\infty}^{+\infty}\frac{(\kappa_i-\bar{\alpha})^2}{}E_N(\bar{\alpha},a_i)\varphi_M^*(\bar{\alpha})e^{-i\bar{\alpha}\xi}\mathrm{d}\bar{\alpha}\\&-\frac{\rho_{fo}U_o^2}{2\pi L^2}\left\{C_{MN}\int_{-\infty}^{+\infty}\frac{(\kappa_i-\bar{\alpha})^2}{}F_N(\bar{\alpha},a_i)\varphi_M^*(\bar{\alpha})e^{-i\bar{\alpha}\xi}\mathrm{d}\bar{\alpha}\right.\\&\left.+F_{MN}\int_{-\infty}^{+\infty}\frac{(\kappa_i-\bar{\alpha})^2}{}G_N(\bar{\alpha},a_i)\varphi_M^*(\bar{\alpha})e^{-i\bar{\alpha}\xi}\mathrm{d}\bar{\alpha}\right\}\end{aligned} \tag{5-143}$$

$$R_{MN}(\xi)=\frac{\rho_{fo}U_o^2}{2\pi L^2}\left\{C_{MN}\int_{-\infty}^{+\infty}\frac{(\kappa_o-\bar{\alpha})^2}{}F_N(\bar{\alpha},a_o)\varphi_M^*(\bar{\alpha})e^{-i\bar{\alpha}\xi}\mathrm{d}\bar{\alpha}\right.$$
$$\left.+F_{MN}\int_{-\infty}^{+\infty}\frac{(\kappa_o-\bar{\alpha})^2}{}G_N(\bar{\alpha},a_i)\varphi_M^*(\bar{\alpha})e^{-i\bar{\alpha}\xi}\mathrm{d}\bar{\alpha}\right\} \tag{5-144}$$

其中，α 是傅里叶变换变量，式中有 * 标记表示相关量的傅里叶变换，$e^{-i\bar{\alpha}\xi}$ 中 i 表示虚数单位。

将式(5-87)和式(5-90)中关于流体压力项取出，为了与后面Galerkin方法保持一致，可以将式(5-143)和(5-144)分别与 $\varphi_K(\xi)$ 相乘并积分得到：

$$\bar{Q}_{KMN}=\frac{\gamma_i}{(\rho_{ieff}h_i)L}\int_0^1\varphi_K(\xi)Q_{MN}(\xi)\mathrm{d}\xi=\bar{Q}_{KMN}^I\bar{C}_{MN}+\bar{Q}_{KMN}^{II}\bar{F}_{MN} \tag{5-145}$$

$$\bar{R}_{KMN}=\frac{\gamma_o}{(\rho_{oeff}h_o)L}\int_0^1\varphi_K(\xi)R_{MN}(\xi)\mathrm{d}\xi=\bar{R}_{KMN}^I\bar{C}_{MN}+\bar{R}_{KMN}^{II}\bar{F}_{MN} \tag{5-146}$$

上述两式中 $\bar{Q}_{KMN}^I$、$\bar{Q}_{KMN}^{II}$、$\bar{R}_{KMN}^I$ 和 $\bar{R}_{KMN}^{II}$ 表达式分别为：

$$\bar{Q}_{KMN}^I=\frac{\bar{U}_i^2\beta_i\varepsilon_i}{2\pi}\int_{-\infty}^{+\infty}\frac{(\kappa_i-\bar{\alpha})^2}{\bar{\alpha}L}E_N(\bar{\alpha},a_i)H_{KM}(\bar{\alpha})\mathrm{d}\bar{\alpha}$$
$$-\frac{\bar{U}_o^2\beta_i\varepsilon_i\rho_r}{2\pi\upsilon_r^2}\int_{-\infty}^{+\infty}\frac{(\kappa_i-\bar{\alpha})^2}{\bar{\alpha}L}F_N(\bar{\alpha},a_i)H_{KM}(\bar{\alpha})\mathrm{d}\bar{\alpha} \tag{5-147}$$

$$\bar{Q}_{KMN}^{II}=-\frac{\bar{U}_o^2\beta_i\varepsilon_i\rho_r}{2\pi\upsilon_r^2}\int_{-\infty}^{+\infty}\frac{(\kappa_i-\bar{\alpha})^2}{\bar{\alpha}L}G_N(\bar{\alpha},a_i)H_{KM}(\bar{\alpha})\mathrm{d}\bar{\alpha} \tag{5-148}$$

$$\bar{R}_{KMN}^I=\frac{\bar{U}_o^2\beta_o\varepsilon_o}{2\pi}\int_{-\infty}^{+\infty}\frac{(\kappa_o-\bar{\alpha})^2}{\bar{\alpha}L}F_N(\bar{\alpha},a_o)H_{KM}(\bar{\alpha})\mathrm{d}\bar{\alpha} \tag{5-149}$$

$$\bar{R}_{KMN}^{II}=\frac{\bar{U}_o^2\beta_o\varepsilon_o}{2\pi}\int_{-\infty}^{+\infty}\frac{(\kappa_o-\bar{\alpha})^2}{\bar{\alpha}L}G_N(\bar{\alpha},a_i)H_{KM}(\bar{\alpha})\mathrm{d}\bar{\alpha} \tag{5-150}$$

$$H_{KM}(\bar{\alpha})=\int_0^1\varphi_M(\xi)e^{i\bar{\alpha}\xi}\mathrm{d}\xi\times\int_0^1\varphi_K(\xi)e^{-i\bar{\alpha}\xi}\mathrm{d}\xi \tag{5-151}$$

其中，

$$\upsilon_i=\sqrt{E_{ieff}/[\rho_{ieff}(1-\mu_{ieff}^2)]},\upsilon_o=\sqrt{E_{oeff}/[\rho_{oeff}(1-\mu_{oeff}^2)]},\bar{U}_i=U_i/\upsilon_i,$$
$$\bar{U}_o=U_o/\upsilon_o,\beta_i=\rho_{fi}a/(\rho_{ieff}h_i),\beta_o=\rho_{fo}b/(\rho_{oeff}h_o),\varepsilon_i=a/L,\varepsilon_o=b/L,$$
$$\varepsilon_r=a/b,\upsilon_r=\upsilon_i/\upsilon_o,\rho_r=\rho_i/\rho_o,\bar{C}_{MN}=C_{MN}/L,\bar{F}_{MN}=F_{MN}/L \tag{5-152}$$

2. 基于壳模型的薄壁输流管道 Galerkin 解

将式(5－85) 至式(5－90) 可采用如下表达：

$$L_j(u_i, v_i, w_i, u_o, v_o, w_o)=0 \quad j=1,2,\cdots,6 \tag{5-153}$$

将式(5－110) 至式(5－115) 代入式(5－153)，并乘以 $\varphi_K(x)$，然后在区间 $[0,L]$ 上积分，使得：

$$\int_0^L \varphi_K(x) L_j(u_i, v_i, w_i, u_o, v_o, w_o)\,\mathrm{d}x=0 \quad j=1,2,\cdots,6 \tag{5-154}$$

定义下列无量纲量：

$$\begin{aligned}&\bar{A}_{MN}=A_{MN}/L, \bar{B}_{MN}=B_{MN}/L, \bar{C}_{MN}=C_{MN}/L, \bar{D}_{MN}=D_{MN}/L,\\&\bar{E}_{MN}=E_{MN}/L, \bar{F}_{MN}=F_{MN}/L, \bar{\Omega}_o=\Omega/\Omega_o, \Omega_r=\Omega_i/\Omega_o\end{aligned} \tag{5-155}$$

其中，

$$\Omega_i=\frac{1}{a}\sqrt{\frac{E_{ieff}}{\rho_{ieff}(1-\mu_{ieff}^2)}}, \Omega_o=\frac{1}{b}\sqrt{\frac{E_{oeff}}{\rho_{oeff}(1-\mu_{oeff}^2)}} \tag{5-156}$$

采用上述无量纲量，由式(5－154) 产生的方程，可以写成矩阵形式：

$$[\Pi]\boldsymbol{X}=0 \tag{5-157}$$

式(5－157) 可以展开为：

$$\sum_{M=1}^{\infty}\Pi_{KMN}^{1}\bar{A}_{MN}+\Pi_{KMN}^{2}\bar{B}_{MN}+\Pi_{KMN}^{3}\bar{C}_{MN}+0\times\bar{D}_{MN}+0\times\bar{E}_{MN}+0\times\bar{F}_{MN}=0 \tag{5-158}$$

$$\sum_{M=1}^{\infty}\Pi_{KMN}^{4}\bar{A}_{MN}+\Pi_{KMN}^{5}\bar{B}_{MN}+\Pi_{KMN}^{6}\bar{C}_{MN}+0\times\bar{D}_{MN}+0\times\bar{E}_{MN}+0\times\bar{F}_{MN}=0 \tag{5-159}$$

$$\sum_{M=1}^{\infty}\Pi_{KMN}^{7}\bar{A}_{MN}+\Pi_{KMN}^{7}\bar{B}_{MN}+\Pi_{KMN}^{9}\bar{C}_{MN}+0\times\bar{D}_{MN}+0\times\bar{E}_{MN}+Q_{KMN}^{II}\bar{F}_{MN}=0 \tag{5-160}$$

$$\sum_{M=1}^{\infty}0\times\bar{A}_{MN}+0\times\bar{B}_{MN}+0\times\bar{C}_{MN}+\Pi_{KMN}^{10}\bar{D}_{MN}+\Pi_{KMN}^{11}\bar{E}_{MN}+\Pi_{KMN}^{12}\bar{F}_{MN}=0 \tag{5-161}$$

$$\sum_{M=1}^{\infty} 0 \times \bar{A}_{MN} + 0 \times \bar{B}_{MN} + 0 \times \bar{C}_{MN} + \Pi_{KMN}^{13}\bar{D}_{MN} + \Pi_{KMN}^{14}\bar{E}_{MN} + \Pi_{KMN}^{15}\bar{F}_{MN} = 0 \tag{5-162}$$

$$\sum_{M=1}^{\infty} 0 \times \bar{A}_{MN} + 0 \times \bar{B}_{MN} + R_{KMN}^{II}\bar{C}_{MN} + \Pi_{KMN}^{16}\bar{D}_{MN} + \Pi_{KMN}^{17}\bar{E}_{MN} + \Pi_{KMN}^{18}\bar{F}_{MN} = 0 \tag{5-163}$$

其中，

$$\Pi_{KMN}^{1} = \varepsilon_i^2 b_{KM} - \Lambda_i \frac{1-\mu_i}{2} N^2 a_{KM} + a_{KM}\bar{\Omega}_o^2/\Omega_r^2 \tag{5-164}$$

$$\Pi_{KMN}^{2} = \frac{1+\mu_i}{2} N a_{KM} \tag{5-165}$$

$$\Pi_{KMN}^{3} = \left(\mu_i - (\Lambda_i - 1)\frac{1-\mu_i}{2} N^2\right) a_{KM} - k_i \varepsilon_i^2 b_{KM} - k_i a_{KM}\bar{\Omega}_o^2/\Omega_r^2 \tag{5-166}$$

$$\Pi_{KMN}^{4} = -\frac{1+\mu_i}{2} N \varepsilon_i^2 d_{KM} \tag{5-167}$$

$$\Pi_{KMN}^{5} = (1+3k_i)\varepsilon_i^2 \frac{1-\mu_i}{2} d_{KM} - N^2 \delta_{KM} + (1+k_i)\delta_{KM}\bar{\Omega}_o^2/\Omega_r^2 \tag{5-168}$$

$$\Pi_{KMN}^{6} = N k_i \varepsilon_i^2 \frac{3-\mu_i}{2} d_{KM} - N\delta_{KM} + 2N k_i \delta_{KM}\bar{\Omega}_o^2/\Omega_r^2 \tag{5-169}$$

$$\Pi_{KMN}^{7} = -\mu_i \varepsilon_i^2 d_{KM} + \varepsilon_i^2 k_i \varepsilon_i^2 \lambda_M^4 \delta_{KM} + \varepsilon_i^2 (\Lambda_i - 1)\frac{1-\mu_i}{2} N^2 d_{KM} + (k_i \varepsilon_i^2 d_{KM})\bar{\Omega}_o^2/\Omega_r^2 \tag{5-170}$$

$$\Pi_{KMN}^{8} = -N\delta_{KM} + N k_i \varepsilon_i^2 \frac{3-\mu_i}{2} d_{KM} + (2k_i N \delta_{KM})\bar{\Omega}_o^2/\Omega_r^2 \tag{5-171}$$

$$\begin{aligned}\Pi_{KMN}^{9} = & -\Lambda_i \delta_{KM} + 2(\Lambda_i - 1) N^2 \delta_{KM} - k_i \varepsilon_i^2 \varepsilon_i^2 \lambda_M^4 \delta_{KM} - (\Lambda_i - 1) N^4 \delta_{KM} \\ & + N^2 \left[k_i \varepsilon_i^2 \frac{3+\mu_i}{2} + \varepsilon_i^2 (\Lambda_i - 1)\frac{1-\mu_i}{2}\right] d_{KM} \\ & + [(1+k_i N^2)\delta_{KM} - k\varepsilon_i^2 d_{KM}]\bar{\Omega}_o^2/\Omega_r^2 + \bar{Q}_{KMN}^{I}\end{aligned} \tag{5-172}$$

$$\Pi_{KMN}^{10} = \varepsilon_o^2 b_{KM} - \Lambda_o \frac{1-\mu_o}{2} N^2 a_{KM} + a_{KM}\overline{\Omega}_o^2 \tag{5-173}$$

$$\Pi_{KMN}^{11} = \frac{1+\mu_o}{2} N a_{KM} \tag{5-174}$$

$$\Pi_{KMN}^{12} = \left(\mu_o - (\Lambda_o - 1)\frac{1-\mu_o}{2} N^2\right) a_{KM} - k_o \varepsilon_o^2 b_{KM} - k_o a_{KM}\overline{\Omega}_o^2 \tag{5-175}$$

$$\Pi_{KMN}^{13} = -\frac{1+\mu_o}{2} N \varepsilon_o^2 d_{KM} \tag{5-176}$$

$$\Pi_{KMN}^{14} = (1+3k_o)\varepsilon_o^2 \frac{1-\mu_o}{2} d_{KM} - N^2 \delta_{KM} + (1+k_o)\delta_{KM}\overline{\Omega}_o^2 \tag{5-177}$$

$$\Pi_{KMN}^{15} = N k_o \varepsilon_o^2 \frac{3-\mu_o}{2} d_{KM} - N\delta_{KM} + 2Nk_o \delta_{KM}\overline{\Omega}_o^2 \tag{5-178}$$

$$\Pi_{KMN}^{16} = -\mu_o \varepsilon_o^2 d_{KM} + k_o \varepsilon_o^4 \lambda_M^4 \delta_{KM} + \varepsilon_o^2 (\Lambda_o - 1)\frac{1-\mu_o}{2} N^2 d_{KM} + (k_o \varepsilon_o^2 d_{KM})\overline{\Omega}_o^2 \tag{5-179}$$

$$\Pi_{KMN}^{17} = -N\delta_{KM} + Nk_o \varepsilon_o^2 \frac{3-\mu_o}{2} d_{KM} + (2k_o N \delta_{KM})\overline{\Omega}_o^2 \tag{5-180}$$

$$\begin{aligned}\Pi_{KMN}^{18} = & -\Lambda_o \delta_{KM} + 2(\Lambda_o - 1) N^2 \delta_{KM} - k_o \varepsilon_o^4 \lambda_M^4 \delta_{KM} - (\Lambda_o - 1) N^4 \delta_{KM} \\ & + N^2\left[k_o \varepsilon_o^2 \frac{3+\mu_o}{2} + \varepsilon_o^2 (\Lambda_o - 1)\frac{1-\mu_o}{2}\right] d_{KM} \\ & + \left[(1+k_o N^2)\delta_{KM} - k\varepsilon_o^2 d_{KM}\right]\overline{\Omega}_o^2 + \overline{R}_{KMN}^I\end{aligned} \tag{5-181}$$

其中，

$$k_i = h_i^2/(12a^2),\ k_o = h_o^2/(12b^2) \tag{5-182}$$

由于本小节研究的是无黏性不可压缩的流体，式(4－81)可以整理成如下形式：

$$\overline{\Omega}_o^2 \boldsymbol{M}_g \boldsymbol{X} + \overline{\Omega}_o \boldsymbol{C}_g \boldsymbol{X} + \boldsymbol{K}_g \boldsymbol{X} = 0 \tag{5-183}$$

采用状态空间法，上式又可写成：

$$\begin{bmatrix} 0 & \boldsymbol{I} \\ \boldsymbol{K}_g & \boldsymbol{C}_g \end{bmatrix} \begin{bmatrix} \boldsymbol{X} \\ \bar{\Omega}_o \boldsymbol{X} \end{bmatrix} = \bar{\Omega}_o \begin{bmatrix} \boldsymbol{I} & 0 \\ 0 & -\boldsymbol{M}_g \end{bmatrix} \begin{bmatrix} \boldsymbol{X} \\ \bar{\Omega}_o \boldsymbol{X} \end{bmatrix} \tag{5-184}$$

通过求解上式特征值，可以获得系统的频率。

5.2.4 数值算例结果分析

在本小节中，采用幂函数描述功能梯度管道中力学性能的变化，并且与温度变化无关。其材料复合性能 p_{eff} 表达式如下：

$$p_{eff} = (p_o - p_i)\left(\frac{n}{h} + \frac{1}{2}\right)^k + p_i, \quad -\frac{h}{2} \leqslant n \leqslant \frac{h}{2} \tag{5-185}$$

其中，下标 i 和 o 分别表示功能梯度管道壳体内壁和外壁的材料性能。功能梯度材料壳体为金属（SUS304）和陶瓷（Si_3N_4）两相组成，管道外壁为陶瓷，管内内壁为金属，从管内到管外，各相材料按着一定的规律连续变化。金属材料的弹性模量 $E=208$ GPa，密度 $\rho=8166$ kg/m^3，泊松比 $v=0.3$；陶瓷材料的弹性模量 $E=322$ GPa，密度 $\rho=2370$ kg/m^3，泊松比 $v=0.24$。

定义无量纲孔内流速和环内流速分别为：

$$V_i = U_i / \{\pi^2 / L\ [Eh^3/12/(1-\mu^2)/(\rho h)]^{1/2}\} \tag{5-186}$$

$$V_o = U_o / \{\pi^2 / L\ [Eh^3/12/(1-\mu^2)/(\rho h)]^{1/2}\} \tag{5-187}$$

定义无量纲频率为：

$$\bar{\omega} = \Omega / \{\pi^2 / L^2\ [Eh^3/12/(1-\mu^2)/(\rho h)]^{1/2}\} \tag{5-188}$$

1. 数值算例验证

首先需要验证新型壳体方程。采用新型壳体方程，计算其两端简单支撑的充液圆柱薄壳的频率，并与前人文献对比，对比结果见表 5-10 所列。从表 5-10 可知，在 L/R 较小时，与采用一阶剪切变形理论的参考文献[96] 非常接近，最大相差 18%，而与 Donell 壳方程的数值相比，最大相差 28% 左右；在 L/R 较大时，与采用 Donell 壳方程的参考文献[51]、[96] 都非常接近。采用新型壳体方程和 Flugge 壳体方程，分别计算频率随流速变化曲线如图 5－38 所示，两者重合。另外本书新方法的无量纲临界流速与前人文献比较见表 5－11 所列，由表 5－11 可知，与 Donnell 壳体方程相差不大，也从另一方面验证了前人文献中关于新型方程和 Flugge 方程精度相近的结论。总之，采用新型壳体方程的数值结果精确、可靠。

表 5－10 两端简单支撑的充液圆柱薄壳的频率 $\bar{\omega} = \Omega R\sqrt{\rho(1-v^2)/E}$

	L/R	R/h		
		20	50	100
本书	2.0	0.375744297	0.273449219	0.204641592
参考文献[51]		0.4196	0.3288	0.2629
参考文献[96]		0.3940	0.2920	0.2432
本书	4.0	0.176692163	0.131455507	0.099476452
参考文献[51]		0.1809	0.1372	0.1065
参考文献[96]		0.1784	0.1327	0.1066
本书	8.0	0.059550367	0.044293873	0.033536209
参考文献[51]		0.06020	0.04489	0.03424
参考文献[96]		0.05970	0.04167	0.03758

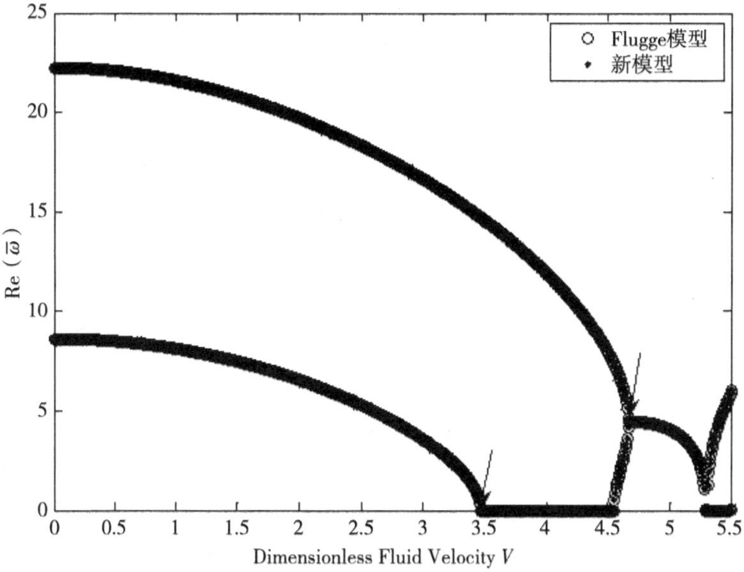

（a）频率实部

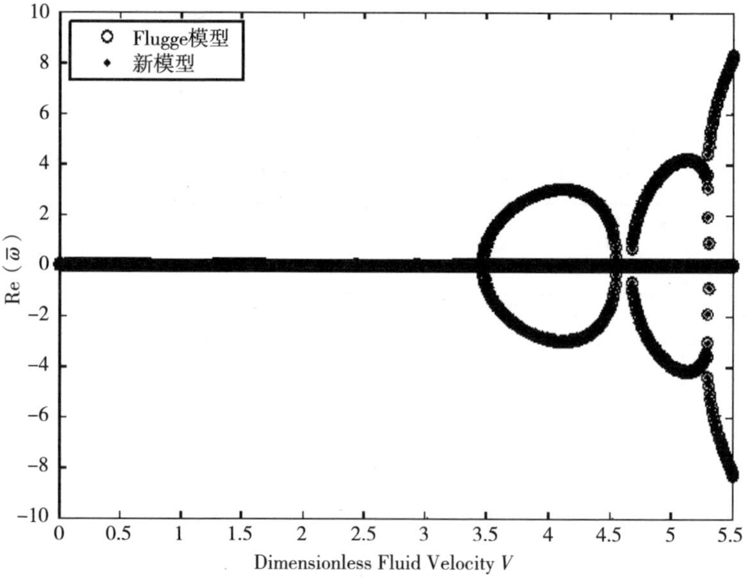

（b）频率虚部

图 5-38　薄壁输流管道频率随流速变化

表 5-11　两端简支薄壁输流管道的无量纲临界流速

	无量纲临界流速	
	屈曲失稳 V_b	颤振失稳 V_f
参考文献[51]	3.6	4.9
参考文献[52]	3.4678	4.6751
本书	3.4678	4.6751

2. 外壳为刚体的同轴双壳薄壁输流管道频率随流速变化分析

本小节的研究对象为外壳为刚体、内壳为功能梯度材料的同轴输流薄壳。首先在环内流速 V_o 为 0 时，比较内壳为功能梯度材料 $k=100$ 和内壳为钢材的输流管道频率随孔内流速 V_i 的变化，变化曲线如图 5-39 所示。两种材料的输流管道频率曲线非常接近，说明体积分数指数 $k=100$ 的输流管道动力特性接近金属管道，符合功能梯度材料特性。随着流速增大，系统第一阶模态频率减小，在 A 点发生屈曲，在 B 点重新稳定，然后增大至 C 点，与第二阶模态合并，并产生模态耦合颤振失稳，一直到 D 点，失稳才终止，然后第一阶模态迅速减小至 E 点消失。

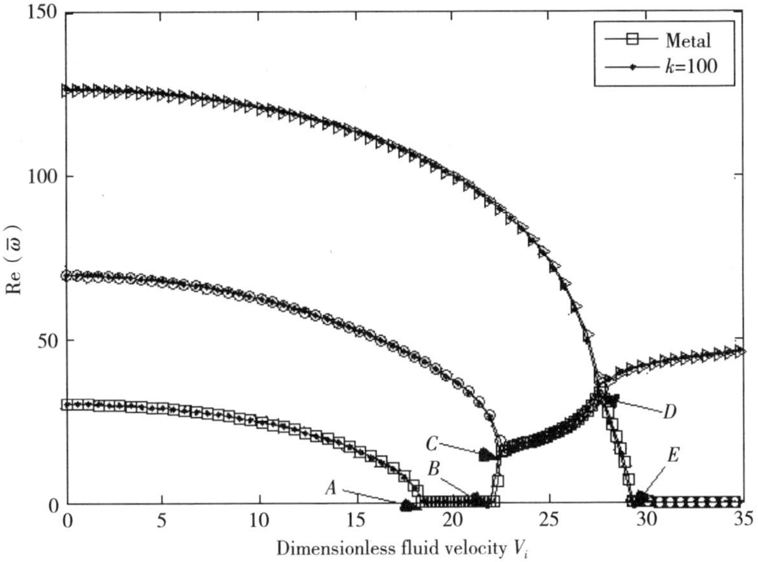

（a）频率实部

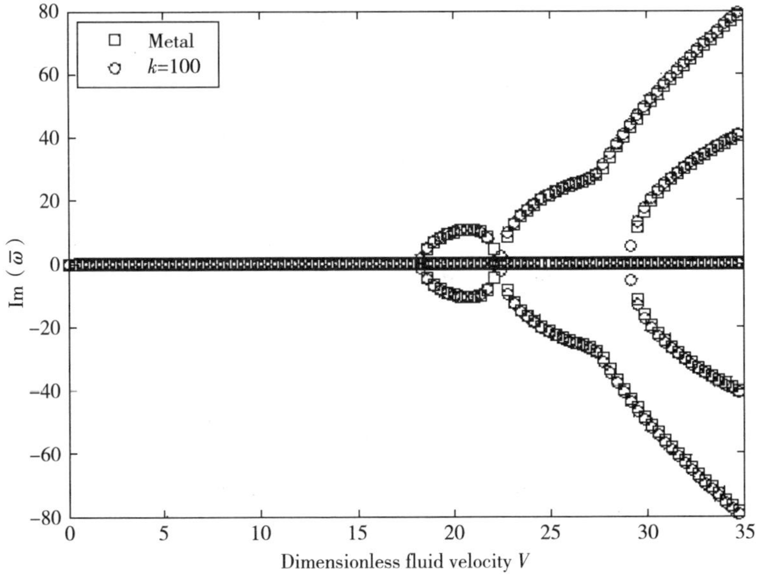

（b）频率虚部

图 5 - 39　金属材料(Metal) 和功能梯度材料(k = 100)
输流圆柱薄壳频率随孔内流速变化的曲线(V_o = 0)

对不同的体积分数指数输流管道动力特性进行比较，其频率随孔内流速变化曲线如图 5-40 所示，曲线变化趋势与图 5-39 相似，但有一个意外的现象：在流速较小时，k 值越大，频率越小，但随着流速增大，k 值越大，频率越大。这可能是由于流体压力不仅影响阻尼矩阵和刚度矩阵，同时也影响质量矩阵。从图 5-40 可以清晰看出，k 值越大，临界流速 V_b 和 V_f 越大。这与基于梁模型的结论不同，基于梁模型的功能梯度输流管道，随着流速增大，k 值越大，频率一直都较小。

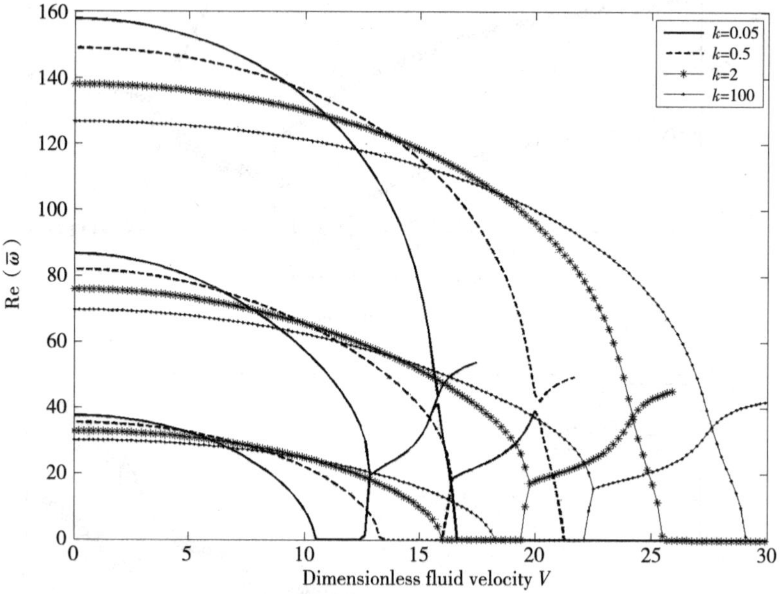

图 5-40　不同体积分数指数时，功能梯度材料输流圆柱薄壳频率随孔内流速变化曲线（$V_o=0$）

在孔内流速 V_i 为 0 时，比较内壳为功能梯度材料 $k=100$ 和内壳为钢材的输流管道频率随环内流速 V_o 的变化，变化曲线如图 5-41 所示。两种材料的输流管道频率曲线非常接近，说明体积分数指数 $k=100$ 的输流管道动力特性接近金属管道，符合功能梯度材料特性。与图 5-39 进行对比，发现临界流速明显减小，说明环内流体流速对输流管道动力特性影响很大，与相关文献相符。随着流速增大，系统第一阶和第二阶模态频率趋势相似，一直到 D 点，失稳才终止，然后第一阶模态迅速减小至 E 点消失，而第二阶迅速增大至与第三阶合并，产生模态耦合颤振。

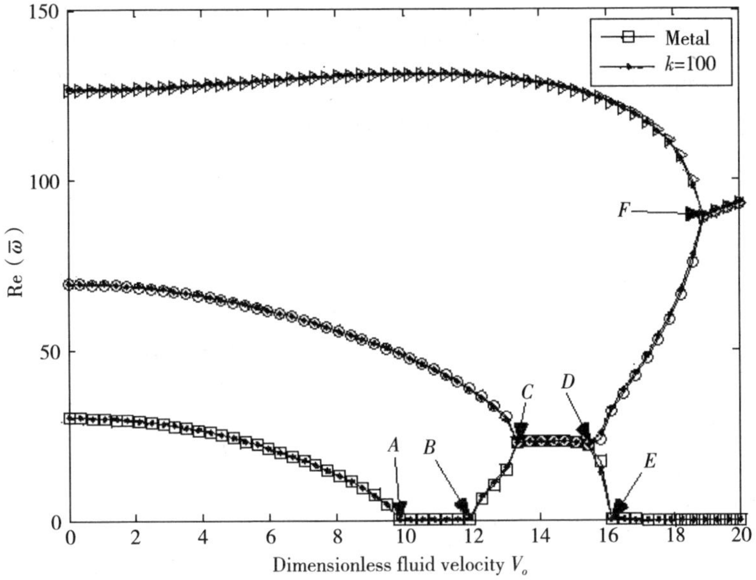

（a）频率实部

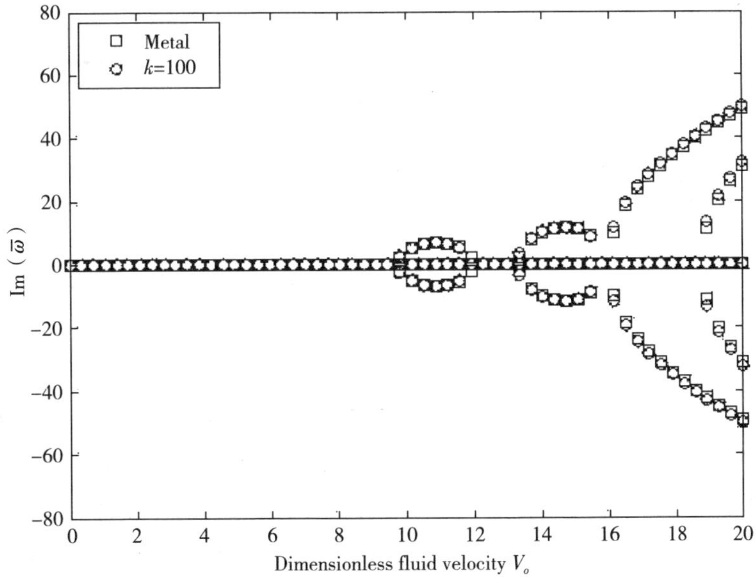

（b）频率虚部

图 5－41　金属材料(Metal)和功能梯度材料($k=100$)
输流圆柱薄壳频率随环内流速变化的曲线($V_i=0$)

对不同的体积分数指数输流管道动力特性进行比较，其频率随环内流速变化曲线如图5-42所示，各个体积分数指数值对应的曲线变化趋势与图5-41相似，对不同体积分数指数 k 的曲线进行对比，结果与图5-40一样：在流速较小时，k 值越大，频率越小，但随着流速增大，k 值越大，频率越大。

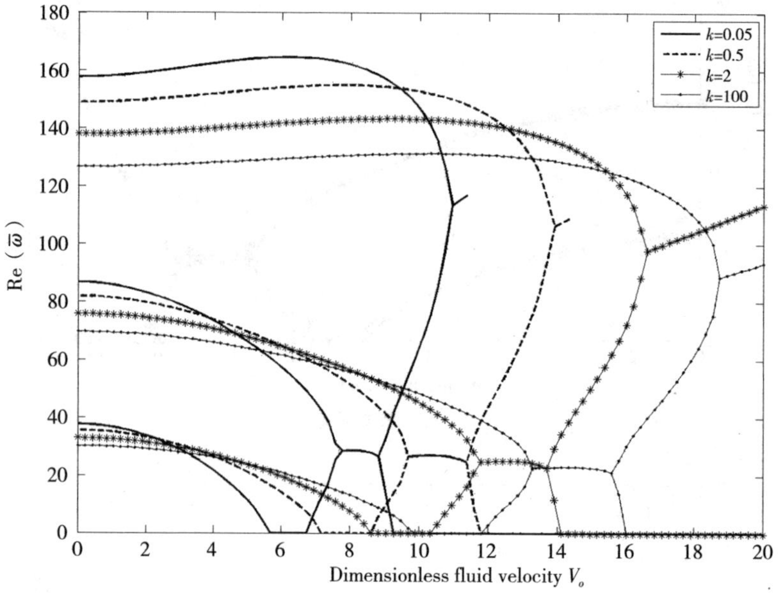

图5-42　不同体积分数指数时，功能梯度材料输流圆柱薄壳频率随环内流速变化曲线($V_i=0$)

3. 同轴双壳薄壁输流管道频率随孔内流速变化分析

本小节研究对象是一壳为金属，另一壳为功能梯度材料的同轴输流圆柱薄壳。在环内流速 V_o 为0时，比较内壳为功能梯度材料 $k=100$ 和外壳为金属、内壳为金属和外壳为功能梯度材料 $k=100$、两壳均为金属的三种输流管道频率随孔内流速 V_i 的变化，变化曲线如图5-43所示，无论内壳为功能梯度材料还是外壳为功能梯度材料，当 $k=100$ 时，三条曲线非常接近，说明符合功能梯度材料特性。

从图5-43可以看出，在流速较低时，反对称模态的动力特性与图5-39相似，并且其屈曲失稳和颤振失稳的临界流速是一致的。随着流速增大，对称模态 $M=1$ 与反对称模态 $M=3$ 短暂相遇，并分开。当流速较高时，反对称模态 $M=1$、$M=2$ 和对称模态 $M=1$ 消失。其他模态(反对称模态 $M=3$；对称模态 $M=$

2,3）开始稳定递减，最后都递减至各自的常数。图5-43所描述的动力特性与相关文献相符。

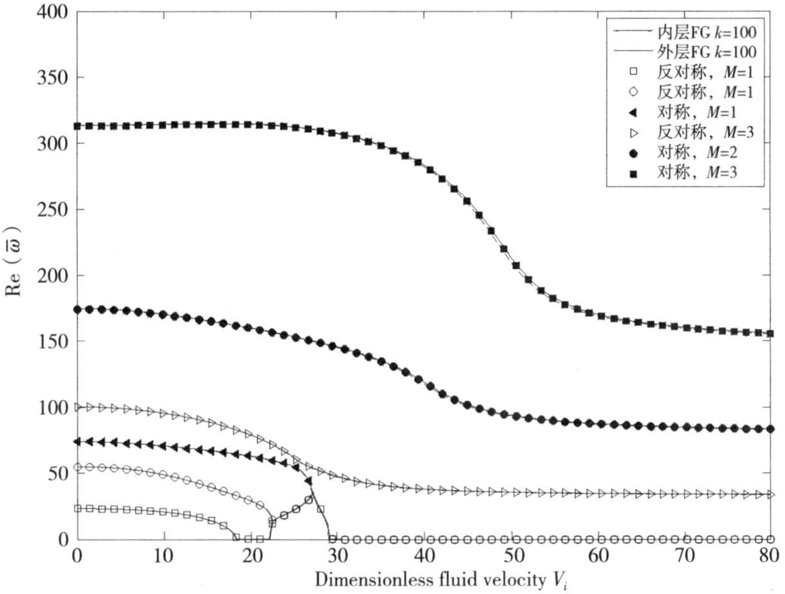

图5-43 金属材料（Metal）和内壳为功能梯度材料、外壳为功能梯度材料（$k=100$）的同轴输流圆柱薄壳频率随孔内流速变化的曲线（$V_o=0$）

针对内壳为功能梯度材料，比较不同的体积分数指数的输流管道动力特性，其频率随孔内流速变化曲线如图5-44所示，每个体积分数指数对应的曲线变化趋势与图5-43相似，也出现了与图5-40、图5-42相似现象：在流速较小时，k值越大，频率越小，随着流速增大，k值越大，频率越大。k值越大，临界流速V_b和V_f越大。但也出现一个新的现象：随着流速的增大，不同的体积分数指数对应的反对称模态$M=3$频率曲线一直在减小，直至同一常数，仅存的其他模态（对称模态$M=2$,3）也是如此。

针对外壳为功能梯度材料，比较不同的体积分数指数的输流管道动力特性，其频率随孔内流速变化曲线如图5-45所示，每个体积分数指数的曲线变化趋势与图5-43相似，但没有出现与图5-40、图5-42相同现象。在流速较小时，体积分数指数k值越大，频率越大。随着流速的增大，体积分数指数k值越大，频率越小，但是在屈曲失稳和颤振失稳时的临界流速均是一致的，没有变化。

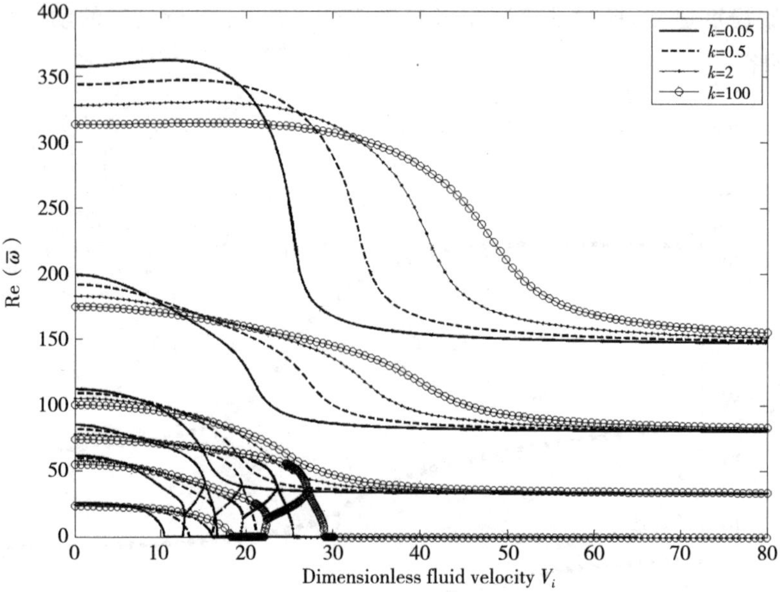

图 5-44　不同体积分数指数时内壳为功能梯度材料的同轴双壳输流圆柱薄壳频率随孔内流速变化的曲线($V_o=0$)

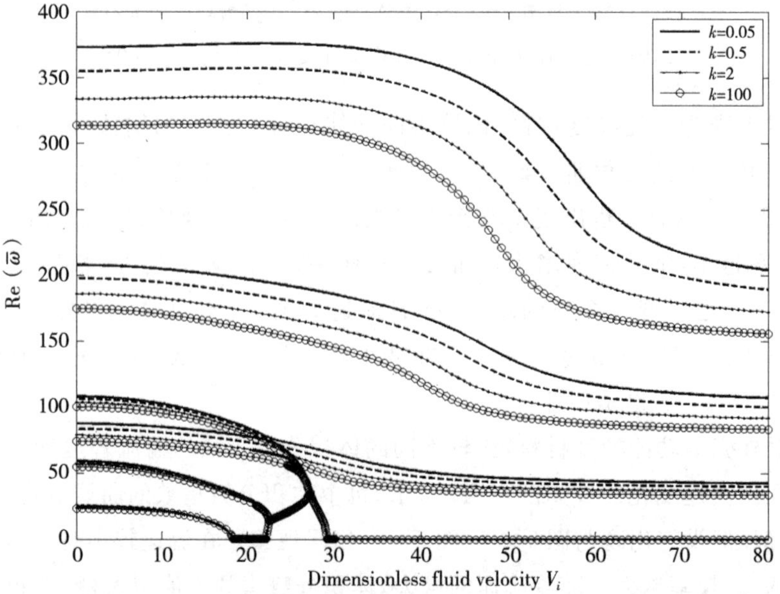

图 5-45　不同体积分数指数时外壳为功能梯度材料的同轴双壳输流圆柱薄壳频率随孔内流速变化的曲线($V_o=0$)

4. 同轴双壳薄壁输流管道随环内流速变化分析

本小节研究对象是一壳为金属，另一壳为功能梯度材料的同轴输流圆柱薄壳。在孔内流速 V_i 为 0 时，比较内壳为功能梯度材料 $k=100$ 和外壳为金属、内壳为金属和外壳为功能梯度材料 $k=100$、内外壳均为金属的三种输流管道频率随环内流速 V_o 的变化，变化曲线如图 5-46 所示，无论内壳为功能梯度材料还是外壳为功能梯度材料，当 $k=100$ 时，三条曲线非常接近，数值结果符合功能梯度材料特性。

从图 5-46 可以看出，在流速较低时，反对称模态的动力特性与图 5-41（外壳为刚体）相似，但是由于外壳壳体是变形体，其屈曲失稳和颤振失稳的临界流速减小了，相关文献解释是流体直接接触并激励外壳所导致的。

随着环内流速增大，反对称模态 $M=1$ 在点 A 屈曲，在点 B 重新稳定，然后与反对称模态 $M=2$ 合并，产生模态耦合颤振。接着，系统又在点 D 稳定，反对称模态 $M=1$ 迅速减小至点 E 消失，反对称模态 $M=2$ 迅速增大，并与对称模态 $M=1$ 合并，产生颤振失稳。对称模态 $M=1$ 到达 G 点，与反对称模态 $M=3$ 相遇，系统稳定，对称模态 $M=1$ 的频率缓慢减小，直至点 H 发生屈曲失稳，在点 I 重新稳定，在点 J 与对称模态 $M=2$ 合并，产生对称模态耦合颤振，直至点 K 结束失稳，对称模态 $M=1$ 减小至消失。图 5-46 所述功力特性与相关文献相符。

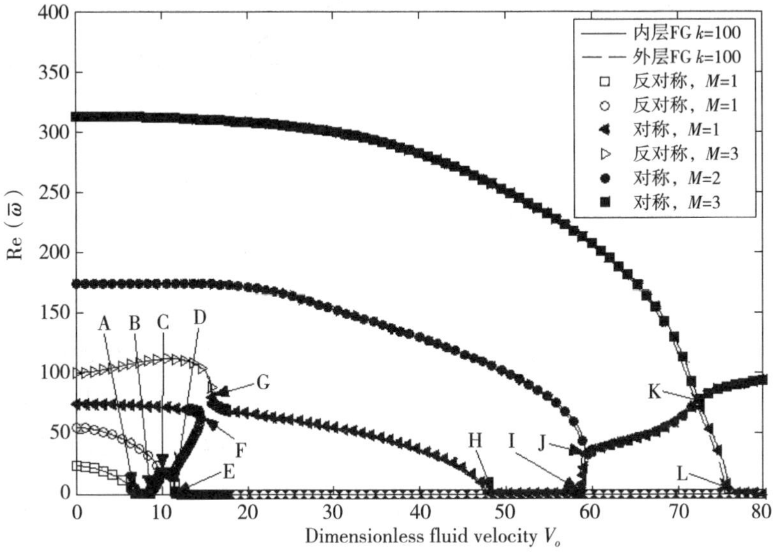

图 5-46 金属材料（Metal）和内壳为功能梯度材料、外壳为功能梯度材料（$k=100$）的同轴输流圆柱薄壳频率随环内流速变化的曲线（$V_i=0$）

针对内壳为功能梯度材料，比较不同的体积分数指数的输流管道动力特性，其频率随环内流速变化曲线如图 5-47 所示，每个体积分数指数对应的曲线变化趋势与图 5-46 相似，在流速较小时，k 值越大，频率越小，随着流速增大，k 值越大，频率也越小。

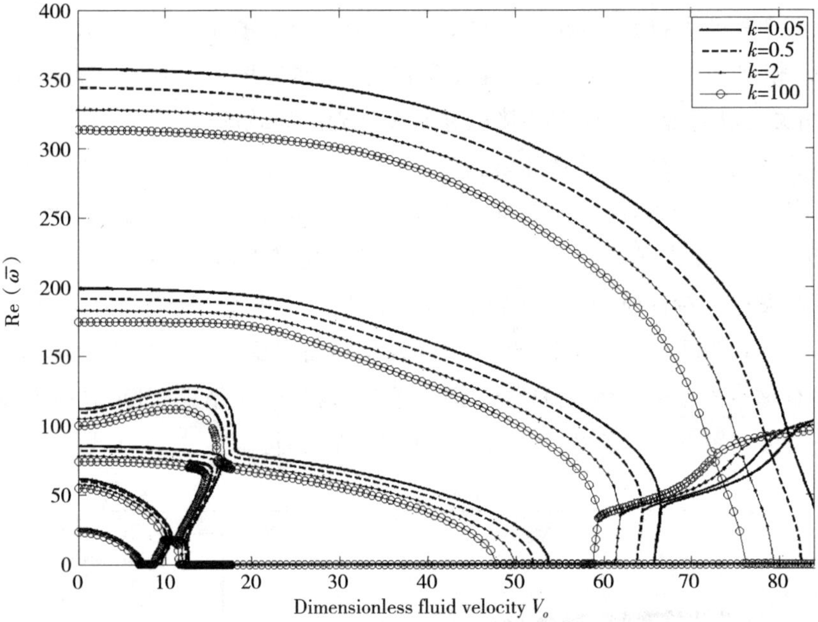

图 5-47　不同体积分数指数时内壳为功能梯度材料的同轴输流圆柱薄壳频率随环内流速变化的曲线($V_i=0$)

针对外壳为功能梯度材料，比较不同的体积分数指数的输流管道动力特性，其频率随环内流速变化曲线如图 5-48 所示，每个体积分数指数对应的曲线变化趋势与图 5-46 相似，也出现了与图 5-40、图 5-42 和图 5-44 相同的现象：在流速较小时，k 值越大，频率越小，但随着流速增大，k 值越大，频率越大。k 值越大，临界流速 V_b 和 V_f 越大。

将图 5-47 与图 5-44、5-45 与 5-48 对比发现，临界流速 V_b 和 V_f 变小，这也是流体直接接触并激励外壳所导致的。

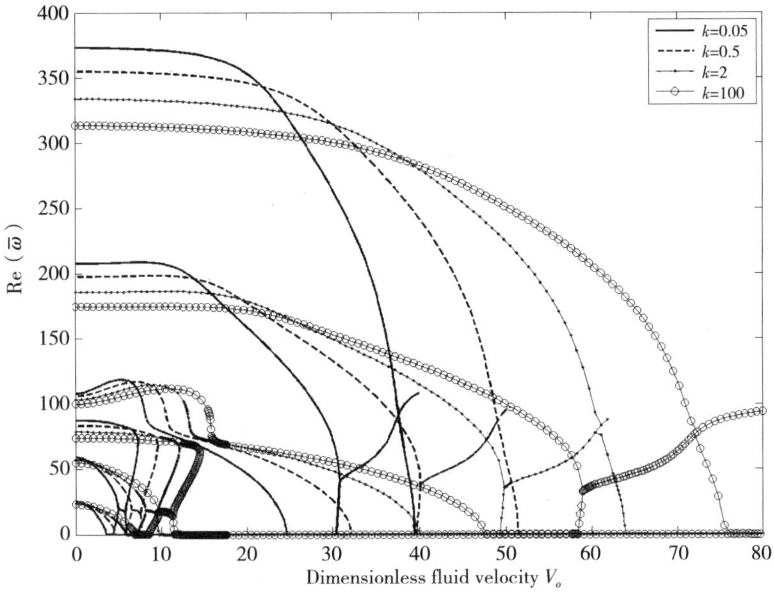

图 5-48 不同体积分数指数时外壳为功能梯度材料的同轴输流圆柱薄壳频率随环内流速变化的曲线($V_i=0$)

5.2.5 本节小结

本节基于一种新型壳体方程,考虑流固耦合作用,建立了同轴双壳薄壁输流管道的运动微分方程;结合流体势能理论,应用傅里叶方法和伽辽金方法离散同轴双壳薄壁输流管道流固微分方程;通过与前人文献对比,验证了新型壳体方程在输流管道动力特性计算中的可靠性和精度,并深入研究了体积分数指数对一层为功能梯度材料的同轴双壳薄壁输流管道动力特性的影响。通过本节的分析,得到的主要结论如下:

1. 对于一壳为功能梯度材料的输流管道,当体积分数指数 $k=100$ 时,其频率随流速的变化曲线与金属管道的曲线重合,数值结果符合材料特性。

2. 针对外壳为刚体、内壳为功能梯度材料的同轴双壳薄壁输流管道,对不同的体积分数指数输流管道动力特性进行比较,在流速较小时,k 值越大,频率越小,但随着流速增大,k 值越大,频率越大,并且 k 值越大,临界流速 V_b 和 V_f 越大。这与梁模型的数值结论不同。

3. 在孔内流体流动时,外壳为金属、内壳为功能梯度材料的同轴双壳薄壁输流管道,在孔内流体流速较小时,k 值越大,频率越小,但随着流速增大,k 值越大,频率越大。不同的体积分数指数的最小三阶模态频率消失，对仅存模态频率曲线从开始一直在减小，直至同一常数。

4. 在孔内流体流动时，外壳为功能梯度材料、内壳为金属的同轴薄壁输流管道，随着流速的增大，体积分数指数 k 值越大，频率越小，但是在屈曲失稳和颤振失稳时的临界流速均是一致的。

5. 在环内流体流动时，针对内壳为功能梯度材料，比较不同的体积分数指数的输流管道动力特性发现，随着流速增大，k 值越大，频率越小；而对于外壳为功能梯度材料的则有所不同，在流速较小时，k 值越大，频率越小，但随着环内流速增大，k 值越大，频率越大，并且 k 值越大，临界流速 V_b 和 V_f 越大。

6. 对于一壳为功能梯度材料的同轴双壳薄壁输流管道，环内流速比孔内流速对临界流速的影响大，当环内流体流动时，临界流速明显比孔内流体流速小。

综上所述，对于一壳为金属、一壳为功能梯度材料的同轴双壳薄壁输流管道，内壳和外壳为功能梯度材料分别对应的频率随流速变化的曲线有所不同，且体积分数指数增大，不一定使得频率减小，其对频率的影响随流速的变化而不同。

5.3 随机弹性基础上功能梯度悬臂薄壁输流管道动力学分析

5.3.1 引言

弹性基础上的输流管道在工业中有诸多应用，如石油工业中的钻探管路、花园中的自动灌溉管道系统，吸引了众多学者的关注。Lottati、Djondjorov、Elishakoff 和 Impollonia 等研究了置放在弹性基础上输流管道的振动问题，指出了弹性基础的存在能够提高临界流速。Marzani 研究了在非均匀性弹性基础上输流管道的动力特性，并发现弹性基础的存在不一定能提高临界流速。钱勤分析了在非线性弹性基础上输流管道的动力响应。倪樵研究了输流曲管在非线性弹性基础上的动力响应，以及管内和管外的共振现象。文献对线性和非线性弹性基础均有涉及，但并未涉及弹性基础的随机性。

本节针对典型随机弹性基础上的功能梯度薄壁输流管道，研究了其流致振动的稳定性问题。由于其良好的热力学性能，功能梯度材料输流管道受到越来越多学者的关注（如 Hosseini、Fazelzadeh、Zhang 和邓家全）。弹性基础上的随机模型采用对数正态函数，此模型已被用于土力学等工程，并采用局部平均分割法（Local Average Subdivision，简称 LAS）生成随机域。

在本节中，弹性刚度的均值沿着管道轴线是均匀的。本节采用随机有限元法（结合了有限元方法和随机域生成方法），研究了在不同的体积分数指数和温度梯度情况下，随机参数对输流管道临界流速的影响，并分析了其失效概率。

5.3.2　功能梯度薄壁输流管道的均值有限元模型

考虑置放在弹性基础上功能梯度薄壁悬臂输流管道，如图 5-49 所示，忽略重力影响，流体是无黏性不可压缩的，管道长度为 L，流速为 U，其 y 方向上的 Winkler 弹性基础刚度为 k_e，惯性参考系 (x, y, z) 固定在固定端截面中心，h 为管道壁厚，r、r_o 和 r_i 分别表示管道截面均值半径、外径和内径，另一局部坐标系 (s, z, n) 也在管道截面上，s 和 n $(-h/2 \leqslant n \leqslant h/2)$ 分别表示周向和厚度坐标。

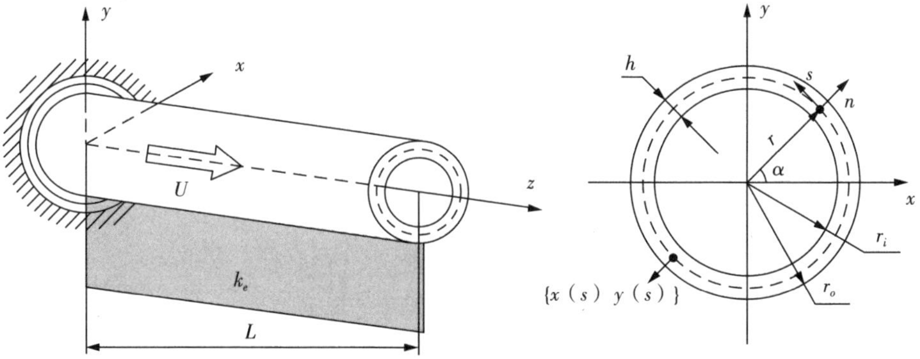

（a）管道结构　　（b）截面坐标系

图 5-49　置放在弹性基础上的输流管道结构和坐标系

在本节分析中，功能梯度管道是由金属钢（SUS304）和陶瓷（Si_3N_4）两相材料组成。管道等效材料属性沿着管内向管外遵循某一规律连续变化，即由内壁的金属钢材料连续变化到管首外壁的陶瓷材料。

考虑温度对材料的影响，仅考虑 y 方向的振动，置放在弹性基础上的功能梯度输流管控制微分方程为：

$$
\begin{aligned}
&-a_{22}\frac{\partial^4 \upsilon}{\partial z^4}+(m_f r_x^2+b_5+2\hat{b}_9+b_{15})\frac{\partial^4 \upsilon}{\partial t^2 \partial z^2}-(b_1+m_f)\frac{\partial^2 \upsilon}{\partial t^2} \\
&-2m_f U\frac{\partial^2 \upsilon}{\partial t \partial z}-m_f U^2\frac{\partial^2 \upsilon}{\partial z^2}+k_e \upsilon=0
\end{aligned}
\tag{5-189}
$$

其中，m_f 和 U 分别表示流体的单位长度质量和流体速度。在式(5-189)中考虑了截面的转动效应，r_x 表示截面的惯性半径。刚度量 a_{ij}、质量项 b_i 和 $\hat{b}_i$ 均与温度梯度 λ_T 和体积分数指数 k 有关。

功能梯度材料与5.1相同，在此简述一下。功能梯度管道由金属(SUS304)和陶瓷(Si3N4)两相材料组成，各相材料性能与温度 T 有关，其表达式为：

$$p(n)=p_0\left(\frac{p_{-1}}{T+1}+p_1T+p_2T^2+p_3T^3\right) \tag{5-190}$$

其中，p_{-1}、p_0、p_1、p_2 和 p_3 表示各相材料性能 $p(n)$ 表达式中的系数，其数值见表5-1所列。功能梯度管道各相材料性能 $p(n)$ 包含弹性模量 E、密度 ρ、热膨胀系数 α、泊松比 v 和热传导率 κ。

假设管道温度沿壁厚是一维稳态热分布，在管内壁和外壁所受温度为：

$$T(n=h/2)=T_o \quad T(n=-h/2)=T_i \tag{5-191}$$

温度梯度 λ_T 定义为：

$$\lambda_T=\frac{T_o-T_i}{T_i} \tag{5-192}$$

其中 T_i 和 T_o 分别表示管内温度和管外温度。

沿着壁厚的温度分布表达式可以求解稳态热传导方程获得：

$$\frac{\mathrm{d}}{\mathrm{d}n}\left[\kappa(n)\frac{\mathrm{d}T}{\mathrm{d}n}\right]=0 \tag{5-193}$$

功能梯度材料复合性能 p_{eff} 采用指数形式，表达式如下：

$$p_{eff}=(p_o-p_i)\left(\frac{n}{h}+\frac{1}{2}\right)^k+p_i, \quad -\frac{h}{2}\leqslant n\leqslant\frac{h}{2} \tag{5-194}$$

其中，下标 i 和 o 分别表示功能梯度管道管内和管外的材料性能 $k(0\leqslant k\leqslant\infty)$，表示体积分数指数(volume fraction index)。当 $k=0$ 时，$p_{eff}=p_o$；当 k 趋于无穷时，$p_{eff}=p_i$。

其位移近似表达为：

$$\boldsymbol{v}(\xi,t)=\boldsymbol{N}(\xi)\boldsymbol{q}^e(t) \tag{5-195}$$

其中 $\boldsymbol{N}(\xi)$ 是四阶三次样条小波有限元的形函数，其对应的单元质量矩阵、单元阻尼矩阵、单元刚度矩阵分别为：

$$\boldsymbol{M}^e=(b_1+m_f)\int_0^{l_e}(\boldsymbol{N})^T\boldsymbol{N}l_e\mathrm{d}\xi+(m_f r_y^2+b_5+2\hat{b}_9+b_{15})\int_0^{l_e}(\boldsymbol{N})'^T(\boldsymbol{N})'/l_e\mathrm{d}\xi \tag{5-196}$$

$$\boldsymbol{C}^e=m_f U\int_0^{l_e}[(\boldsymbol{N})^T(\boldsymbol{N})'-(\boldsymbol{N})'^T(\boldsymbol{N})]\mathrm{d}\xi+m_f U\boldsymbol{N}^T\boldsymbol{N}\delta(z-L)\mid_{\xi=1} \tag{5-197}$$

$$\begin{aligned}\boldsymbol{K}^e=&\int_0^{l_e}[a_{22}(\boldsymbol{N})''^T(\boldsymbol{N})''/l_e^3-m_f U^2(\boldsymbol{N})'^T(\boldsymbol{N})'/l_e+k_e\boldsymbol{N}^T\boldsymbol{N}l_e]\mathrm{d}\xi\\&+m_f U^2\boldsymbol{N}'^T\boldsymbol{N}\delta(z-L)/l_e\mid_{\xi=1}\end{aligned} \tag{5-198}$$

其中$(\,)^{\cdot}$和$(\,)'$分别表示$\partial(\,)/\partial t$和$\partial(\,)/\partial\xi$,局部坐标$\xi=z_i/l_e(0\leqslant\xi\leqslant1)$,$l_e$为单元长度,且$z_i(0\leqslant z_i\leqslant l_e)$是单元长度的局部坐标。

根据有限元的组装程序,可以得到系统质量矩阵$\boldsymbol{M}_g$、系统刚度矩阵$\boldsymbol{K}_g$、系统阻尼矩阵$\boldsymbol{C}_g$和系统位移微量$\boldsymbol{q}(t)$。功能梯度输流管道振动微分方程的全局离散方程如下:

$$\boldsymbol{M}_g\ddot{\boldsymbol{q}}+\boldsymbol{C}_g\dot{\boldsymbol{q}}+\boldsymbol{K}_g\boldsymbol{q}=0 \tag{5-199}$$

考虑$\boldsymbol{q}(t)=\boldsymbol{Q}e^{\Omega t}$,采用状态空间法可将式(5-199)表示为:

$$\left\{\begin{bmatrix}0&\boldsymbol{I}\\-\boldsymbol{M}_g^{-1}\boldsymbol{K}_g&-\boldsymbol{M}_g^{-1}\boldsymbol{C}_g\end{bmatrix}-\Omega\begin{bmatrix}\boldsymbol{I}&0\\0&\boldsymbol{I}\end{bmatrix}\right\}\begin{bmatrix}\boldsymbol{Q}\\\lambda\boldsymbol{Q}\end{bmatrix}=\begin{bmatrix}0\\0\end{bmatrix} \tag{5-200}$$

计算式(5-200)的特征值,可以得到共轭复数特征值$\Omega_r=\alpha_r\pm i\beta_r$,$r=1,2,\cdots,J$,$i=\sqrt{-1}$,其中$J$为系统自由度。本节采用Marzani等的方法计算不考虑剪切输流管道的临界流速,方法如下:在程序中,固定质量比$\beta=m_f/(m_f+b_1)(0<\beta<1)$数值,设定流速从0开始,按步长增加,$\alpha_r$开始小于0;当流速增加到某一数值时,所得特征值中最大的α_r接近0或大于0,此时的流速即为临界流速,悬臂输流管道发生颤振。

5.3.3 随机弹性基础的生成

在本结构中,弹性基础刚度k_e是一个随机量,其他的物理量是确定的。首先要确定随机刚度k_e的概率分布类型(均值、标准方差和协方差)。弹性基础刚度必须是正值,且有上限,这表明概率分布必须是非负的,且偏右态的。许多概率分布满足以上要求，如Gamma分布、Weibull分布、Rayleigh分布、Chi-Square分布和对数正态(log-normal) 分布。根据相关文献，当均值和标准方差确定后，这些分布的形态非常相似。本章分析采用对数正态分布。

对数正态随机刚度 k_e 由三个参数确定：均值 μ_k、标准方差 σ_k（或变异系数 $V_k = \sigma_k/\mu_k$）和空间相关长度 $\theta_{\ln k}$（或无量纲空间相关长度 $\Theta_k = \theta_{\ln k}/L$）。对数正态分布随机刚度 k_e 是指 $\ln k_e$ 具有正态分布。因此坐标为 z 处弹性基础刚度 k_e 有表达式为：

$$k_e(z_i) = \exp[\mu_{\ln k} + \sigma_{\ln k} G_n(z_i)] \tag{5-201}$$

其中 $G_n(z_i)$ 是标准正态分布，$\mu_{\ln k}$ 和 $\sigma_{\ln k}$ 是 lnk_e 正态分布的均值和标准方差。根据相关文献，采用的空间相关函数表达式为：

$$\rho(\tau) = \exp\left\{\frac{-2\mid\tau\mid}{\theta_{\ln k}}\right\} \tag{5-202}$$

其中 $|\tau|$ 表示两点间的距离（即坐标之差的绝对值），$\theta_{\ln k}$ 是随机域中的相关长度，在此长度内，各处随机性质是相互关联的。

当随机分布和相关函数确定之后，采用局部平均分割法(LAS) 来生成弹性基础刚度 k_e 的随机域。局部平均分割法(LAS) 是由 Fenton 提出的随机域生成方法，可以生成一维或者多维的随机域，其生成过程采用自上而下的递归方法。

如图 5-50 所示，在步骤 0(Stage 0)，生成全局平均区域；在步骤 1(Stage 1)，全局(上一步) 的区域分割成两个区域，并且局部平均要与全局(上一步) 的值相当。后面的步骤依次进行，均是不断分割上一步的区域，并保持上一步的平均。局部平均分割法(LAS) 的精度在相关文献有详细的讨论，在此不再赘述。

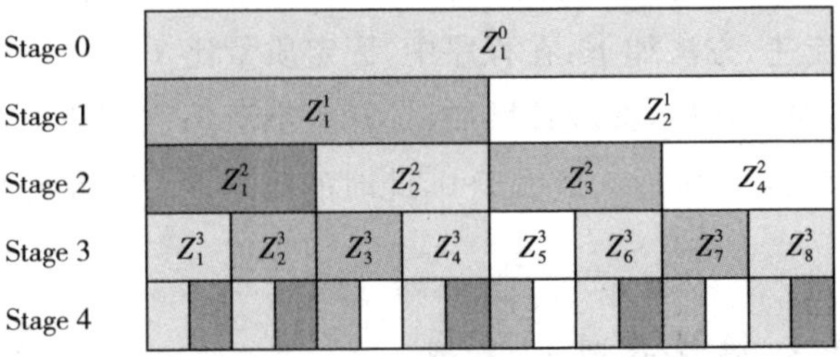

图 5-50　采用自上而下方法实现 LAS，构建随机基础刚度

在本节中，功能梯度管道采用 100 个等长物理单元，弹性基础刚度的随机域映射到每一个物理单元上。

5.3.4　数值算例结果分析

在本节中，功能梯度输流管道结构尺寸为：$r=0.127\text{m}$，$h=0.01\text{m}$，$L=2.032\text{m}$。流体密度为 $\rho_f=1000\text{kg/m}^3$。

定义无量纲流速为：

$$u=U\sqrt{\frac{m_f L^2}{a_{22R}}} \tag{5-203}$$

其中，下标 R 表示管道材料为金属，在温度 $T=300\text{K}$ 时的物理量。a_{ij} 或 a_{ijR} 在相关文献中有详细的推导和表达式。

本节中，考虑弹性基础随机刚度的均值是常数，$k_e=K_e L^4/a_{22R}$，$K_e=300$，K_e 为无量纲弹性基础刚度。针对 $V_k=0.1$ 和 $\Theta_k=0.1$，采用100个单元，生成的弹性基础随机域如图5－51所示。

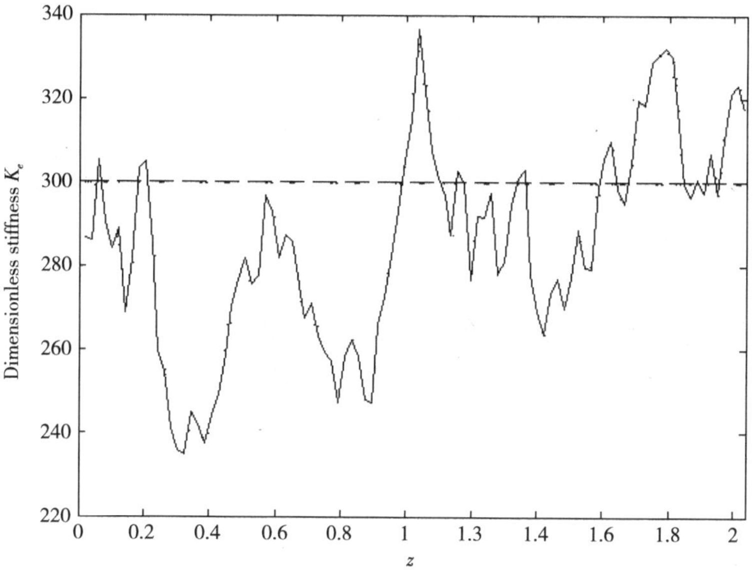

图5－51　刚度均值为常数的随机基础的实例（$V_k=0.1$，$\Theta_k=0.1$）

采用上述方法，计算无弹性基础的功能梯度输流管道（$k=100$）的临界流速，并与相关文献数值结果进行对比。本节和相关文献所计算的临界流速曲线比较如图5－52所示。图5－52显示出经典的S形态，曲线下方是结构稳定区域，结构上方是结构颤振失稳区域，除了在 $\beta=1$ 附近，临界流速随质量比单调递增，与相关文献中金属管道数值结果对比，结果差别不大。

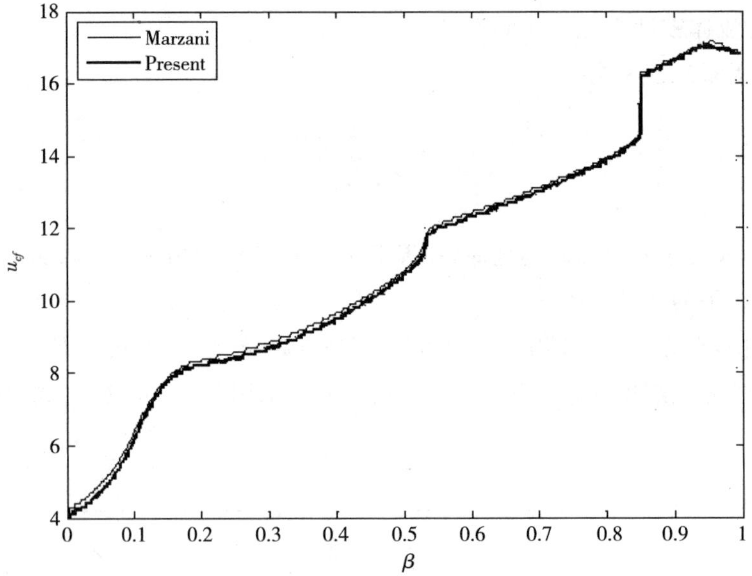

图 5－52　本节和相关文献所计算的临界流速曲线比较（$k=100$，$K_e=300$）

针对不同的 V_k 和 Θ_k，采用 Monte Carlo 方法进行随机取样 1000 次，并计算出临界流速 u_{cf} 的均值 μ_u 和标准方差 σ_u。选择 $k=0$，1，10，100 和 $\lambda_T=0,1,2,3$，研究体积分数指数 k 和温度梯度 λ_T 对临界流速的影响。

本小节第 1 项和第 2 项将分析和讨论体积分数指数 k 和温度梯度 λ_T 对临界流速均值的影响。本小节第 3 项将比较弹性基础随机刚度（RFEM）和确定刚度的临界流速的数值结果。本小节第 4 项将考查临界流速 u_{cf} 的均值 μ_u 和标准方差 σ_u 随 Θ_k 和 V_k 的变化规律。本小节第 5 项将估算颤振失效的概率密度函数和失效概率。

1. 体积分数指数对临界流速的影响

在随机刚度情况下，当温度梯度 $\lambda_T=1$ 时，对于不同的 k 和 V_k 值，临界流速 u_{cf} 的均值随 Θ_k 变化的曲线如图 5－53 所示。从图 5－53 可以看出，k 值越大，由于刚度下降，均值 μ_u 也下降；对于固定的 V_k 值，除了 $\Theta_k=0$ 附近，不同的 k 值对应的均值 μ_u 变化趋势相同。

如图 5－53 所示，在随机刚度均值为常值的情况下，随着 Θ_k 增大，对于 V_k 较小时，均值 μ_u 曲线变化不大，如图 5-53(a) 和图 5-53(b) 中，均值 μ_u 曲线近似一条直线；而对于 V_k 较大时，曲线变化较大且不是单调的。在图 5-53(d) 中，均值 μ_u 随 Θ_k 增大而增大，在 Θ_k 较小时达到最大值，然后下降至最小值，接着又开始缓慢增大。

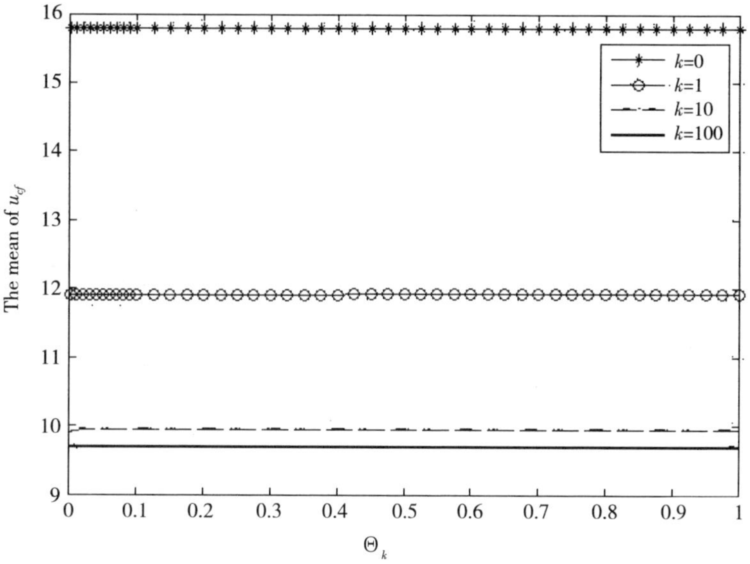

(a) V_k=0.1

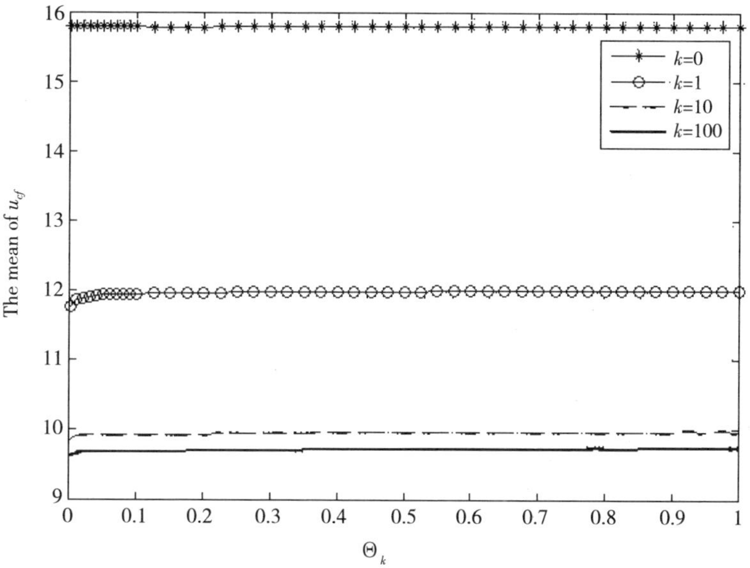

(b) V_k=0.4

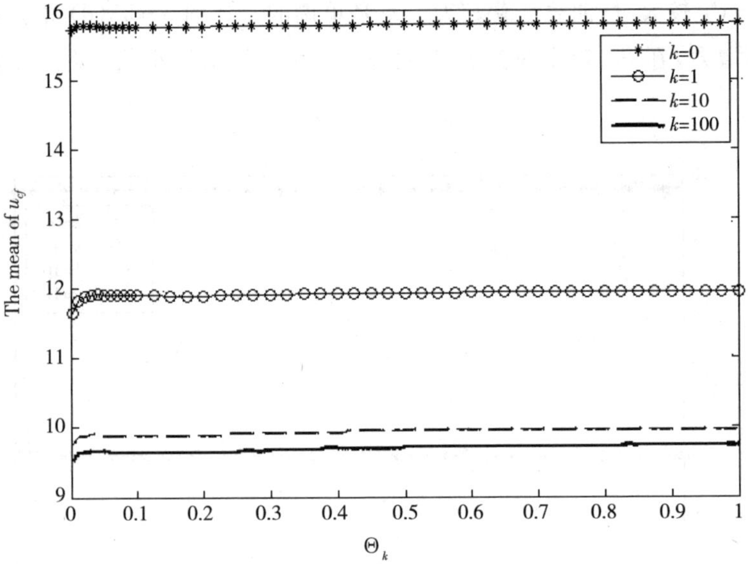

(c) V_k=0.6

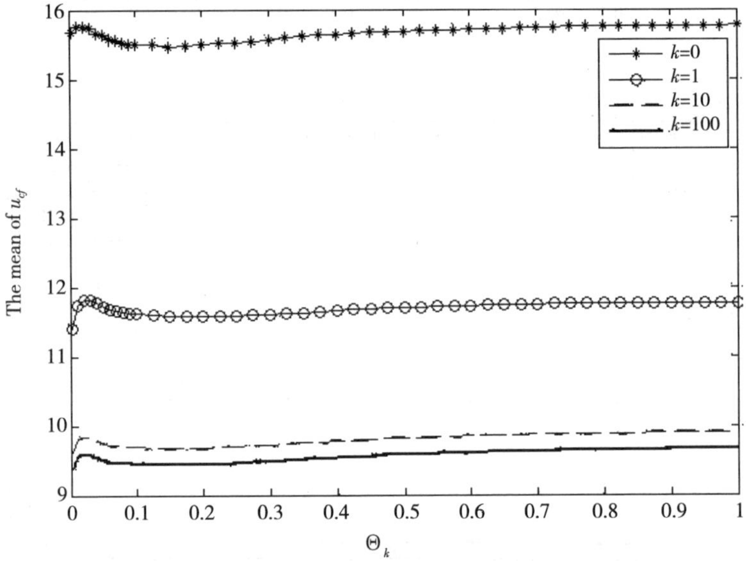

(d) V_k=1

图 5-53　对于选定的 k 值，随机基础上功能梯度输流管道的临界流速 u_{cf} 的均值随 Θ_k 变化的曲线($\lambda_T=1$)

2. 温度梯度对临界流速的影响

在随机刚度情况下，当体积分数指数 $k=1$ 时，对于不同的 λ_T 和 V_k 值，临界流速 u_{cf} 的均值随 Θ_k 变化的曲线如图 5-54 所示。从图 5-54 可以看出，λ_T 值越大，由于温度差导致刚度下降，均值 μ_u 也下降；对于固定的 V_k 值，除了 V_k 很小（如 $V_k=0.1$），不同的 λ_T 值对应的均值 μ_u 具有相同的变化趋势。

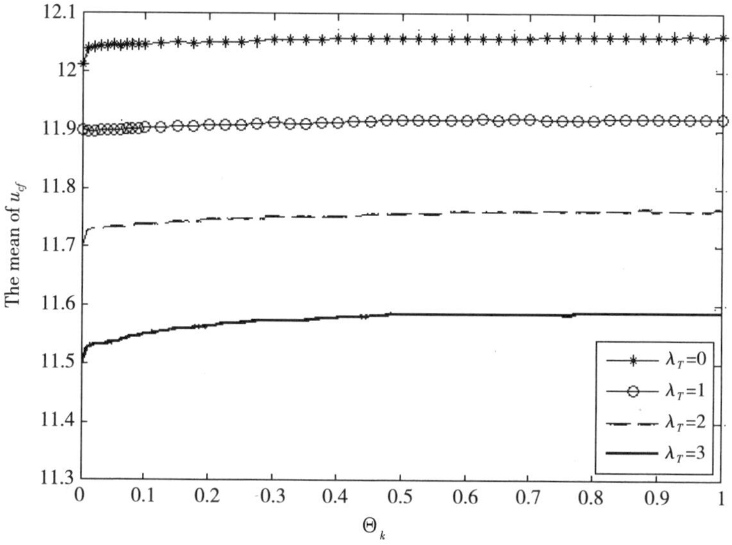

（a）V_k=0.1

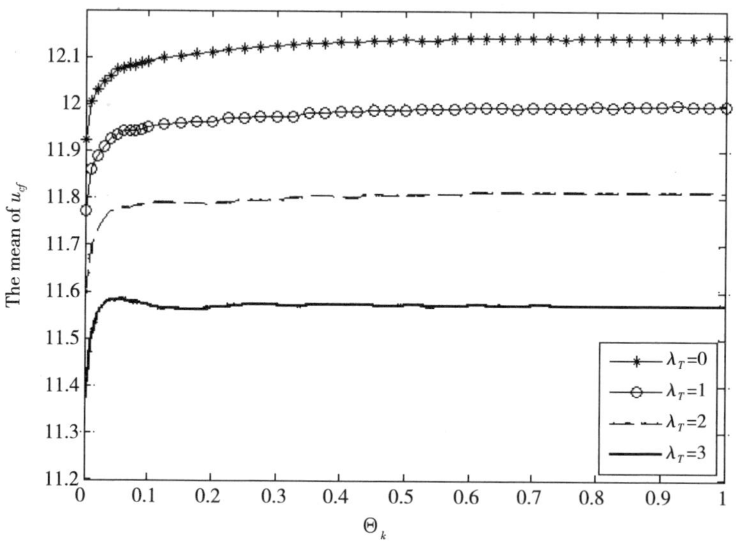

（b）V_k=0.4

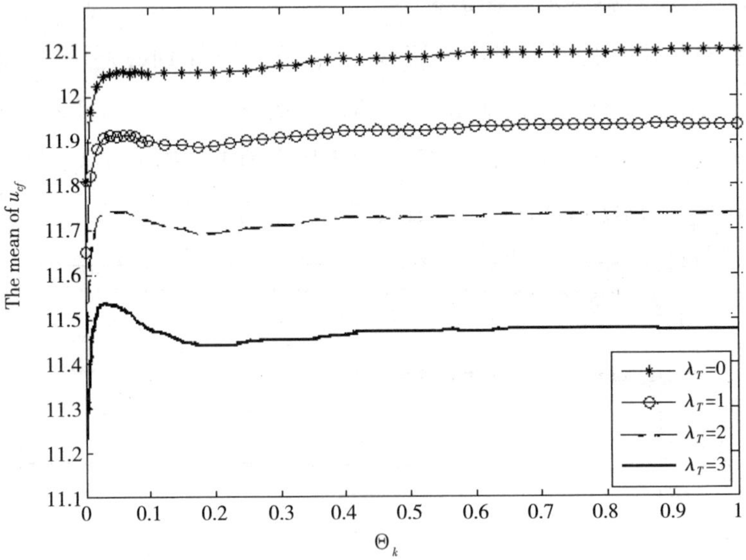

(c) V_k=0.6

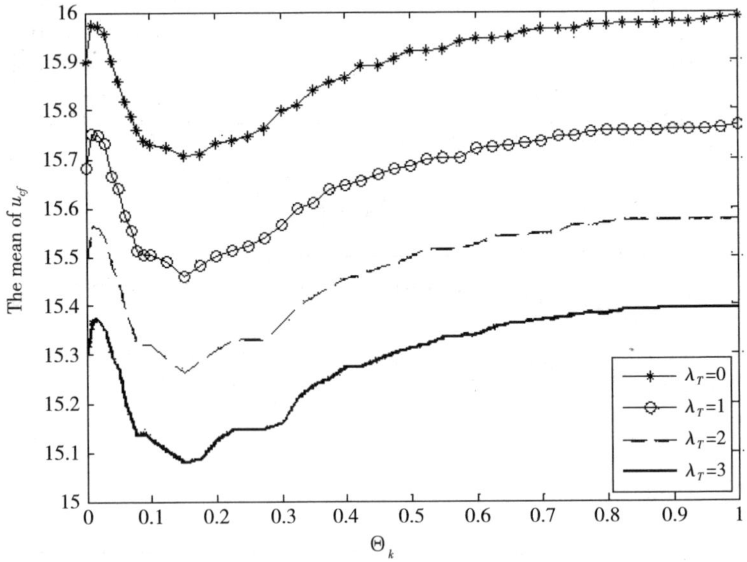

(d) V_k=1

图 5－54　对于选定的 λ_T 值，随机基础上功能梯度输流管道的临界流速 u_{cf} 的均值随 Θ_k 变化的曲线($k=1$)

在图 5－54 中，大多数曲线呈现两种趋势。第一种趋势：对于固定 λ_T 值，均值 μ_u 随 Θ_k 变化的曲线单调递增，如图 5－54(a) 所示；第二种趋势：随着 Θ_k 增大，均值

μ_u 先是增大，在 Θ_k 较小时达到最大值，然后开始减小，一直到最小值，接着又上升，如图 5－54(c)、图 5－54(d) 所示；在图 5－54(b) 中，同时存在两种趋势。

3. 弹性基础随机刚度与确定刚度的临界流速比较

由本小节第1项和第2项可以得出，对于不同的 k 值和 λ_T 值，均值 μ_u 随 Θ_k 的变化曲线趋势大都相同。因此为了清晰阐述空间相关随机基础刚度对输流管道不稳定性的影响，仅考虑 $k=100$ 和 $\lambda_T=0$ 时的临界流速。针对选定的 V_k 值，随机基础上功能梯度输流管道的临界流速 u_{cf} 的均值和标准方差随 Θ_k 变化的曲线如图 5－55 所示。在图 5－55(a) 中，水平虚线为确定刚度时输流管道的临界流速。在随机刚度均值为常值的情况下，确定刚度时临界流速 u_{cf} 是大于还是小于随机刚度时均值 μ_u，取决于 V_k 和 Θ_k 值。例如，$V_k=0.8$ 时的均值 μ_u 在区间[0, 0.7) 小于确定刚度时的临界流速，在区间[0.7, 1] 大于确定刚度时的临界流速。

4. 随机参数对输流管道临界流速的影响

如图 5－55(a) 所示，在随机刚度均值为常值的情况下，V_k 值增大，不一定能增大均值 μ_u。例如，$V_k=0.2$ 时的均值 μ_u 大于 $V_k=0.1$ 时的均值 μ_u，而 $V_k=1$ 时的均值 μ_u 小于 $V_k=0.8$ 时的均值 μ_u。同时还存在在不同区间大小不一样的情形，$V_k=0.4$ 时的均值 μ_u 在区间[0, 0.6] 大于 $V_k=0.6$ 时的均值 μ_u，而在区间(0.6, 1] 小于 $V_k=0.6$ 时的均值 μ_u。但是图 5－55(b) 显示，V_k 值增大，使得标准方差 σ_u 增大。

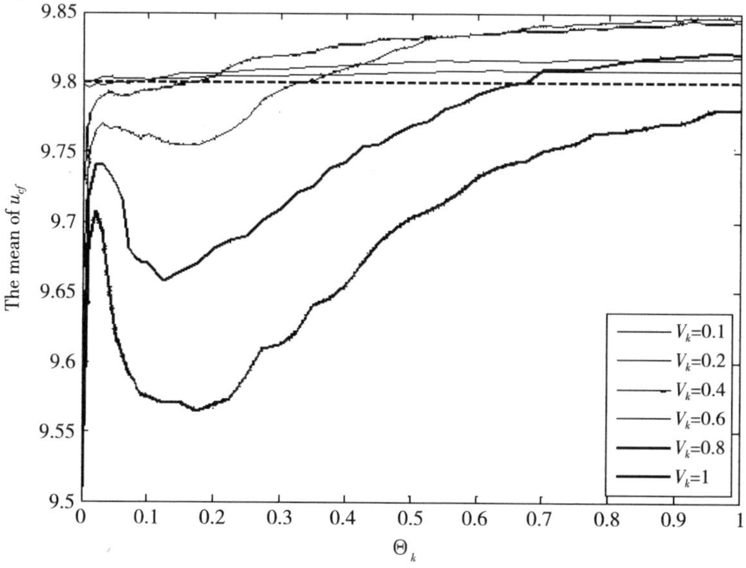

(a) u_{cf} 均值随 Θ_k 的变化

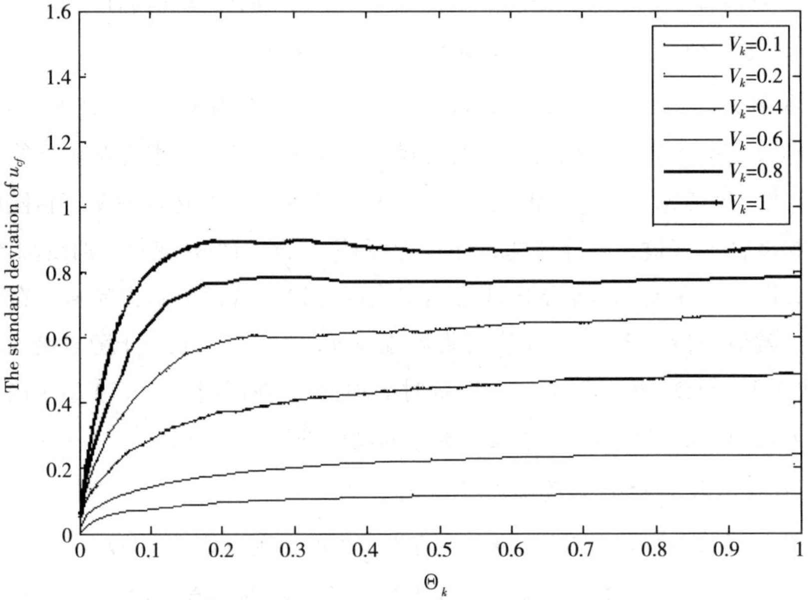

(b) u_{cf}标准方差随Θ_k的变化

图 5-55　对于选定的 V_k 值，随机基础上功能梯度输流管道的临界流速 u_{cf} 的均值和标准方差随 Θ_k 变化的曲线($k=100, \lambda_T=0$)

5. 功能梯度输流管道颤振失稳的可靠性分析

在弹性基础随机刚度情况下，针对特定的系统参数($V_k=0.4, \Theta_k=0.6, k=100, \lambda_T=0$)，对功能梯度输流管道颤振失稳的概率密度函数和发生概率的估计如图 5-56 所示。从图 5-56(a) 中可以看出，由于随机刚度呈对数正态分布，概率密度函数也近似呈对数正态分布，这与随机分析理论相符。

如图 5-56(b) 所示，在随机刚度均值为常值的情况下，在流速 u 增加到 9.1 之前时，颤振失稳发生概率为 0，在流速 $u>12.1$ 时，发生概率 100%。为了更加清晰地说明问题，本节绘制了对于选定的 $V_k=0.4$ 和 Θ_k，随机基础上功能梯度输流管道颤振失稳发生概率随流速 u 变化的曲线，如图 5-57 所示。确定一个失效概率，然后可以估算在此概率对应下的临界流速(极限流速)。例如，定义失效为 1%，有一个相应于 Θ_k 值的极限流速，失效概率为 1% 时不同的 Θ_k 对应的极限流速见表 5-12 所列，从表中可知，Θ_k 值增大，其极限流速 u 下降。

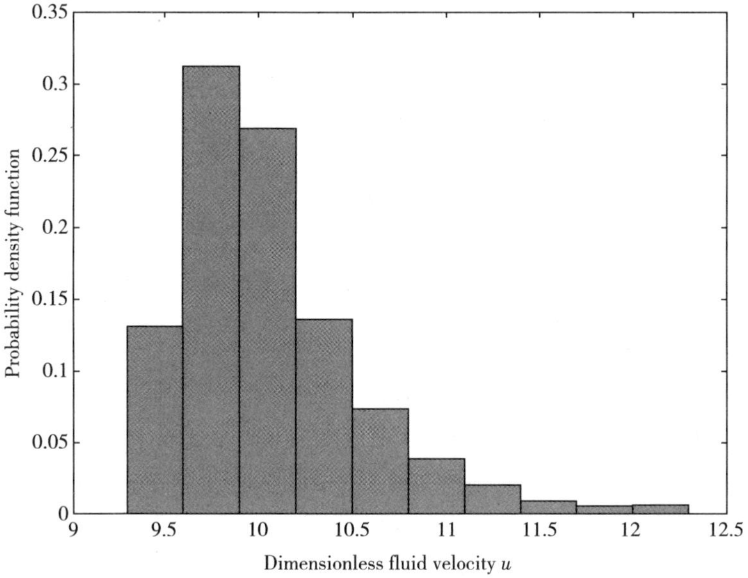

（a）概率密度函数估计

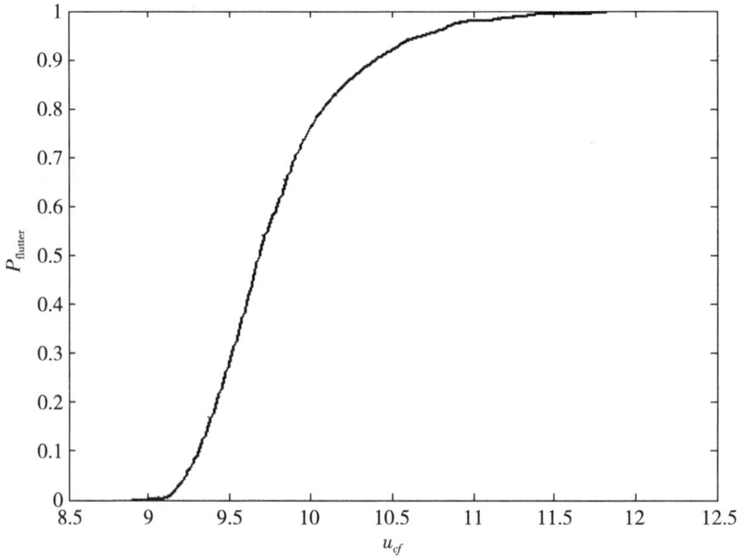

（b）颤振失稳概率

图 5-56　在弹性基础随机刚度情况下，功能梯度输流管道发生颤振失稳概率密度函数和概率的估计（$V_k=0.4$，$\Theta_k=0.6$，$k=100$，$\lambda_T=0$）

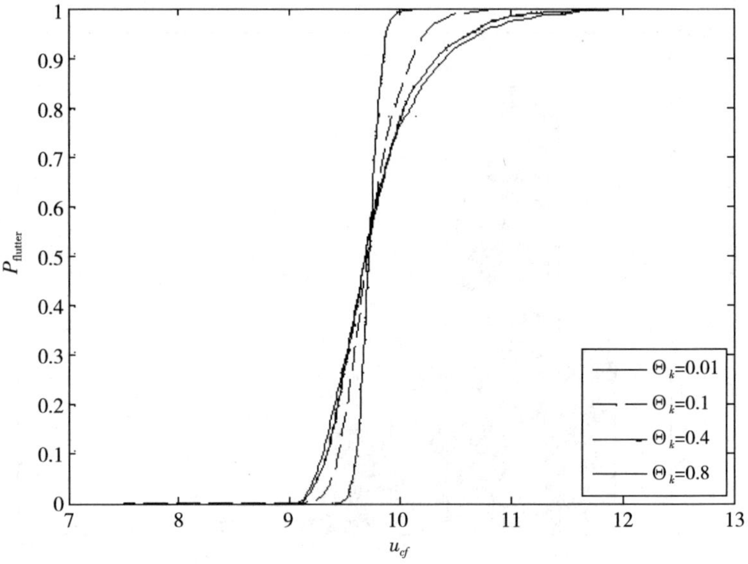

图 5-57　对于选定的 $V_k=0.4$ 和 Θ_k，随机基础上功能梯度输流管道颤振失稳发生概率随流速 u 变化的曲线（$k=100$，$\lambda_T=0$）

表 5-12　失效概率为 1% 时不同的 Θ_k 对应极限流速

Θ_k	0.01	0.1	0.4	0.8
极限流速	9.61	9.44	9.34	9.3

5.3.5　本节小结

本小节采用随机有限元方法，研究了置放在具有随机刚度的弹性基础上功能梯度悬臂输流管道的颤振失稳，并分析了随机刚度均值是常数时临界流速和颤振失稳发生概率。在本小节中，弹性基础随机刚度采用对数正态模型，并由局部平均分割法来生成弹性基础随机域，映射到物理空间中；采用 Monte Carlo 方法生成样本，求出临界流速的均值和标准方差。通过本小节的分析，得到的主要结论如下：

1. 对于固定的 V_k 值，不同的体积分数指数 k 或温度梯度 λ_T 对应的临界流速均值 μ_u 随 Θ_k 变化的曲线趋势相同。

2. 将随机刚度与确定刚度的数值结果进行对比，确定刚度时临界流速 u_{cf} 是大于还是小于随机刚度时均值 μ_u，取决于 V_k 和 Θ_k 值。

3. 对于固定的体积分数指数 k 和温度梯度 λ_T，变异系数 V_k 值增大，不一定使得临界流速均值 μ_u 增大，但使得标准方差 σ_u 增大。

4. 对于固定的体积分数指数 k 和温度梯度 λ_T，当变异系数 V_k 较小时，临界流速均值 μ_u 随相关长度 Θ_k 增大而增大，当变异系数 V_k 较大时，临界流速均值 μ_u 随相关长度 Θ_k 的变化不是单调的。

5. 在固定的 V_k 值和失效概率下，随着相关长度 Θ_k 的增大，随机刚度下的极限流速在减小。

6 考虑随机性时薄壁输流管道动力学的非参模型研究

6.1 引 言

输流管道作为现代工业的重要结构，其流固耦合振动现象引起了学者的广泛关注，目前大部分关于输流管道的研究都是参数确定的动力学分析。Paidoussis 在其专著中阐述了其团队对输流管道的研究成果，包含了梁模型和壳模型、直管和曲管、线性和非线性等问题。近年来，基于轴线不可伸缩假设，Modarres-Sadeghi 和 Chang 推导出了三维非线性直管微分方程，并分析了在基础激励下输流管道的动力响应。基于轴线可伸缩假设，Ghayesh 推导出了三维非线性直管微分方程，并与轴线不可伸缩假设下的方程和数值进行了对比。Kheiri 应用广义哈密顿方法，推导出了输流直管的运动方程，并与其他经典的输流管道运动方程进行了对比。Dianlong Yu 等研究了在沿管道轴线上有外部移动载荷时，置放在弹性基础上输流管道的振动波传播。钱勤分析了输流直管在非线性基础上的动力学行为。王琳研究了在磁场作用下碳纳米输流管道的稳定性问题。

然而，在工业中，输流管道要么由卡箍支撑，要么置放在基础上，存在各种随机不确定性，比如流体的脉动、卡箍的刚度和模型等因素，导致数值结果与试验所得结果误差较大，故需引入考虑不确定性引起的系统误差分析模型，如非参模型，以便更加准确地预测管路振动特性。非参方法已经被 Ritto 应用于流速的随机不确定性求解中。

本章主要内容是针对两端由卡箍支撑的薄壁输流直管和置放在弹性基础上的悬臂薄壁输流管道，考虑卡箍或弹性基础的随机不确定性引起的系统误差，采用非参方法进行输流管道的动力学研究。卡箍支撑一般简化为简单支撑，本章将卡箍简化为简支和扭转弹簧。

6.2 薄壁输流管道的均值模型有限元格式

6.2.1 卡箍约束时薄壁输流管道的均值模型有限元格式

如图 6-1 所示两端由卡箍支撑的输流管道，管长为 L，卡箍简化为简支和扭转弹簧，其刚度为 k_t，流体的流动速度为 U，不考虑重力的影响，应用哈密顿原理可得：

$$\int_{t_1}^{t_2}(\delta T-\delta V-\delta W)\mathrm{d}t+\int_{t_1}^{t_2}\delta W_{nc}\mathrm{d}t=0 \tag{6-1}$$

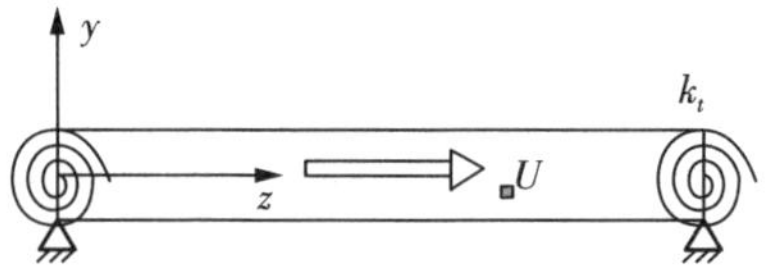

图 6-1 两端有扭转刚度的输流管道模型

其中：

$$\begin{aligned}\delta T=&-\int_0^L(m_p+m_f)\left(\frac{\partial^2 w}{\partial t^2}\right)\delta w\,\mathrm{d}z+\int_0^L m_f U^2\,\frac{\partial w}{\partial t}\delta\left(\frac{\partial w}{\partial z}\right)\mathrm{d}z\\&+\int_0^L m_f U\left[\frac{\partial w}{\partial t}\delta\left(\frac{\partial w}{\partial z}\right)-\frac{\partial}{\partial t}\left(\frac{\partial w}{\partial z}\right)\delta w\right]\mathrm{d}z\end{aligned} \tag{6-2}$$

$$\begin{aligned}\delta V=&\int_0^L EI\left(\frac{\partial^2 w}{\partial z^2}\right)\delta\left(\frac{\partial^2 w}{\partial z^2}\right)\mathrm{d}z+k_t\,\frac{\partial w(0,t)}{\partial z}\delta\,\frac{\partial w(0,t)}{\partial z}\\&+k_t\,\frac{\partial w(L,t)}{\partial z}\delta\,\frac{\partial w(L,t)}{\partial z}\end{aligned} \tag{6-3}$$

$$\delta W=\int_0^L f\delta w\,\mathrm{d}z \tag{6-4}$$

$$\delta W_{nc}=-m_f U\left(\frac{\partial w}{\partial t}+U\,\frac{\partial w}{\partial z}\right)\delta w\,\big|_{z=L} \tag{6-5}$$

其中 E 为弹性模量，I 为截面惯性矩，m_f、m_p 分别为单位长度流体质量和管道质量，经过变分可得控制微分方程为：

$$EI\frac{\partial^4 w}{\partial z^4}+m_f U^2\frac{\partial^2 w}{\partial z^2}+2m_f U\frac{\partial^2 w}{\partial z\partial t}+(m_f+m_p)\frac{\partial^2 w}{\partial t^2}=f \tag{6-6}$$

式(6－6)与相关文献中直管方程一致。边界条件如下：

$$\begin{aligned}&z=0,\quad w(0)=0,\quad EIw''(0)=k_t w'(0)\\&z=L,\quad w(L)=0,\quad EIw''(L)=-k_t w'(L)\end{aligned} \tag{6-7}$$

本节采用小波有限元对输流管道进行离散，其详细构建过程，有兴趣的读者可参考相关文献。利用 $BSWI4_3$ 尺度函数作为插值函数，其位移场表达式为：

$$w(\xi,t)=\sum_{k=-m+1}^{2^j-1}a_{m,k}^j\varphi_{m,k}^j(\xi)=\boldsymbol{\Phi}\boldsymbol{a}^e \tag{6-8}$$

其中：$\boldsymbol{a}^e=[a_{m,-m+1}^j\,a_{m,-m+2}^j\cdots a_{m,2^j-1}^j]^T$表示小波插值函数的系数；

$\boldsymbol{\Phi}=[\varphi_{m,-m+1}^j\,\varphi_{m,-m+2}^j\cdots\varphi_{m,2^j-1}^j]$ 表示 j 尺度 m 阶区间样条小波函数。

定义小波单元位移 $\boldsymbol{q}^e$ 为：

$$\boldsymbol{q}^e=[w(\xi_1)\quad w'(\xi_1)/l_e\quad w(\xi_2)\quad \cdots w(\xi_n)\quad w(\xi_{n+1})\quad w'(\xi_{n+1})/l_e]^T \tag{6-9}$$

其中 l_e 为单元长度，$\xi_i=(i-1)/2^j, i=1,\cdots,2^j+1$。

将式(6－9)代入式(6－8)，可以得到：

$$\boldsymbol{q}^e=\boldsymbol{R}^e\boldsymbol{a}^e \tag{6-10}$$

其中，

$$\boldsymbol{R}^e=[\boldsymbol{\Phi}^T(\xi_1)\quad \boldsymbol{\Phi}'^T(\xi_1)/l_e\quad \boldsymbol{\Phi}^T(\xi_2)\quad \cdots\boldsymbol{\Phi}^T(\xi_n)\quad \boldsymbol{\Phi}^T(\xi_{n+1})\quad \boldsymbol{\Phi}'^T(\xi_{n+1})/l_e]^T \tag{6-11}$$

将式(6－10)代入式(6－8)，可得：

$$w(\xi,t)=\boldsymbol{\Phi}(\boldsymbol{R}^e)^{-1}\boldsymbol{q}^e=\boldsymbol{N}\boldsymbol{q}^e \tag{6-12}$$

其中 $\boldsymbol{N}=\boldsymbol{\Phi}(\boldsymbol{R}^e)^{-1}$ 是小波有限元的形函数。

采用传统有限元的过程，对式(6－6)进行离散，得到小波有限元的离散方程如下：

$$\boldsymbol{M}^e\ddot{\boldsymbol{q}}^e+\boldsymbol{C}^e\dot{\boldsymbol{q}}^e+\boldsymbol{K}^e\boldsymbol{q}^e=\boldsymbol{f}^e \tag{6-13}$$

其中小波有限元的单元质量矩阵、单元阻尼矩阵、单元刚度矩阵和单元受力向量分别为：

$$\boldsymbol{M}^e=(m_p+m_f)\int_0^1(\mathbf{N})^T\mathbf{N}l_e\mathrm{d}\xi \tag{6-14}$$

$$\boldsymbol{C}^e=m_fU\int_0^1[(\mathbf{N})^T(\mathbf{N})'-(\mathbf{N})'^T(\mathbf{N})]\mathrm{d}\xi \tag{6-15}$$

$$\begin{aligned}\boldsymbol{K}^e=&\int_0^1[EI(\mathbf{N})''^T(\mathbf{N})''/l_e^3-m_fU^2(\mathbf{N})'^T(\mathbf{N})'/l_e]\mathrm{d}\xi\\&+k_t\mathbf{N}'^T\mathbf{N}'\delta(z-0)/l_e\mid_{\xi=0}\\&+k_t\mathbf{N}'^T\mathbf{N}'\delta(z-L)/l_e\mid_{\xi=1}\end{aligned} \tag{6-16}$$

$$\boldsymbol{f}^e=\int_0^1\mathbf{N}^Tfl_e\mathrm{d}\xi \tag{6-17}$$

其中，$()'$ 是关于 ξ 的导数，$\dot{()}$ 是对时间 t 的微分，$\xi=z_e/l_e(0\leqslant\xi\leqslant1)$，$l_e$ 是单元长度，$z_e(0\leqslant z_e\leqslant l_e)$ 是单元局部坐标。

采用小波有限元的组合程序，可以得到小波有限元的系统矩阵，比如小波有限元系统质量矩阵 $\boldsymbol{M}_g$、小波有限元系统阻尼矩阵 $\boldsymbol{C}_g$、小波有限元系统刚度矩阵 $\boldsymbol{K}_g$ 和小波有限元系统位移向量 $\boldsymbol{q}(t)$，其小波有限元的全局离散方程如下：

$$\boldsymbol{M}_g\ddot{\boldsymbol{q}}(t)+\boldsymbol{C}_g\dot{\boldsymbol{q}}(t)+\boldsymbol{K}_g\boldsymbol{q}(t)=\boldsymbol{f}(t) \tag{6-18}$$

均值(参数确定)模型的输流管道频率响应为：

$$\hat{\boldsymbol{q}}(\omega)=(-\omega^2\boldsymbol{M}_g+i\omega\boldsymbol{C}_g+\boldsymbol{K}_g)^{-1}\hat{\boldsymbol{f}}(\omega) \tag{6-19}$$

对于两端简支的输流管道，考虑在 $z=L/2$ 频率响应曲线为：

$$h(\omega)=\frac{\hat{q}_{L/2w}(\omega)}{\hat{f}_{L/2w}(\omega)} \tag{6-20}$$

其中 $\hat{f}_{L/2w}$、$\hat{q}_{L/2w}$ 分为管道中点垂直向下的作用力和位移的傅里叶变换。

6.2.2 弹性基础上悬臂薄壁输流管道的均值模型有限元格式

如图 6-2 所示，管长为 L 的输流直管水平放置，流体的流速为 U，k_e 为弹性基础刚度。在 y 方向的位移为 w，输流管道流固耦合运动微分方程为：

$$EI\frac{\partial^4w}{\partial z^4}+m_fU^2\frac{\partial^2w}{\partial z^2}+2m_fU\frac{\partial^2w}{\partial z\partial t}+(m_p+m_f)\frac{\partial^2w}{\partial t^2}+k_ew=0 \tag{6-21}$$

其中 E 为弹性模量，I 为截面的惯性矩，m_f、m_p 分别为单位长度的流体质量和管道质量。

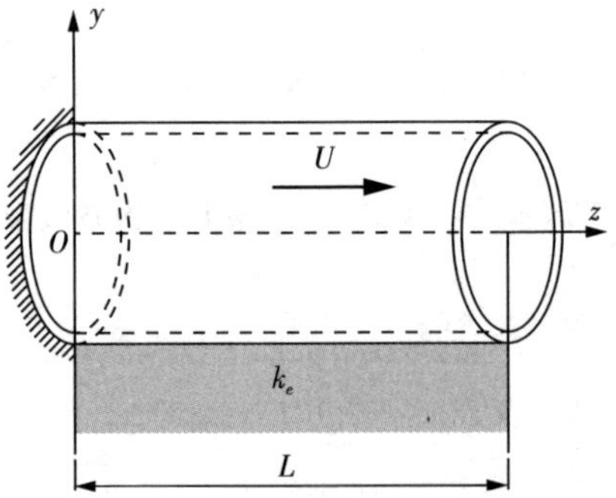

图 6-2　置放在弹性基础上的输流管道模型

悬臂梁边界条件为：

$$\begin{aligned} &z=0, \quad w(0)=0, \quad w'(0)=0 \\ &z=L, \quad w''(L)=0, \quad w'''(L)=0 \end{aligned} \tag{6-22}$$

采用与 6.2.1 相同的离散方法，基于小波有限元的直管单元质量矩阵、阻尼矩阵、刚度矩阵和作用力向量分别为：

$$\boldsymbol{M}^e=(m_p+m_f)\int_0^1(\mathbf{N})^T\mathbf{N}l_e\mathrm{d}\xi \tag{6-23}$$

$$\begin{aligned} \boldsymbol{C}^e=&m_fU\int_0^1[(\mathbf{N})^T(\mathbf{N})'-(\mathbf{N})'^T(\mathbf{N})]\mathrm{d}\xi \\ &+m_fU\mathbf{N}^T\mathbf{N}\delta(x-L)\mid_{\xi=1} \end{aligned} \tag{6-24}$$

$$\boldsymbol{K}^e=\boldsymbol{K}^{eN}+\boldsymbol{K}^{eF} \tag{6-25}$$

其中，

$$\boldsymbol{K}^{eN}=k_e\int_0^1(\mathbf{N})^T\mathbf{N}l_e\mathrm{d}\xi \tag{6-26}$$

$$\begin{aligned} \boldsymbol{K}^{eF}=&\int_0^1 EI(\mathbf{N})''^T(\mathbf{N})''/l_e^3\mathrm{d}\xi+m_fU^2\mathbf{N}'^T\mathbf{N}\delta(x-L)/l_e\mid_{\xi=1} \\ &-\int_0^1 m_fU^2(\mathbf{N})'^T(\mathbf{N})'/l_e\mathrm{d}\xi \end{aligned} \tag{6-27}$$

在此，将 $\boldsymbol{K}^e$ 分解成两项：一是与流速 U 无关的 $\boldsymbol{K}^{eN}$，二是与流速 U 有关的 $\boldsymbol{K}^{eF}$。

采用小波有限元的组合程序，可以得到小波有限元的系统矩阵。输流管道的小波有限元全局离散方程如下：

$$\boldsymbol{M}_g\ddot{\boldsymbol{q}}(t)+\boldsymbol{C}_g\dot{\boldsymbol{q}}(t)+\boldsymbol{K}_g\boldsymbol{q}(t)=0 \tag{6-28}$$

其中 $\boldsymbol{M}_g$、$\boldsymbol{C}_g$、$\boldsymbol{K}_g$、$\boldsymbol{q}(t)$ 分别为小波系统质量矩阵、小波系统阻尼矩阵、小波系统刚度矩阵和小波有限元系统位移向量。$\boldsymbol{K}_g=\boldsymbol{K}_{gN}+\boldsymbol{K}_{gF}$，$\boldsymbol{K}_{gN}$、$\boldsymbol{K}_{gF}$ 分别为 $\boldsymbol{K}^{eN}$、$\boldsymbol{K}^{eF}$ 组合而成的。式(6-28)可表示为：

$$\boldsymbol{M}_g\ddot{\boldsymbol{q}}(t)+\boldsymbol{C}_g\dot{\boldsymbol{q}}(t)+(\boldsymbol{K}_{gN}+\boldsymbol{K}_{gF})\boldsymbol{q}(t)=0 \tag{6-29}$$

6.3 输流管道的随机模型生成

6.3.1 卡箍支撑时输流管道的非参模型构建

考虑卡箍扭转刚度的随机不确定性，从 6.2.1 可知刚度矩阵 $\boldsymbol{K}_g$ 与扭转刚度 k_t 有关。考虑不确定性引起的系统误差，可将 $\boldsymbol{K}_g$ 整体作研究对象，本节将叙述构建其对应的随机矩阵 $\bar{\boldsymbol{K}}_g$ 过程，构建过程的详细推导请参考相关文献，下面简述其构建过程。

小波有限元的系统刚度矩阵 $\boldsymbol{K}_g$ 是正定矩阵，因此可以通过 Cholesky 分解成如下：

$$\boldsymbol{K}_g=\boldsymbol{L}_k^T\boldsymbol{L}_k \tag{6-30}$$

其中 $\boldsymbol{L}_k$ 是一个上三角形矩阵。

随机矩阵 $\bar{\boldsymbol{K}}_g$ 可以表示如下式：

$$\bar{\boldsymbol{K}}_g=\boldsymbol{L}_k^T\boldsymbol{G}\boldsymbol{L}_k \tag{6-31}$$

其中 $\boldsymbol{G}$ 是随机矩阵，满足三个条件：

(1)$\boldsymbol{G}$ 是正定的；

(2) 期望 $E(\boldsymbol{G})=\boldsymbol{I}$，$\boldsymbol{I}$ 为单位矩阵；

(3) 期望 $E(\|\boldsymbol{G}^{-1}\|_F^2)<+\infty$，$\|\cdot\|_F$ 为弗罗贝尼乌斯范数(F- 范数)。

采用最大熵原理，构建 $\boldsymbol{G}$ 随机矩阵对应的概率密度函数为：

$$p_{[G]}(\boldsymbol{G}) = I_{M^{+}(R)}(\boldsymbol{G}) C_G \det(\boldsymbol{G})^{(n+1)\frac{1-\delta^2}{2\delta^2}} \exp\left[-\frac{(n+1)}{2\delta^2} tr(\boldsymbol{G})\right] \tag{6-32}$$

其中 n 是矩阵 $\boldsymbol{G}$ 的维数,C_G 表达式如下:

$$C_G = \frac{(2\pi)^{-n(n-1)/4} \left(\frac{n+1}{2\delta^2}\right)^{n(n+1)(2\delta^2)^{-1}}}{\Pi_{j=1}^{n} \Gamma\left(\frac{n+1}{2\delta^2} + \frac{1-j}{2}\right)} \tag{6-33}$$

δ 为耗散因子,其表达式为:

$$\delta = \left\{\frac{1}{n} E\{\|\boldsymbol{G} - \boldsymbol{I}\|_F^2\}\right\}^{1/2}, 0 < \delta < \left(\frac{n+1}{n+5}\right)^{1/2} \tag{6-34}$$

在系统中,系统质量矩阵 $\boldsymbol{M}_g$ 和系统阻尼矩阵 $\boldsymbol{C}_g$ 不变,仅有 $\bar{\boldsymbol{K}}_g$ 为随机矩阵。由式(6-22)可知,当 $\boldsymbol{G}$ 为单位矩阵时,非参模型即退化为均值模型。输流管道的随机模型为:

$$\boldsymbol{M}_g \ddot{\boldsymbol{Q}}(t) + \boldsymbol{C}_g \dot{\boldsymbol{Q}}(t) + \bar{\boldsymbol{K}}_g \boldsymbol{Q}(t) = \boldsymbol{f}(t) \tag{6-35}$$

其中 $\boldsymbol{Q}(t)$ 为相应输流管道随机模型的随机响应,其频域形式为:

$$(-\omega^2 \boldsymbol{M}_g + i\omega \boldsymbol{C}_g + \bar{\boldsymbol{K}}_g) \hat{\boldsymbol{Q}}(\omega) = \hat{\boldsymbol{f}}(\omega) \tag{6-36}$$

6.3.2 弹性基础上悬臂薄壁输流管道刚度矩阵的随机模型

考虑弹性基础刚度的随机不确定性,从6.2.2节可知刚度矩阵 $\boldsymbol{K}_{gN}$ 与基础刚度 k_e 有关。考虑不确定性引起的系统误差,可将 $\boldsymbol{K}_{gN}$ 整体作为研究对象,本构建过程与6.3.1过程一致,不再复述。在系统中,系统质量矩阵 $\boldsymbol{M}_g$ 和系统阻尼矩阵 $\boldsymbol{C}_g$ 不变,仅有 $\boldsymbol{K}_g$ 中的 $\bar{\boldsymbol{K}}_{gN}$ 为随机矩阵。置放在弹性基础上输流管道的随机模型为:

$$\boldsymbol{M}_g \ddot{\boldsymbol{Q}}(t) + \boldsymbol{C}_g \dot{\boldsymbol{Q}}(t) + (\bar{\boldsymbol{K}}_{gN} + \boldsymbol{K}_{gF}) \boldsymbol{Q}(t) = 0 \tag{6-37}$$

考虑 $\boldsymbol{Q}(t) = Qe^{\Omega t}$,采用状态空间法可将式(6-37)表示为:

$$\left\{\begin{bmatrix} 0 & \boldsymbol{I} \\ -\boldsymbol{M}_g^{-1}(\bar{\boldsymbol{K}}_{gN} + \boldsymbol{K}_{gF}) & -\boldsymbol{M}_g^{-1}\boldsymbol{C}_g \end{bmatrix} - \Omega \begin{bmatrix} \boldsymbol{I} & 0 \\ 0 & \boldsymbol{I} \end{bmatrix}\right\} \begin{bmatrix} \boldsymbol{Q} \\ \Omega \boldsymbol{Q} \end{bmatrix} = \begin{bmatrix} 0 \\ 0 \end{bmatrix} \tag{6-38}$$

计算式(6-38)的特征值,可以得到共轭复数特征值 $\Omega_r = i\omega_r = \alpha_r \pm i\beta_r$, $r=1, 2, \cdots, J$, $i=\sqrt{-1}$,其中 J 为系统自由度,ω 为系统频率。本章采用第3章所述

Marzani 的方法计算输流管道的临界流速。

6.4 数值算例结果分析

薄壁输流管道几何尺寸和材料参数与第 3 章一致，在此不再赘述。

本节根据非参模型生成的随机模型，对输流管道的动力特性进行分析。首先分析由卡箍支撑的输流管道的动力响应和频率，其次对置放在弹性基础上的输流管道动力特性进行研究。

为了方便，根据相关文献，定义无量纲频率：

$$\bar{\omega}=\omega\sqrt{\frac{(m_f+m_p)L^4}{EI}} \tag{6-39}$$

无量纲流速表达式为，

$$u=U\sqrt{\frac{m_f L^2}{EI}} \tag{6-40}$$

其中，ω 为频率。

首先计算卡箍无量纲扭转刚度 $\bar{k}_t=k_t L^3/EI=300$ 的输流管道，采用非参方法来研究管道中点的频率响应和频率分析，并与均值模型时其数值结果进行对比，相应对比结果如图 6-3 至图 6-8 所示。

如图 6-3 至图 6-5 所示，当耗散因子 $\delta_{[K]}$ 为 0.001 时，管道频率响应曲线的 99% 可信区间与均值模型的曲线几乎重合，表明在耗散因子 $\delta_{[K]}$ 很小时，非参模型将与均值模型无异。

如图 6-6 所示，粗实线所包含区域表示在非参模型中，频率所对应的响应有 99% 包含在可信区间里。当耗散因子 $\delta_{[K]}$ 为 0.1 时，非参模型的可信区间完美包含均值模型的频率响应曲线。从图 6-6 还可看出，非参模型的可信区域随着频率增大而增大，系统误差对高阶频率影响较大。

如图 6-7 和图 6-8 所示，粗实线所包含区域表示在非参模型中，某一流速对应的频率实部或虚部有 99% 概率包含在此可信区间里，且随着流速增大，频率实部的可信区间在减小，而频率虚部的可信区间在增大。当耗散因子 $\delta_{[K]}$ 为 0.1 时，非参模型的可信区间完美包含了均值模型的频率随流体流速变化曲线。不过令人感兴趣的是，系统误差对发散和颤振失稳的临界流速几乎没有影响。

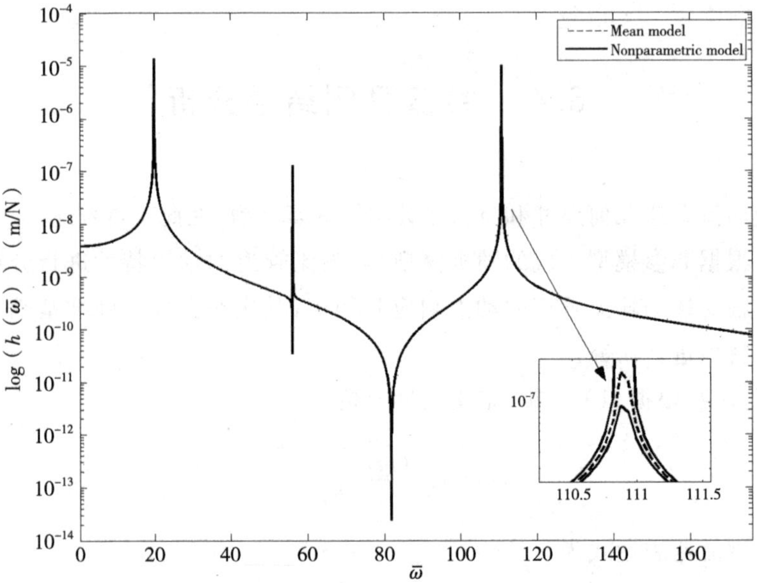

图 6-3　均值模型和可信区间为 99% 的非参模型的频率响应曲线之比较 ($u=1, x=L/2, \delta_{[K]}=0.001$)

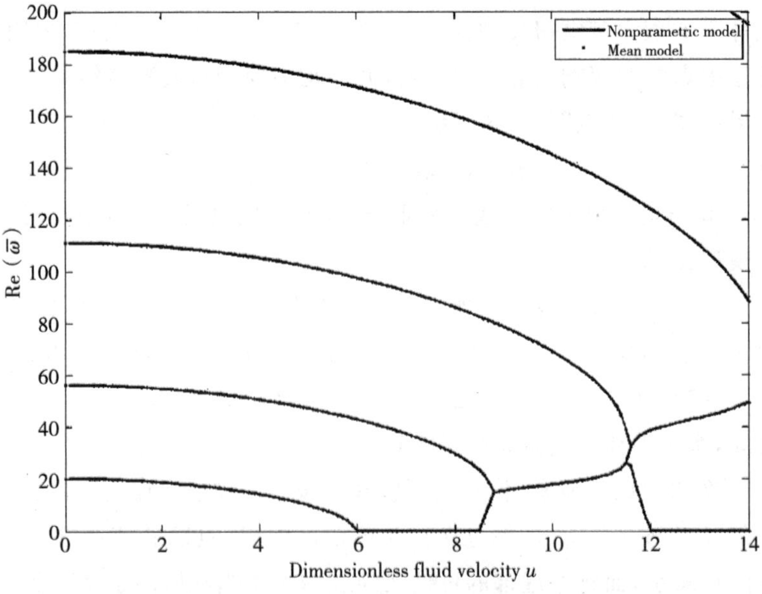

图 6-4　均值模型和可信区间为 99% 的非参模型的频率实部随流速变化曲线之比较($\delta_{[K]}=0.001$)

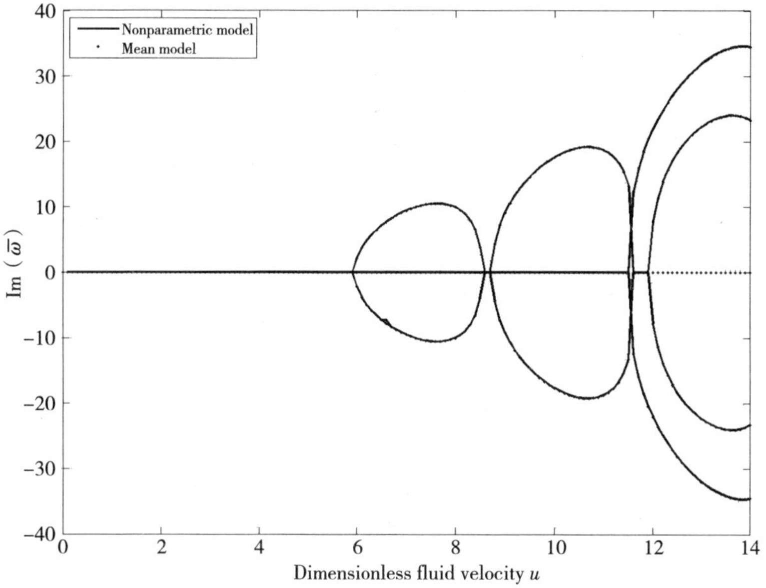

图 6-5　均值模型和可信区间为 99% 的非参模型的频率虚部随流速变化曲线之比较($\delta_{[K]}=0.001$)

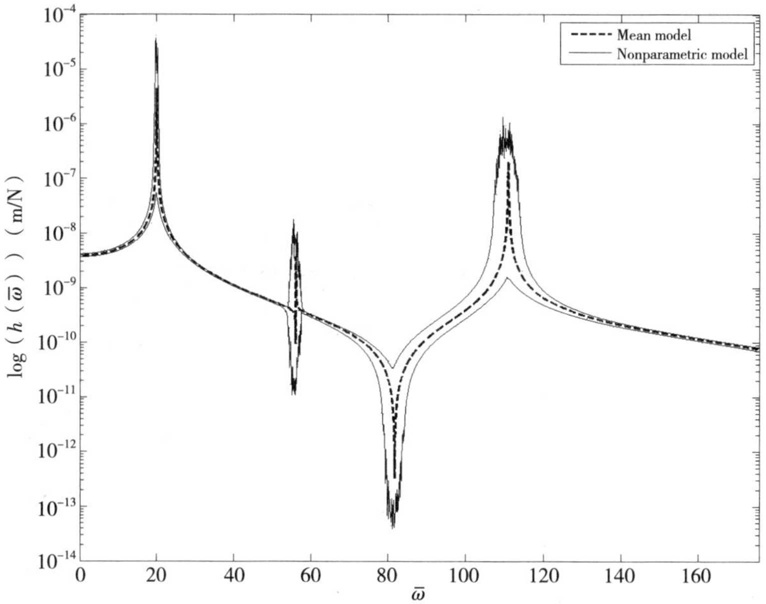

图 6-6　均值模型和可信区间为 99% 的非参模型的频率响应曲线之比较($\bar{u}=1,\delta_{[K]}=0.1$)

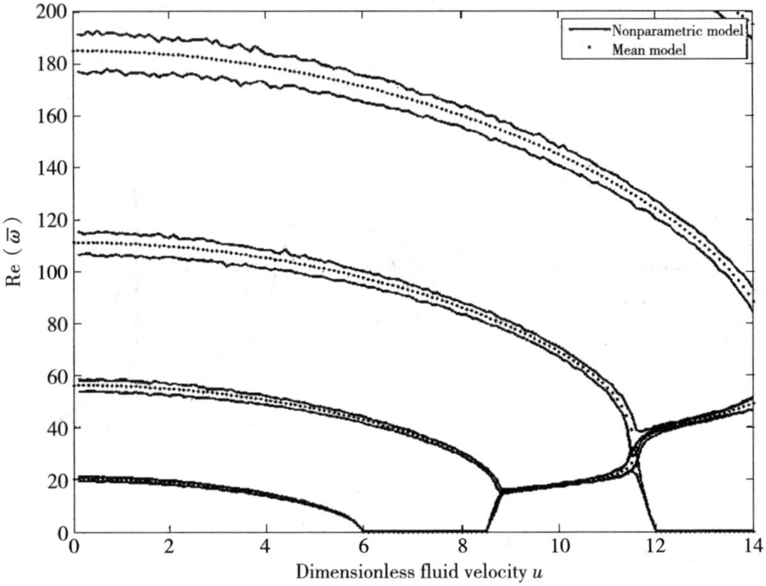

图 6-7　均值模型和可信区间为 99% 的非参模型的频率实部随流速变化曲线之比较($\delta_{[K]}=0.1$)

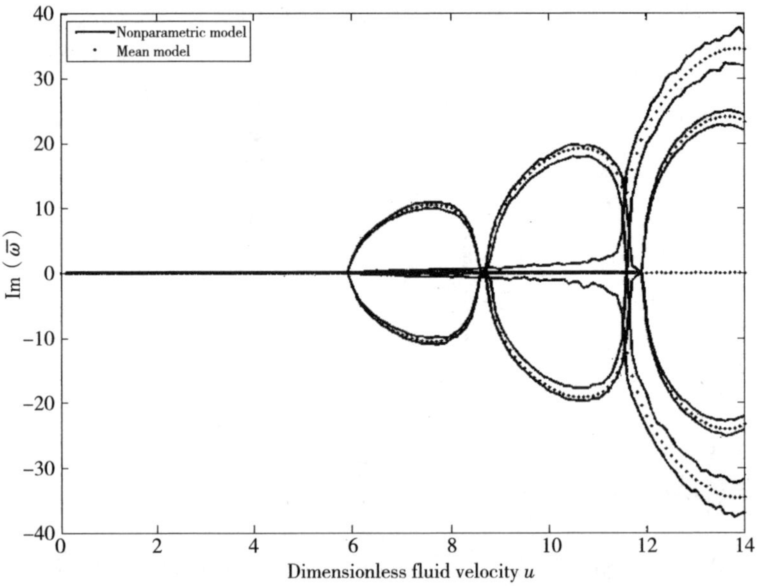

图 6-8　均值模型和可信区间为 99% 的非参模型的频率虚部随流速变化曲线之比较($\delta_{[K]}=0.1$)

为了进一步观察耗散因子对数值结果的影响，将耗散因子 $\delta_{[K]}$ 增大到 0.4，分析输流管道的动力响应，并将结果与均值模型时其数值结果进行对比，相应对比结果如图 6-9 至图 6-11 所示。如图 6-9 所示，当 $\delta_{[K]}=0.4$ 时，对于某一频率对应的响应，均值模型的数值结果并不能完美落在非参模型的可信区间里。如图 6-10 和图 6-11 所示，某一流速对应的频率实部或虚部的可信区间不能完整包含均值模型的数值结果，这与相关文献所述是不同的。在文献中，对于 Timoshenko 梁模型，提高耗散因子 δ，非参模型的动力响应可信区间会越大，而且均值模型的动力响应就越能稳定地被包含在其中。但对于输流管道，在相关文献中，非参模型也仅仅只考虑耗散因子 $\delta=0.1$ 的数值算例，并没有考虑其他耗散因子。

最后，针对弹性基础无量纲刚度 $\bar{k}_e = k_e L^4/EI = 100$ 的悬臂输流管道，采用非参方法来研究管道的临界流速，并与均值模型时其数值结果进行对比，相应对比结果如图 6-12 至图 6-14 所示。图 6-12 与图 6-3 相似，当耗散因子 $\delta_{[K]} = 0.001$ 时，管道临界流速曲线的 90% 可信区间与均值模型的曲线几乎重合，同样表明在耗散因子 $\delta_{[K]}$ 很小时，非参模型将与均值模型无异。

如图 6-13 所示，粗实线所包含区域表示在非参模型中，输流管道的临界流速有 90% 概率包含在此可信区间里。当耗散因子 $\delta_{[K]}=0.1$ 时，非参模型的可信区间完美包含了均值模型的临界流速曲线，且系统误差对临界流速曲线在"S"附近影响最大，随着质量比 β 增大，可信区间的区域越大。当耗散因子 $\delta=0.4$ 时，如图 6-14 所示，非参模型的 90% 可信区间已经不能包含均值模型的临界流速曲线。

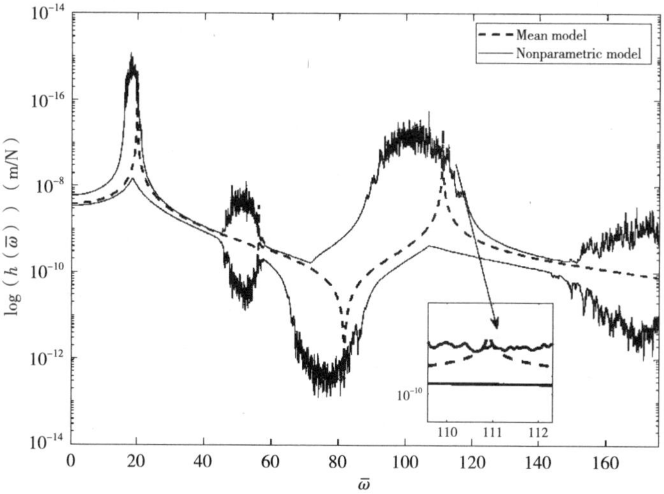

图 6-9　均值模型和可信区间为 99% 的非参模型的频率响应曲线之比较($\bar{u}=1$, $\delta_{[K]}=0.4$)

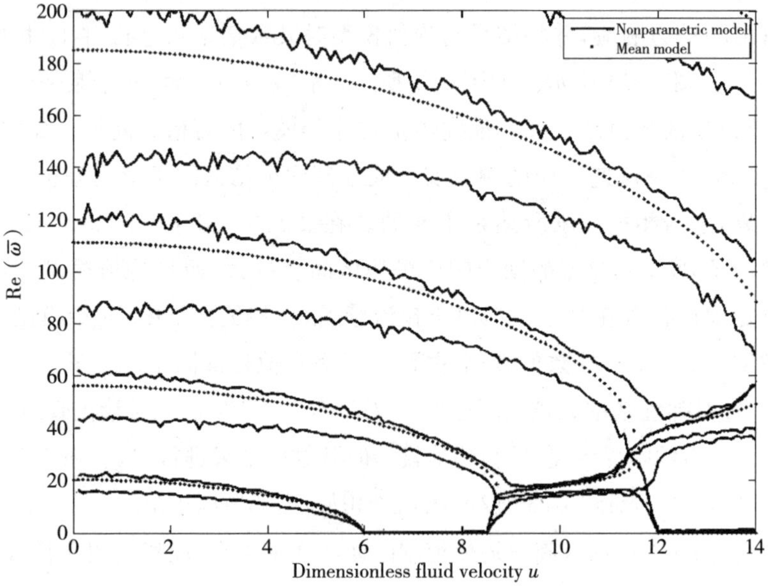

图 6-10　均值模型和可信区间为 99% 的非参模型的频率实部随流速变化曲线之比较($\delta_{[K]}=0.4$)

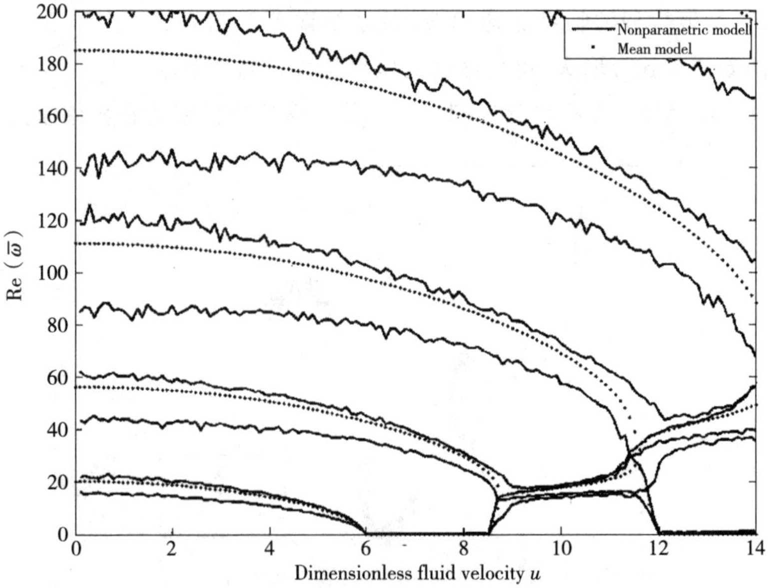

图 6-11　均值模型和可信区间为 99% 的非参模型的频率虚部随流速变化曲线之比较($\delta_{[K]}=0.4$)

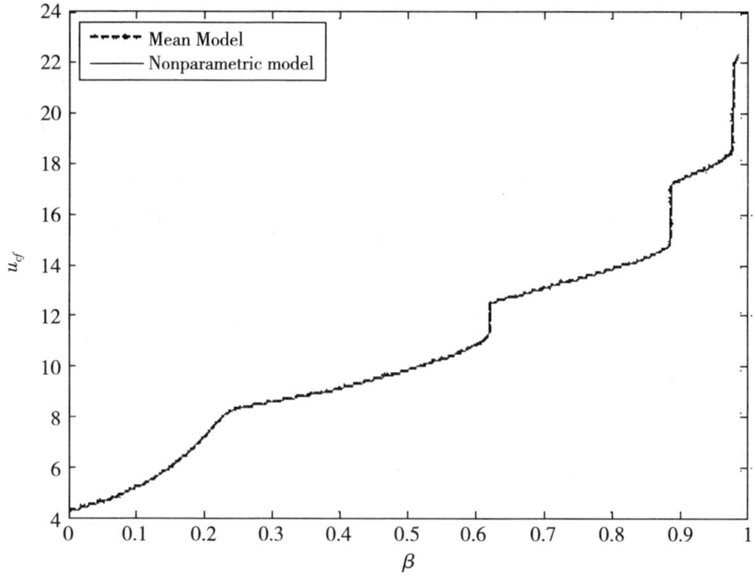

图 6-12　均值模型和可信区间为 90% 非参模型的悬臂输流管道临界流速曲线 ($\delta_{[K]}=0.001$)

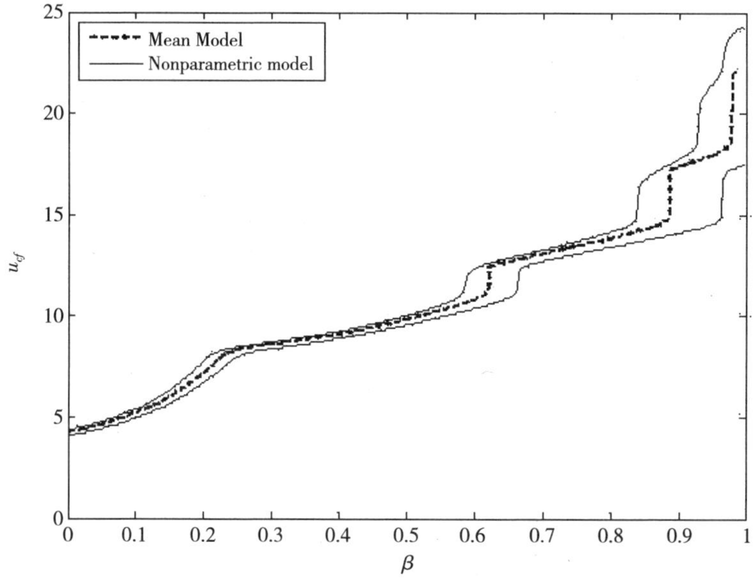

图 6-13　均值模型和可信区间为 90% 非参模型的悬臂输流管道临界流速曲线 ($\delta_{[K]}=0.1$)

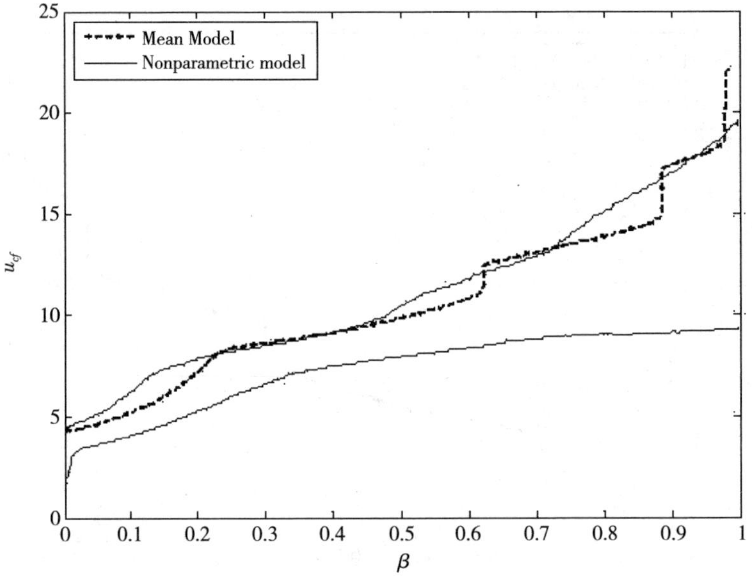

图 6-14　均值模型和可信区间为 90% 非参模型的悬臂输流管道临界流速曲线($\delta_{[K]}=0.4$)

6.5　本章小结

本章分别针对两端由卡箍约束的薄壁输流管道和弹性基础上的悬臂薄壁输流管道，基于小波有限元，应用变分法对输流管道运动微分方程进行离散，考虑卡箍支撑和弹性基础的不确定性，采用非参模型考虑不确定性引起的系统误差，进行输流管道的动力学研究。通过本章的分析，得到的主要结论如下：

1. 对于卡箍支撑的输流管道，非参模型的动力响应可信区间完全包含均值模型的曲线，系统误差对高阶频率的频率响应影响随着频率增大而增大。

2. 对于卡箍支撑的输流管道，某一流速对应的频率实部或虚部包含在非参模型的可信区间里，且随着流速增大，频率实部的可信区间在减小，而频率虚部的可信区间在增大，但是系统误差对发散和颤振失稳几乎没有影响。

3. 对于弹性基础上的输流管道，非参模型的可信区间完美包含均值模型的临界流速曲线，随着质量比的增大，系统误差对临界流速影响越大，并且在曲线“S”附近，可信区间的区域较大。

4. 对于输流管道，增大耗散因子 δ，非参模型的可信区间并不能更好地包含均值模型。

7 卡箍支撑下输流管道流固耦合动力响应的试验和仿真研究

7.1 引 言

前几章均是从理论和数值上分析输流管道，而试验和仿真研究也是输流管道流固耦合振动研究的重要内容，在许多文献中试验和仿真研究一般用来验证理论分析结果。Long 进行输流管道试验，验证其数值结果。Benjamin 针对铰链连接的输流管道进行了试验分析。Gregory 和 Paidoussis 采用试验研究了悬臂输流管道，从而验证了其发生颤振结论的正确性。Karagiozis 针对两端固定的输流薄壳，采用试验研究了其动力特性。

在工业系统中，输流管道主要有输送流体、提供机构执行的动力等作用。输流管道在长距离输送流体时，需要复杂的夹紧约束或安装器件，以航空管道为例，输流管道一般通过多个卡箍与机体相连，即为多跨度管道。卡箍结构包含垫圈、箍带两部分，垫圈材料一般采用橡胶材料，箍带一般是合金钢或铝合金材料。由于卡箍的复杂结构，其对管道的约束非常复杂。李宝辉采用简单支撑模拟卡箍约束，应用动刚度法求解多跨度输流管道自由振动。邓家全应用结合波动法和动刚度法的杂交法进行了多跨度功能梯度材料输流管道的稳定性分析。EL-SAYED 结合变分迭代法和传递矩阵法分析了多跨度输流管道的自由振动和稳定性。以上研究均将卡箍约束简化为简单支撑，但其力学性能非常复杂，简单支撑远远不能说明其力学作用。

在工程中，因为流固耦合作用，输流管道振动问题引发的故障日益严重。输流管道在内流环境不改变的情形下，支撑结构对输流管道的流固耦合振动影响不可忽视。第 6 章采用非参方法预测了卡箍支撑时输流管道的动力响应，本章通过试验,研究和分析了在卡箍支撑下输流管道流固耦合的振动响应。本章结合工程实际,通过随机振动试验和液压冲击试验,主要研究了分别在标准卡箍支撑和新型卡箍支撑下输流管路的振动响应,并比较了在标准卡箍支撑和新型卡箍支撑下的振动特性差别;然后,研究了罚函数法在输流管道流固耦合振动计算中的应用,结合罚函数法和里兹法,采用罚函数法施加卡箍约束及里兹法离散微分方程,求解了单跨度、多跨度输流直管和非线性输流曲管的模态频率,并分析了罚函数在求解输流管道频率问题上的有效性和准确性。

7.2 试验原理及内容

7.2.1 输流管道与卡箍

本章试验对象为复杂的空间输流管道,如图 7-1 所示。由于两管测试内容、安装方式相同,其振动特性相同,在本章中仅对管 2(PII) 的试验进行分析。

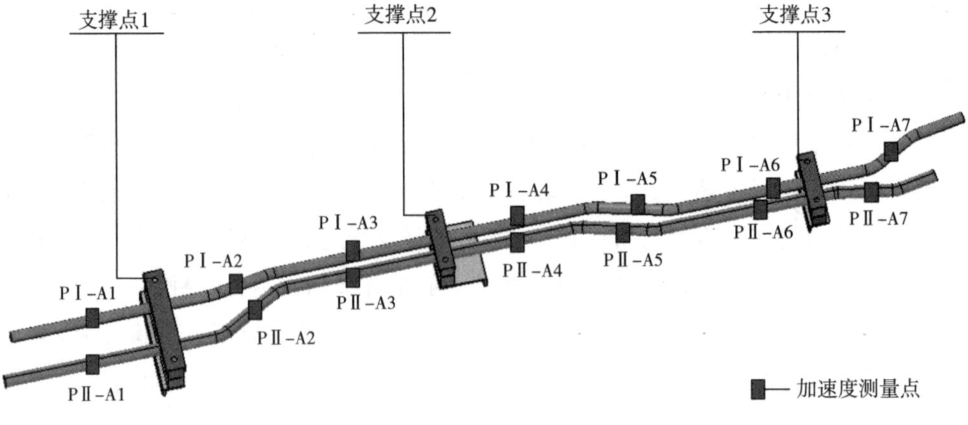

图 7-1　输流管道结构与加速度测量点布置示意图

本试验共选择 2 种不同材质和形式的支撑方式,分别为标准卡箍(一般的铝合金卡箍)和新型卡箍,如图 7-2 所示,标准卡箍窄,橡胶薄,而新型卡箍宽,橡胶厚。将卡箍安装在图 7-1 中的支撑点 1、支撑点 2 和支撑点 3 处,固定在试验夹具上,然后分别在环境振动和液压冲击作用下,测量图 7-3 中各参考测量点(PI-A1,PI-A2,…,PI-A7,PII-A1,PII-A2,…,PII-A7) 的振动响应。

（a）新型卡箍

（b）标准卡箍

图 7-2　两种卡箍结构

7.2.2　试验原理

输流管路试验系统原理如图 7-3 所示。试验系统可以模拟管路内流体流动以及环境振动。管路的内部流体流动环境通过闭式循环液压系统进行模拟，而环境振动通过振动台的运动进行模拟。

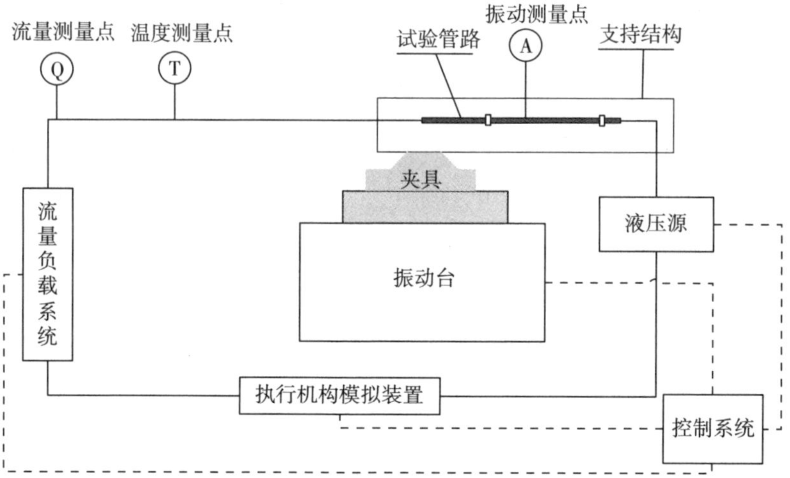

图 7-3　输流管道振动试验原理图

整个系统由液压能源系统、流量负载模拟系统、振动环境模拟系统、典型被试导管以及管路支撑组成。液压能源系统模拟液压能源系统的压力、流量等参数；流量负载模拟系统模拟液压系统用户的流量需求。试验时，将目标试验件安装在试验段中,在管路的内流环境以及振动环境的同时作用下进行各项试验。试验的测量仪器设备包括:压力传感器、加速度传感器、功率放大器、电荷放大器、信号采集系统及相应的动态信号数据分析系统。

不同支撑下输流管道振动响应试验现场如图 7-4 所示,采用振动台的水平振动模拟环境振动,液压源由液压油车提供,油源的关闭频率模拟液压冲击频率,信号由 LMS 数据采集器获取并分析。卡箍支撑和加速度传感器安装如图 7-5 所示,加速度传感器安装方向与主振方向保持一致。

图 7-4　不同支撑下输流管道振动响应试验现场图

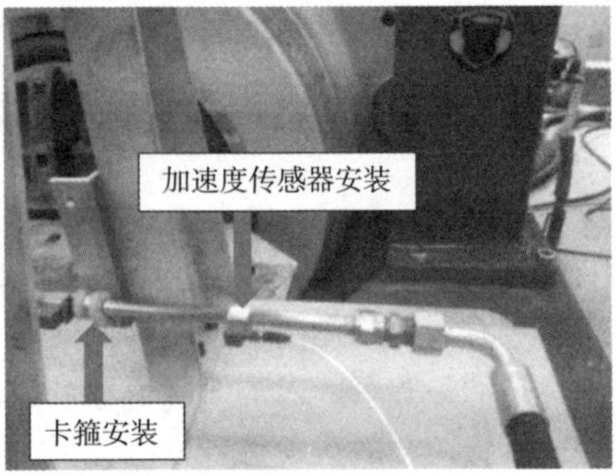

图 7-5　卡箍支撑和加速度传感器安装图

7.2.3　试验内容

振动试验时,两根管路各自单独进行。管路固定装置可同时使用标准卡箍或新型卡箍,管路采用 3 点支撑形式(即 3 个支撑处都安装止卡箍),管路工作压力分别为 0MPa、10MPa 和 21MPa,具体的测试内容及状态见表 7-1 所列。机体振动采用宽带随机载荷谱,而液压冲击采用不同的液压频率进行试验。

表 7-1　试验内容及状态

序号	约束类型	试验状态		
		支撑数量	液体压力(MPa)	试验载荷
1	标准卡箍	3	0	环境振动 液压冲击
2			10	
3			21	

（续表）

序号	约束类型	试验状态		
		支撑数量	液体压力（MPa）	试验载荷
4	新型卡箍	3	0	环境振动 液压冲击
5			10	
6			21	

管路环境振动试验载荷谱为宽带随机谱，如图 7－6 所示。

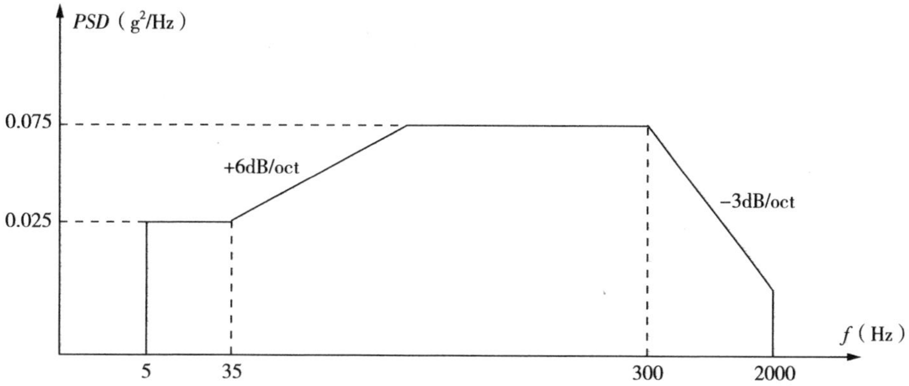

图 7－6　管路环境振动试验载荷谱

测试时在管路上安装加速度传感器，测量管路各测量点的加速度响应。加速度响应测量点的布置位置如图 7－1 所示，共 14 个点，其中 PI 代表 1 号管路，PII 代表 2 号管路。加速度传感器的粘贴方向应和振动台主振方向一致。

7.2.4　试验结果及分析

本章试验结果采用常规的振动试验数据处理流程，具体过程如下：

（1）提取测量点的原始振动（加速度）数据；

（2）对试验数据进行 FFT 变换，得到各测量点的频响曲线，获取频谱信息；

（3）对各测量点进行谱分析，得到加速度均方根值；

（4）以均方根值为基准，比较不同状态各测量点的振动响应量级。

1. 环境振动试验结果及分析

在环境振动下，在 0MPa、10MPa 和 21MPa 压力下管道的第 2 点（PII-A2）和第

5点(PII-A5)的加速度功率谱密度曲线如图7-7至图7-9所示。从图中可以看出：在三种压力影响下，两种支撑下的管道振动响应差异较大，在标准卡箍支撑下，波峰较多，振动特性有较大不同，且新型卡箍支撑时在大部分频域区间内响应小于标准卡箍支撑。

在标准卡箍和新型卡箍两种支撑下管道中两个测量点(PII-A2 和 PII-A5)的加速度功率谱密度均方根比较见表7-2所列。从表中可以看出，在环境振动和静态压力联合作用的环境下，两种支撑下管道振动响应差异较大，采用新型卡箍支撑后振动响应大幅度降低，最大降低幅度达83%左右，可以看出新型卡箍的刚度比标准卡箍大。

表7-2 不同卡箍支撑下加速度功率谱密度均方根比较

压强	测量点	标准卡箍	新型卡箍	下降比*
0MPa	2	0.15644	0.079721	49%
	5	1.729316	0.294271	83%
10MPa	2	0.62433	0.266602	57%
	5	0.539279	0.221779	59%
21MPa	2	0.630678	0.222643	65%
	5	0.153258	0.093986	39%

注 *：下降比 =(标准卡箍 − 新型卡箍)/ 标准卡箍 × 100%

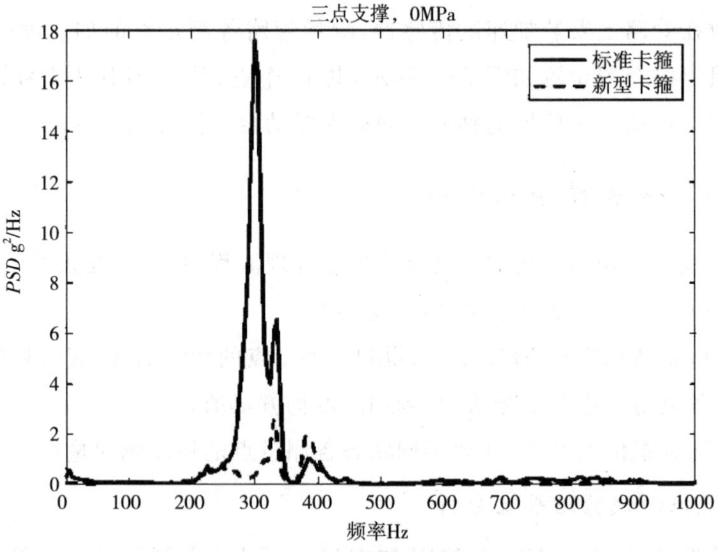

(a) 第2点

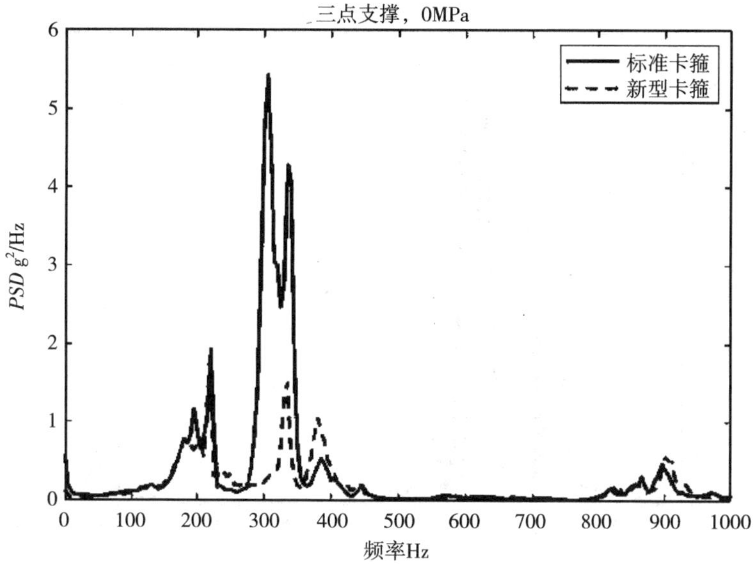

（b）第5点

图 7-7　不同卡箍支撑时测量点 2 和 5 的加速度功率谱密度曲线比较(0MPa)

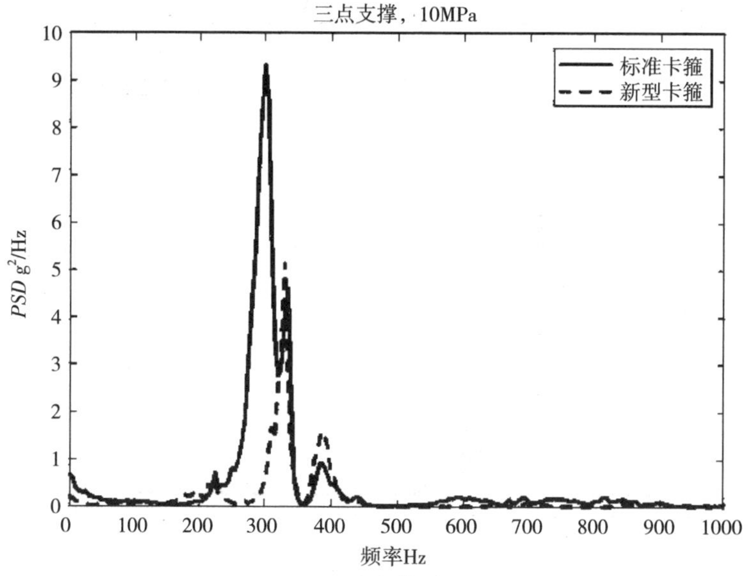

（a）第2点

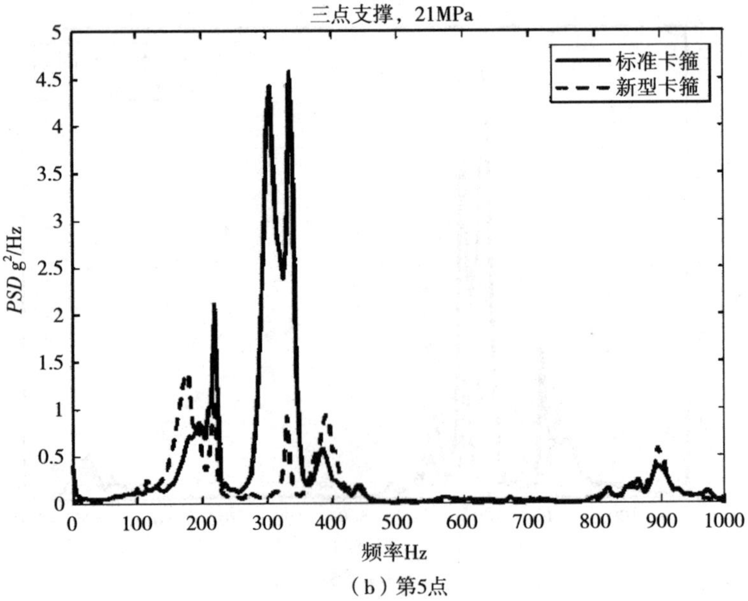

（b）第5点

图 7-8　不同卡箍支撑时测量点 2 和 5 的加速度功率谱密度曲线比较(10MPa)

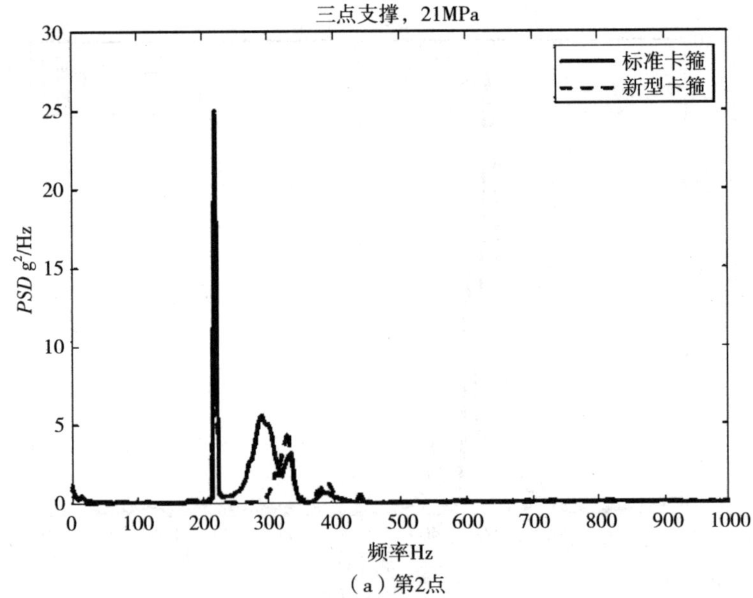

（a）第2点

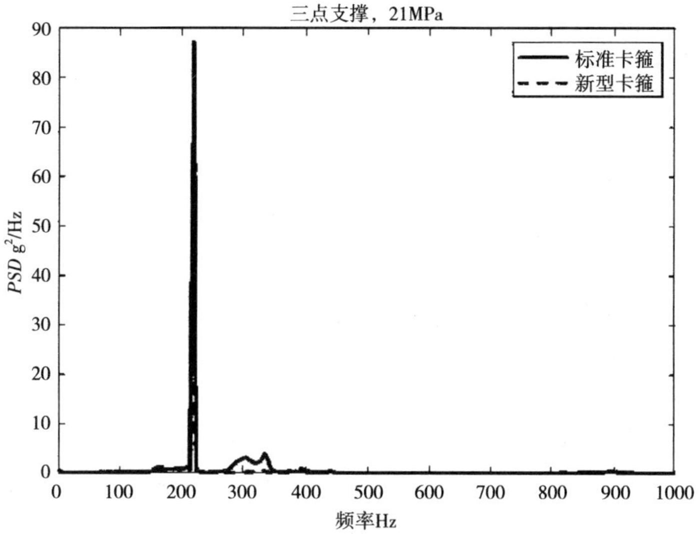

（b）第5点

图 7-9　不同卡箍支撑时测量点 2 和 5 的加速度功率谱密度曲线比较（21MPa）

2. 液压冲击试验结果及分析

在标准卡箍支撑下，不同频率的液压冲击载荷作用时管道第 2 点和第 5 点的加速度功率谱密度曲线如图 7-10 至图 7-12 所示，从图中可以看出：虽然液压冲击频率不同，但管路系统动态特性基本一致。从图 7-10 和图 7-11 特别是图 7-11(a) 中可以明显看出，在不同频率的冲击载荷作用下管道会产生相应的频率振动。

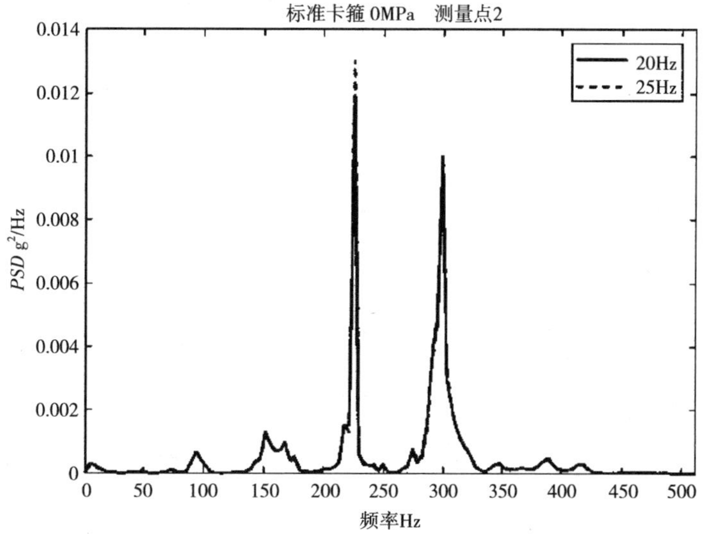

（a）第2点

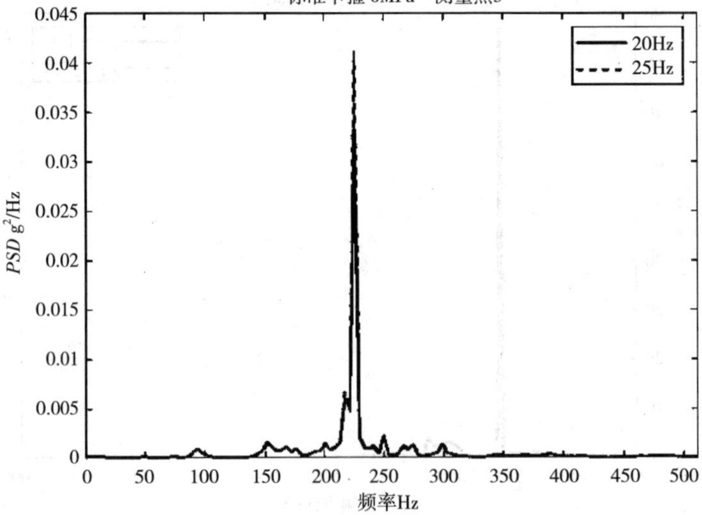

(b) 第5点

图 7-10 液压冲击频率不同时测量点 2 和 5 的加速度功率谱密度曲线比较

(标准卡箍,0MPa)

在新型卡箍支撑下,不同频率的冲击载荷作用时第 2 点和第 5 点的加速度功率谱密度曲线如图 7-13 至图 7-15 所示,从图中可以得出与标准卡箍约束下的相同结论。图 7-13 所示的加速度功率谱密度曲线比较紊乱,可能是管道或传感器的安装不当引起的。

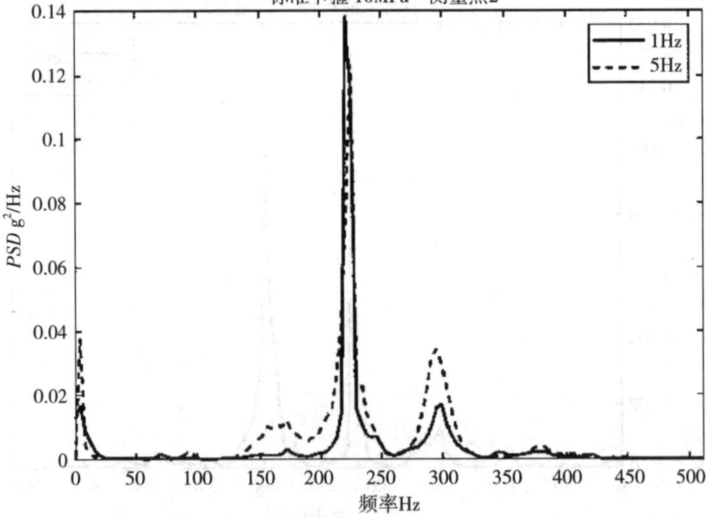

(a) 第2点

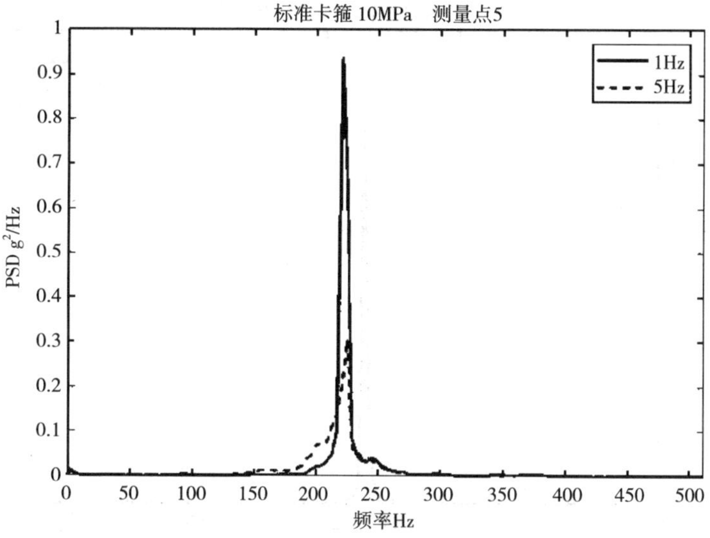

（b）第5点

图 7-11 液压冲击频率不同时测量点 2 和 5 的加速度功率谱密度曲线比较（标准卡箍，10MPa）

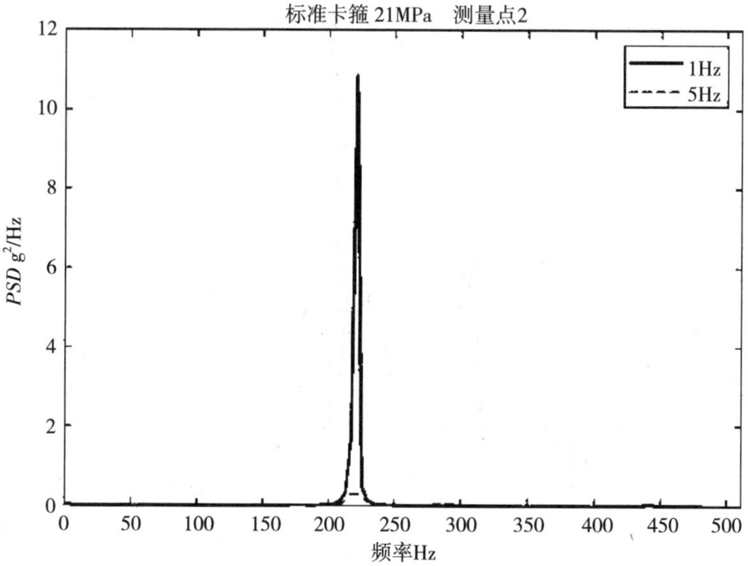

（a）第2点

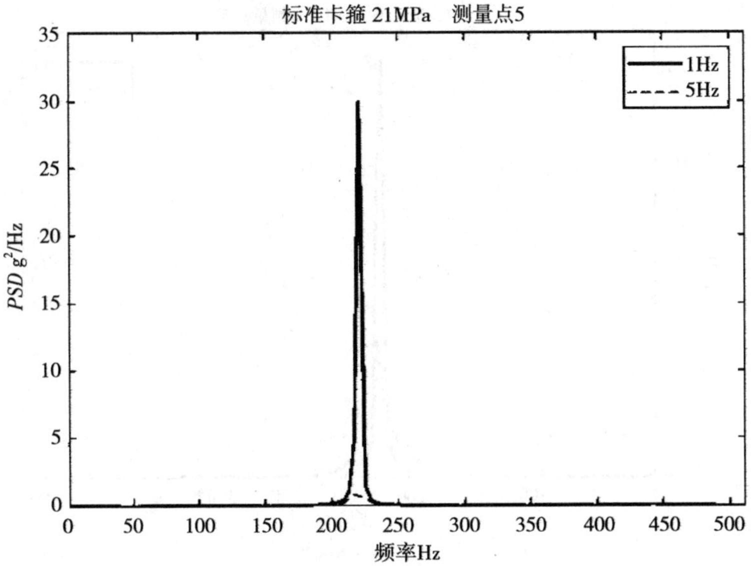

(b) 第5点

图 7－12　液压冲击频率不同时测量点 2 和 5 的加速度功率谱密度曲线比较

(标准卡箍，21MPa)

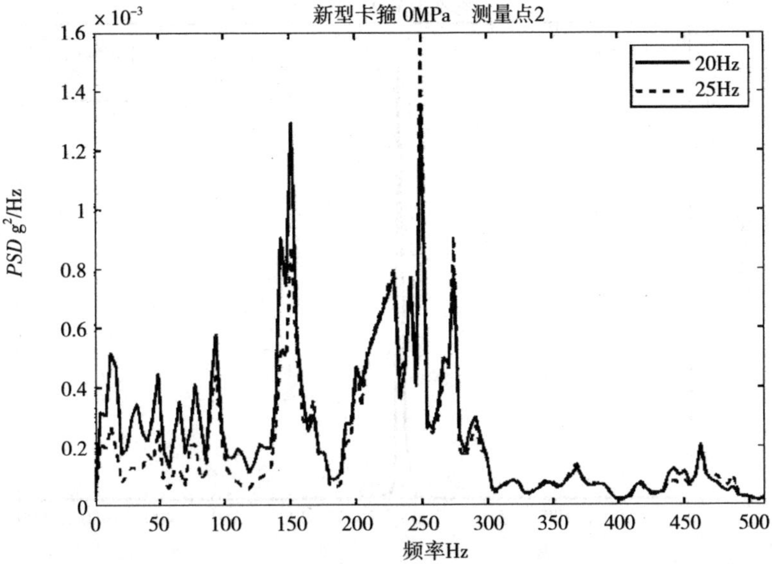

(a) 第2点

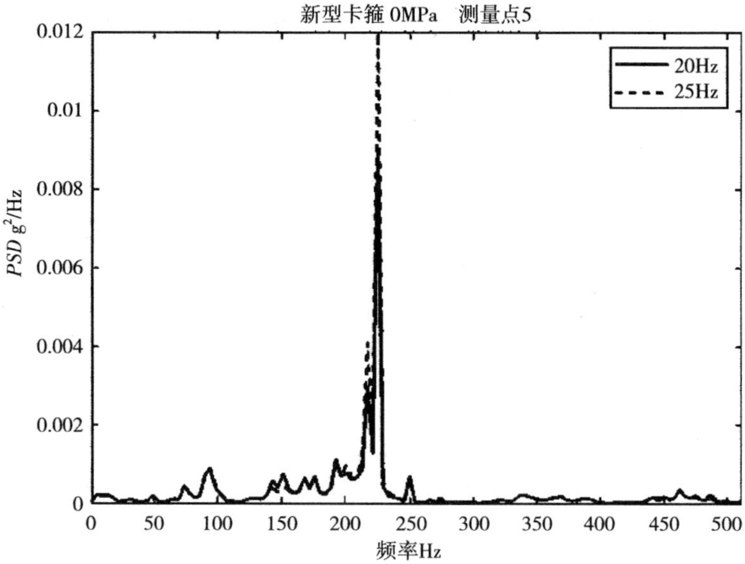

（b）第5点

图 7-13 液压冲击频率不同时测量点 2 和 5 的加速度功率谱密度曲线比较（新型卡箍，0MPa）

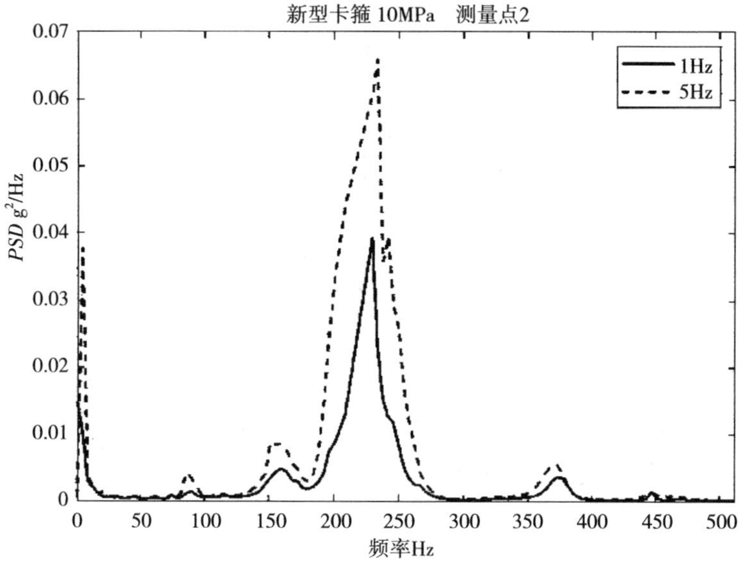

（a）第2点

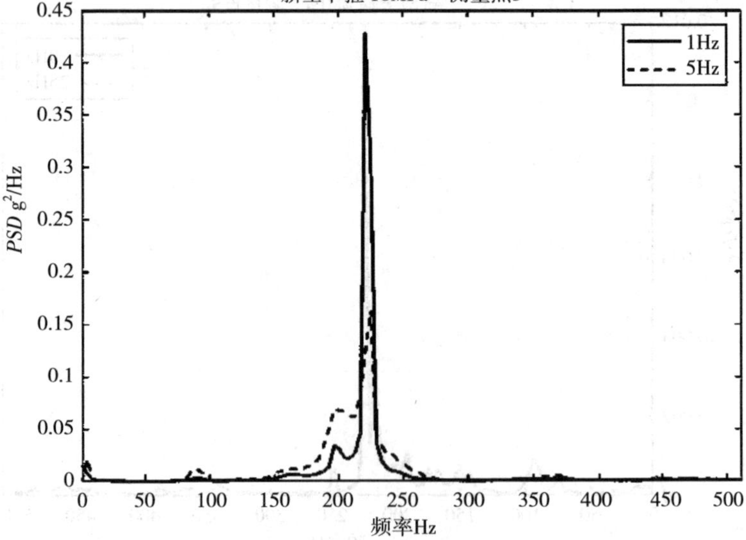

(b) 第5点

图 7-14 液压冲击频率不同时测量点 2 和 5 的加速度功率谱密度曲线比较（新型卡箍，10MPa）

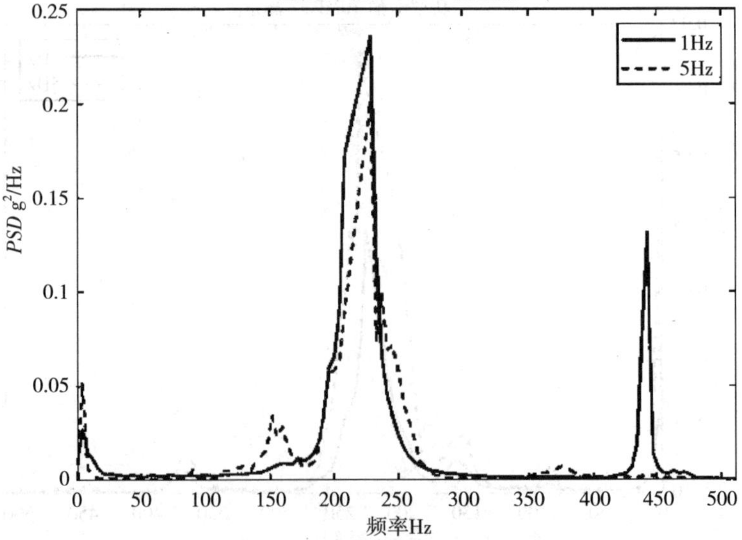

(a) 第2点

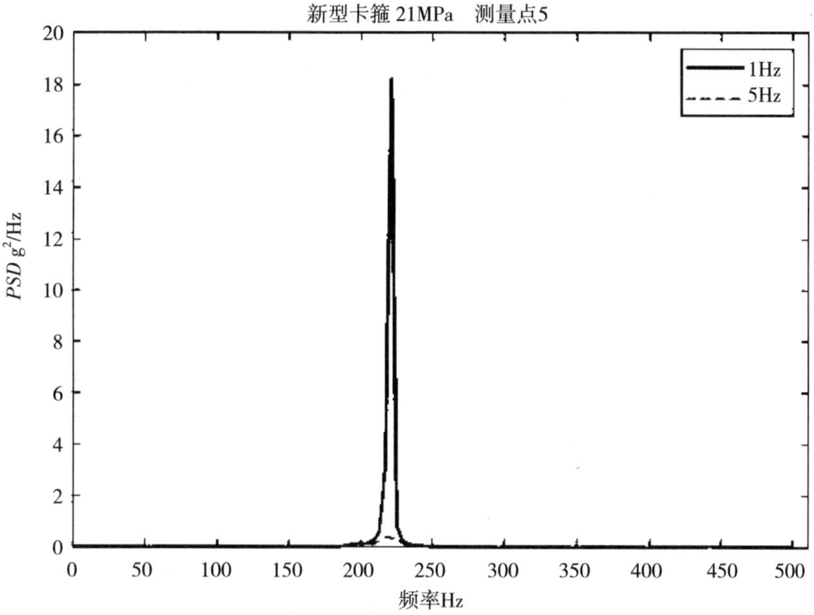

（b）第5点

图 7-15　液压冲击频率不同时测量点 2 和 5 的加速度功率谱密度曲线比较
（新型卡箍，21MPa）

在压力为 0MPa 和不同频率（20Hz、25Hz、30Hz）的液压冲击下，不同卡箍支撑下管道第 2 点和第 5 点的加速度功率谱密度曲线如图 7-16 至图 7-18 所示，从图中可以看出在新型卡箍支撑下管道振动响应振幅较低，可能是由于压力较小，没有呈现相同的动态特性。在压力为 10MPa 和不同频率（1Hz、5Hz、10Hz）的液压冲击下，不同卡箍支撑下管道第 2 点和第 5 点的加速度功率谱密度曲线如图 7-19 至图 7-21 所示。在压力为 21MPa 和不同频率（1Hz、5Hz）的液压冲击下，不同卡箍支撑下第 2 点和第 5 点的加速度功率谱密度曲线如图 7-22 和图 7-23 所示。图 7-19 至图 7-23 清晰地表明：在相同的激励下，两种卡箍支撑下管路系统振动特性基本一致，但新型卡箍支撑下的管道振动响应比标准卡箍支撑下的要小很多；在不同的液压冲击频率下，管道会产生相应频率的振动响应。在液压冲击试验下，新型卡箍和标准卡箍两种支撑下的管道振动响应比较见表 7-3 所列，从表中可知，新型卡箍均比标准卡箍的振动响应小，且下降最高达到 95%，可见新型卡箍的支撑方式能够极大地降低响应。

表 7-3　在液压冲击试验下,新型卡箍和标准卡箍两种支撑下的管道振动响应比较

压强	液压频率	测量点	标准卡箍	新型卡箍	下降比
0MPa	20Hz	2	0.000786	0.000171	78%
		5	0.001555	0.000453	71%
	25Hz	2	0.000826	0.000152	82%
		5	0.001901	0.00059	69%
	30Hz	2	0.000434	0.0000781	82%
		5	0.001613	0.000565	65%
10MPa	1Hz	2	0.008319	0.003661	56%
		5	0.051779	0.023995	54%
	5Hz	2	0.008104	0.007949	2%
		5	0.019853	0.012732	36%
	10Hz	2	0.068577	0.066459	3%
		5	0.019853	0.012732	36%
21MPa	1Hz	2	0.492951	0.025264	95%
		5	1.361775	0.830331	39%
	5Hz	2	0.025206	0.0194	23%
		5	0.061914	0.03317	46%

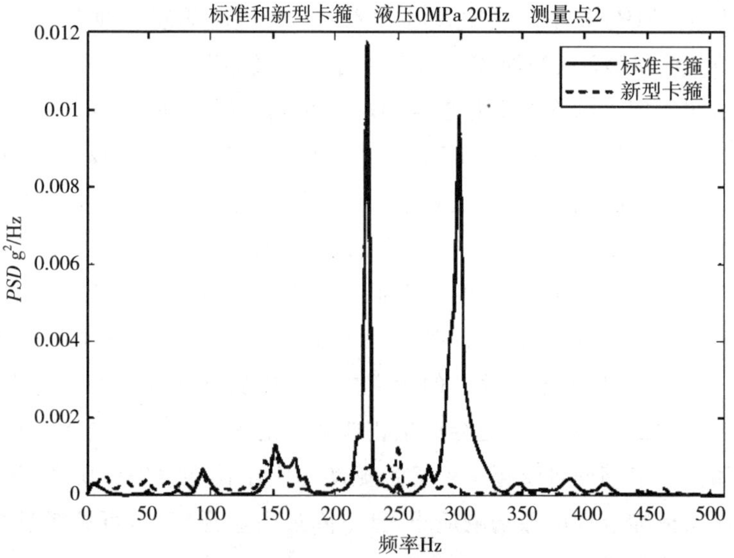

(a) 第2点

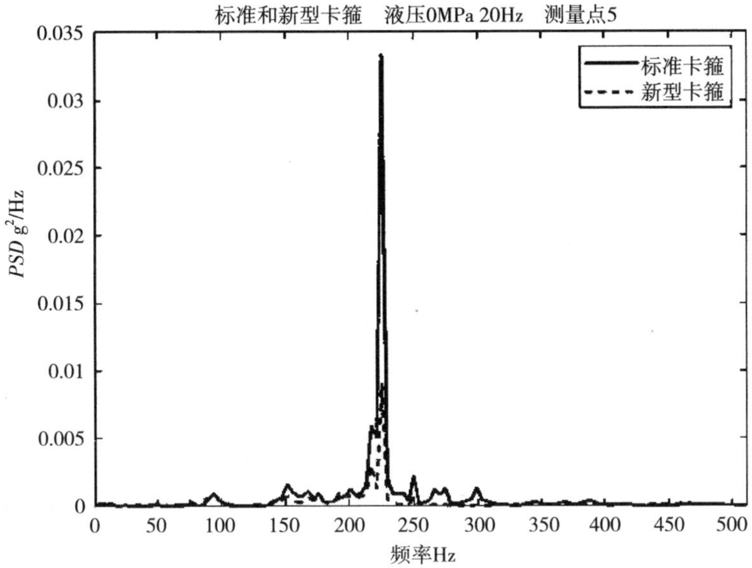

（b）第5点

图 7 - 16 不同卡箍支撑时测量点 2 和 5 的加速度功率谱密度曲线比较

（液压冲击，0MPa，20Hz）

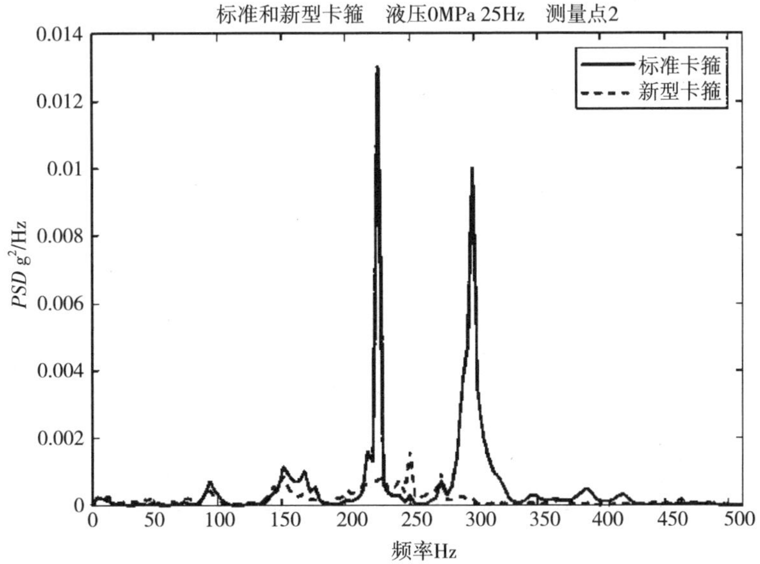

（a）第2点

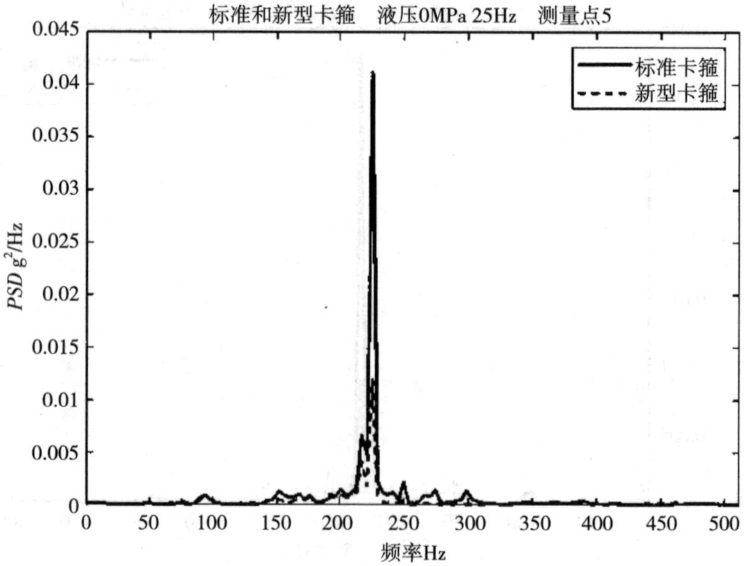

（b）第5点

图 7 - 17　不同卡箍支撑时测量点 2 和 5 的加速度功率谱密度曲线比较
（液压冲击，0MPa，25Hz）

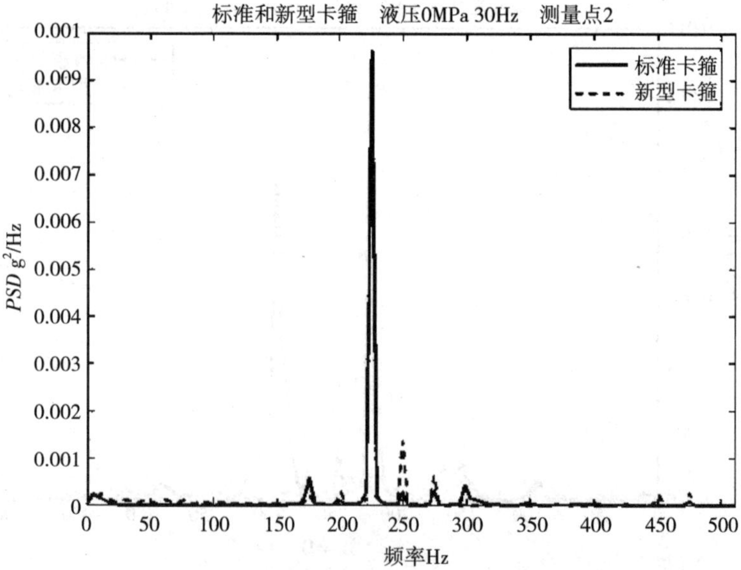

（a）第2点

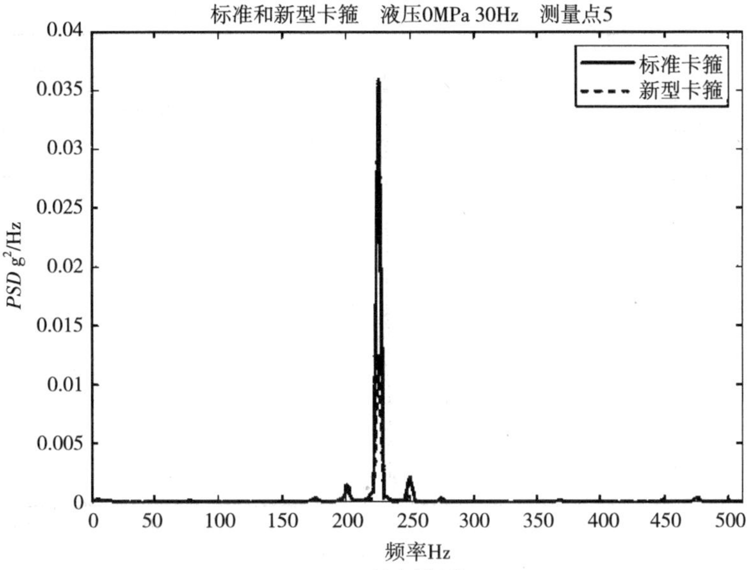

（b）第5点

图 7－18　不同卡箍支撑时测量点 2 和 5 的加速度功率谱密度曲线比较（液压冲击，0MPa，30Hz）

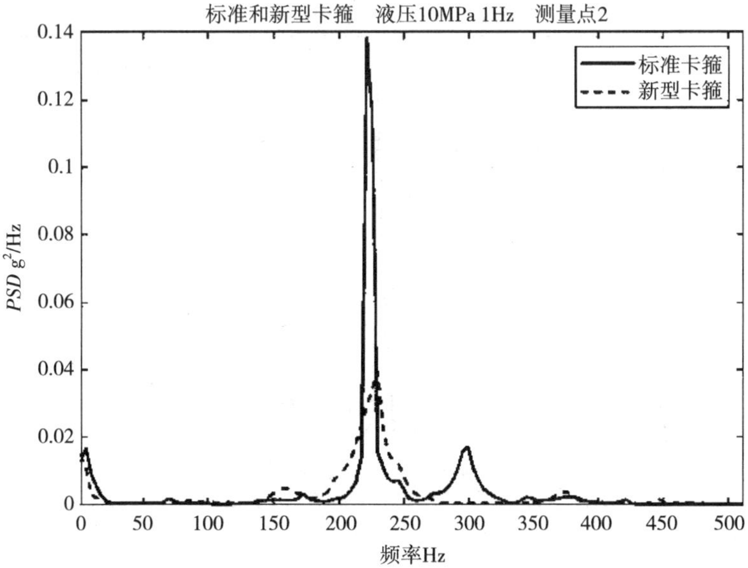

（a）第2点

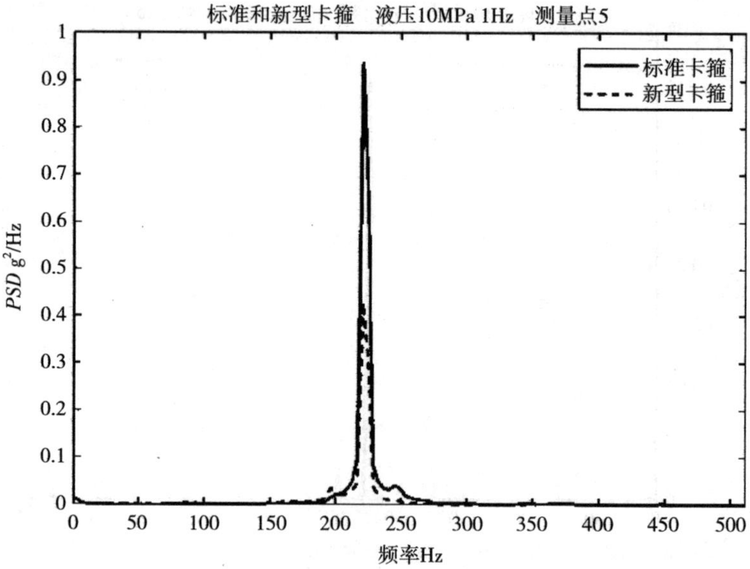

（b）第5点

图 7-19 不同卡箍支撑时测量点 2 和 5 的加速度功率谱密度曲线比较（液压冲击，10MPa，1Hz）

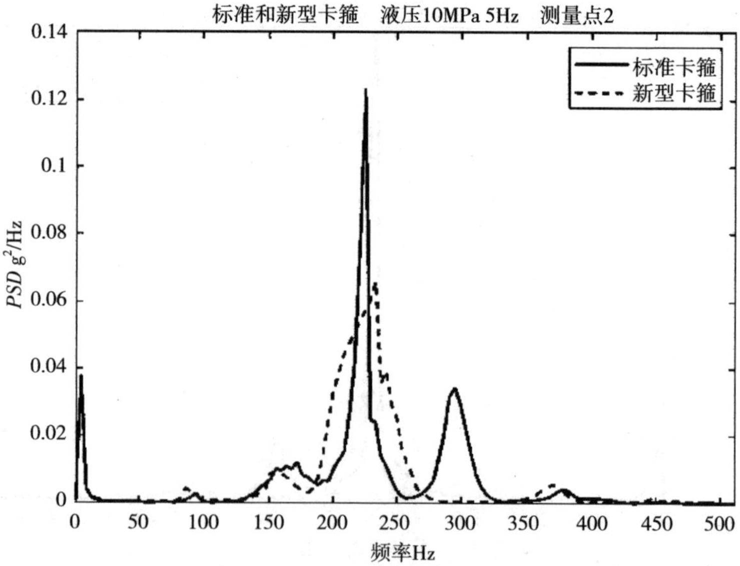

（a）第2点

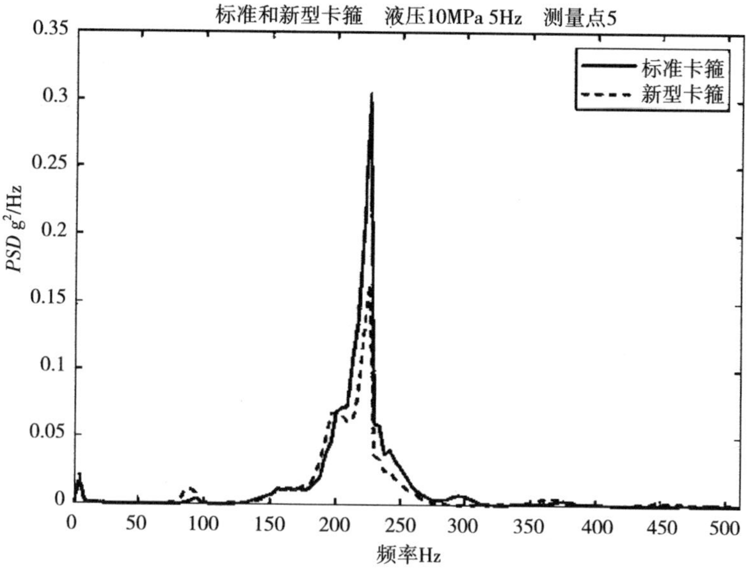

（b）第5点

图 7-20 不同卡箍支撑时测量点 2 和 5 的加速度功率谱密度曲线比较

（液压冲击，10MPa，5Hz）

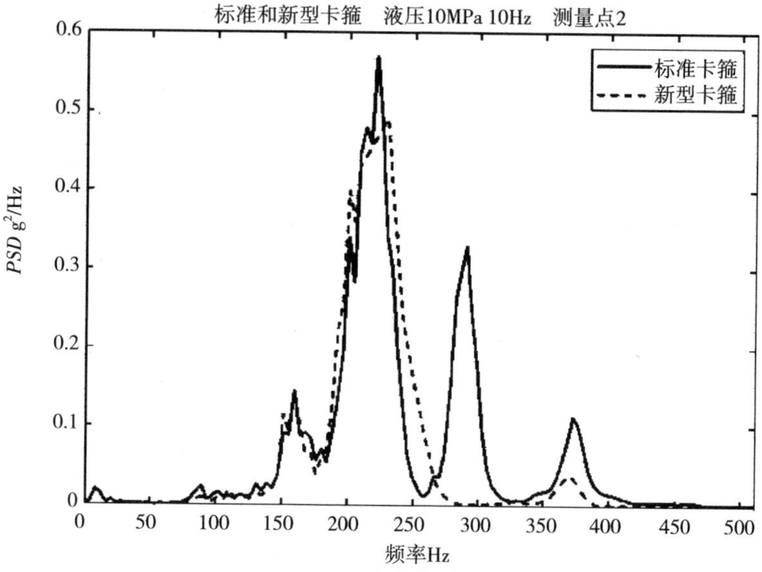

（a）第2点

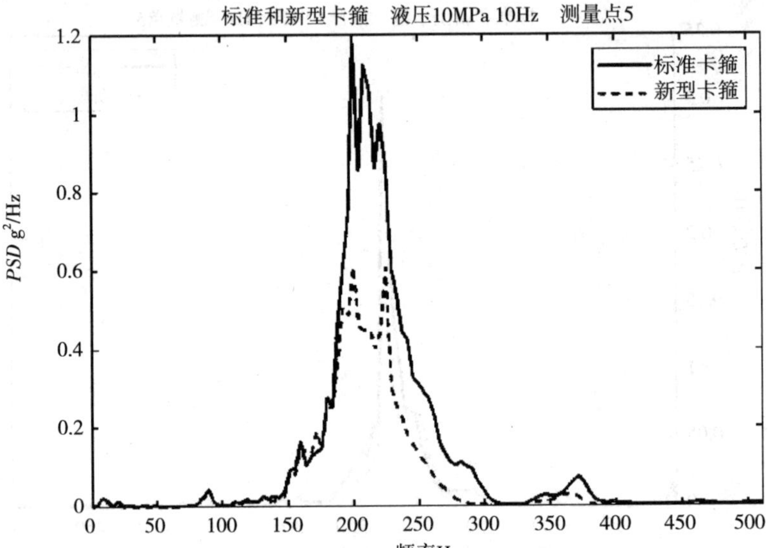

（b）第5点

图 7-21　不同卡箍支撑时测量点 2 和 5 的加速度功率谱密度曲线比较
（液压冲击，10MPa，10Hz）

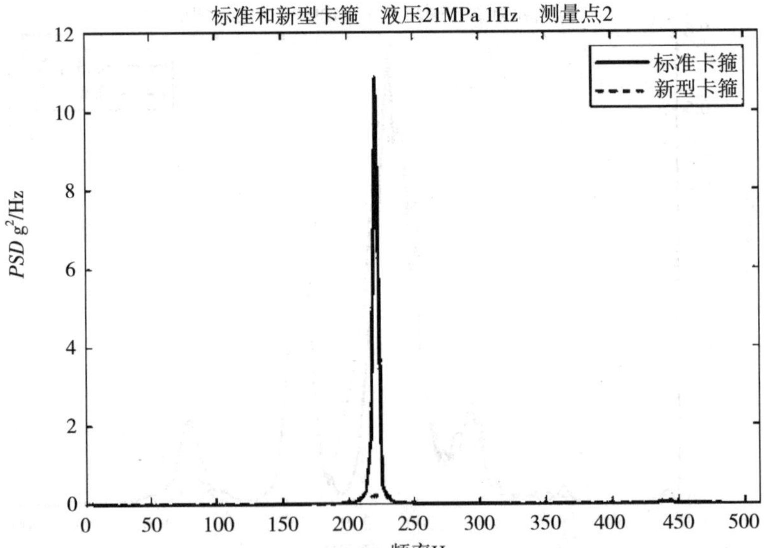

（a）第2点

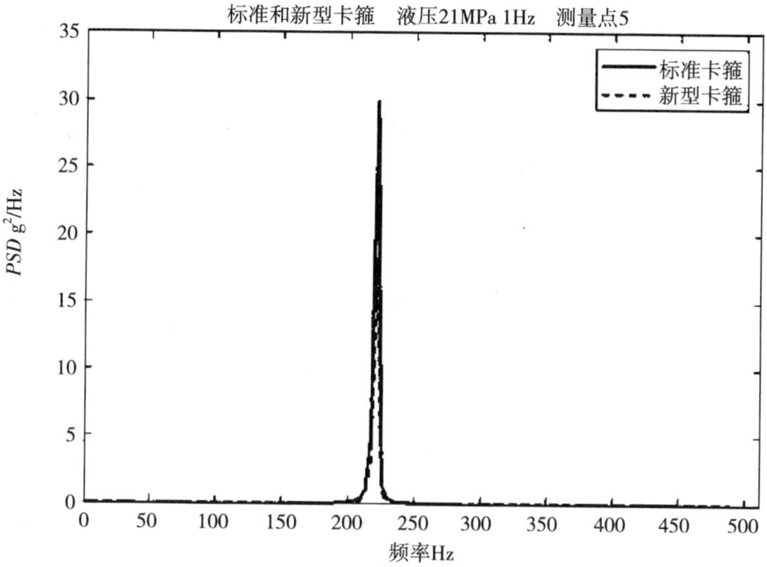

（b）第5点

图 7-22 不同卡箍支撑时测量点 2 和 5 的加速度功率谱密度曲线比较

（液压冲击，21MPa，1Hz）

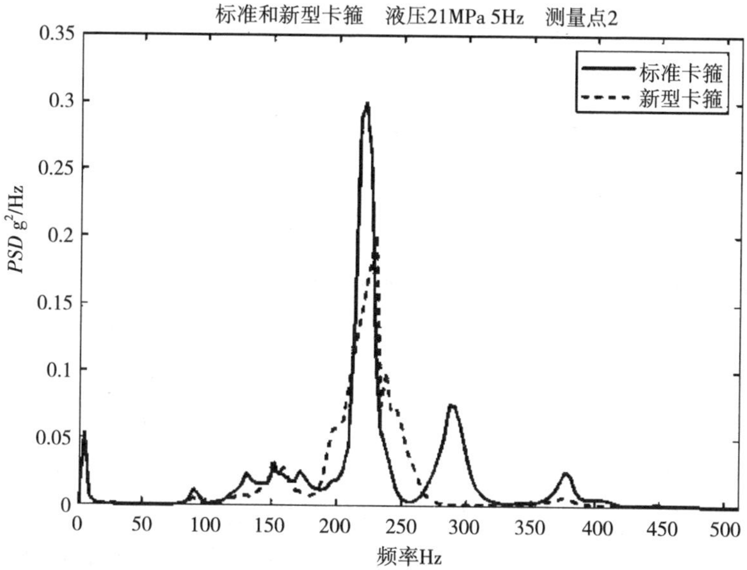

（a）第2点

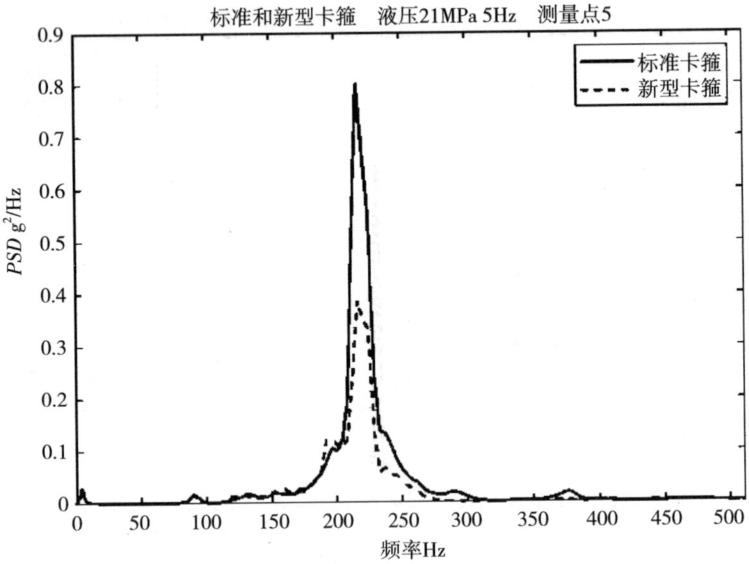

（b）第5点

图 7-23 不同卡箍支撑时测量点 2 和 5 的加速度功率谱密度曲线比较（液压冲击，21MPa，5Hz）

7.2.5 本节小结

本小节通过随机振动试验和液压冲击试验，分别比较了在标准卡箍和新型卡箍两种支撑下的输流管道振动响应。通过试验结果的对比，分析了两种支撑下管道动力学特性的差别。根据本节数据处理和分析，将结论整理如下：

1. 在环境振动和静态压力联合作用的环境下，与标准卡箍支撑相比，新型卡箍支撑的管路振动响应大幅度降低，最大降低幅度达 83%。

2. 在标准卡箍和新型卡箍两种支撑下，不同频率的冲击载荷作用时，各测量点的加速度功率谱密度曲线所呈现的管路系统动态特性基本一致；同一种试验状况下（同种支撑），不同频率的冲击载荷作用下管路会产生相应频率的振动。

3. 不同卡箍支撑下，在同一频率的液压冲击环境中，各测量点的加速度功率谱密度曲线所呈现的管路系统动态特性基本一致，在相同激励情况下，新型卡箍支撑下的振动响应要比标准卡箍支撑下的振动响应小很多，最大降低幅度达 95%。

综上所述，在环境随机振动及液压冲击作用下，在两种卡箍支撑下，管路的振动响应差异较大，可见新型卡箍的刚度比标准卡箍大。因而在管路内流环境不能改变的条件下，通过优化管路支撑是降低管路振动响应的有效途径。

7.3 罚函数法模拟卡箍约束仿真分析

本节将采用罚函数法模拟管道约束条件，分析输流管道的频率。罚函数法是一种对系统施加约束的方法，一般过程是将一个罚函数加入系统势能，即系统中增加了用户定义的数值表示的约束，其物理解释是在系统中加入刚度很大的弹簧，也称其为刚度惩罚法。Askes 和 Ilanko 等在罚函数基础理论和应用方面做了很多工作。Askes 采用罚函数法施加了节点与节点间约束，Ilanko 等提出正、负惩罚函数均可获得精确的结果，且不需要过大的惩罚参数。随着罚函数的发展，Askes 在系统施加刚度惩罚函数的同时，将一个罚函数加入系统动能，即惯性惩罚项，此法称为双罚函数法，将此法应用于动力学时域分析，在稳定性方面优于刚度惩罚法，并且能对时间步大小进行限制，计算时间也较小。Ilanko 将双罚函数法应用于动力学频域分析，对应于无约束系统的最小和最大特征值，定义了两种惩罚参数比，并提出了对应于最小频率的惩罚参数比，能够更快地收敛，从而获得约束系统的下限解。罚函数法能够模拟复杂的约束条件，如裂纹生长、接触和冲击、碰撞等问题，均表现出优越的特性，并能保证系统的精度。

本节将研究罚函数法在输流管道流固耦合振动计算中的应用，结合罚函数法和里兹法，采用罚函数法施加约束及里兹法离散微分方程，求解单跨度、多跨度输流直管和非线性输流曲管的模态频率，并分析罚函数在求解输流管道频率问题上的有效性和准确性。

7.3.1 输流管道的微分方程推导

1. 输流直管的微分方程

如图 7 - 24 所示，水平放置的输流管道长为 L，单位长度的流体质量和管道质量分别为 m_f、m_p，管内流体流速为 U，两端有弹性支撑和扭转弹簧，弹性支撑刚度分别为 k_0、k_1，扭转刚度分别为 k_{r0}、k_{r1}，并附加质量 m_0、m_1 和转动惯量 I_0、I_1，其中下标 0 表示左端，1 表示右端。

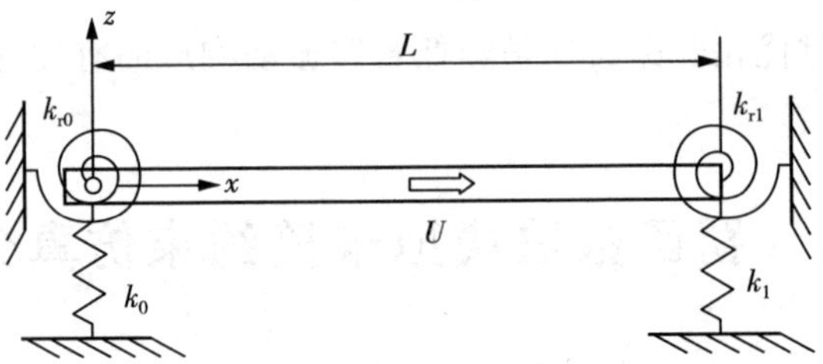

图 7-24　两端有扭转刚度的输流管道模型

忽略重力影响，根据 Hamilton 原理：

$$\int_0^t (\delta T - \delta V - \delta W)\mathrm{d}t + \int_0^t \delta W_{nc}\,\mathrm{d}t = 0 \tag{7-1}$$

其中，系统势能为：

$$\begin{aligned} V = & \frac{EI}{2}\int_{x=0}^{x=L}\left(\frac{\partial^2 w}{\partial x^2}\right)^2 \mathrm{d}x + \frac{k_0}{2}w^2\bigg|_{x=0} + \frac{k_1}{2}w^2\bigg|_{x=L} \\ & + \frac{k_{r0}}{2}\left(\frac{\partial w}{\partial x}\right)^2\bigg|_{x=0} + \frac{k_{r1}}{2}\left(\frac{\partial w}{\partial x}\right)^2\bigg|_{x=L} \end{aligned} \tag{7-2}$$

系统动能为：

$$\begin{aligned} T = & \frac{m_p}{2}\int_{x=0}^{x=L}\left(\frac{\partial w}{\partial t}\right)^2 \mathrm{d}x + \frac{m_f}{2}\int_{x=0}^{x=L}\left(\frac{\partial w}{\partial t} + U\frac{\partial w}{\partial x}\right)^2 \mathrm{d}x \\ & + \frac{m_0}{2}\left(\frac{\partial w}{\partial t}\right)^2\bigg|_{x=0} + \frac{m_1}{2}\left(\frac{\partial w}{\partial t}\right)^2\bigg|_{x=L} \\ & + \frac{I_0}{2}\left(\frac{\partial^2 W}{\partial t\partial x}\right)^2\bigg|_{x=0} + \frac{I_1}{2}\left(\frac{\partial^2 W}{\partial t\partial x}\right)^2\bigg|_{x=L} \end{aligned} \tag{7-3}$$

$$\delta W_{nc} = -m_f U\left(\frac{\partial w}{\partial t} + U\frac{\partial w}{\partial x}\right)\delta w \;\Big|_{x=L}^{x=0} \tag{7-4}$$

其中 E 为弹性模量，I 为截面惯性矩，w 为 z 方向的位移，t 表示时间。经过变分可得控制微分方程为：

$$EI\frac{\partial^4 w}{\partial z^4} + m_f U^2\frac{\partial^2 w}{\partial z^2} + 2m_f U\frac{\partial^2 w}{\partial z\partial t} + (m_f + m_p)\frac{\partial^2 w}{\partial t^2} = 0 \tag{7-5}$$

式(7-5)与相关文献的方程是一样的。其自然边界条件为：
在 $x=0$，

$$EI\left(\frac{\partial^3 w}{\partial x^3}\right)=-m_0\left(\frac{\partial^2 w}{\partial t^2}\right)-k_0 w$$
$$EI\left(\frac{\partial^2 w}{\partial x^2}\right)=I_0\left(\frac{\partial^3 w}{\partial t^2\partial x}\right)+k_{r0}\left(\frac{\partial w}{\partial x}\right) \tag{7-6}$$

在 $x=L$，

$$EI\left(\frac{\partial^3 w}{\partial x^3}\right)=m_1\left(\frac{\partial^2 w}{\partial t^2}\right)+k_1 w$$
$$EI\left(\frac{\partial^2 w}{\partial x^2}\right)=-I_1\left(\frac{\partial^3 w}{\partial t^2\partial x}\right)-k_{r1}\left(\frac{\partial w}{\partial x}\right) \tag{7-7}$$

2. 输流曲管的微分方程

如图 7-25 所示轴线为半圆的细长等截面输流曲管以及管道横截面，其轴线半径为 R，且是可伸长的。假设流体是流速为 U 的柱塞流体，XY 坐标系为固定的惯性坐标系，θ 表示与 X 轴正向的夹角。xy 为固定在横截面上的局部坐标系，其单元向量为 $\vec{i}$、$\vec{j}$。将惯性惩罚项加入动能中，刚度惩罚项加入势能中，如图 7-25 所示。本节采用相关文献的非线性输流曲管面内流固耦合振动微分方程，如下所示：

$$(m_p+m_f)\frac{\partial^2 u}{\partial t^2}+m_f\frac{2U}{R}\left(\frac{\partial^2 u}{\partial t\partial\theta}-\frac{\partial \upsilon}{\partial t}\right)+m_f\frac{U^2}{R^2}\left(\frac{\partial^2 u}{\partial\theta^2}-u-2\frac{\partial \upsilon}{\partial\theta}\right)$$
$$+\frac{EA}{R^2}\left(u+\frac{\partial \upsilon}{\partial\theta}\right)+\frac{1}{R^2}\frac{\partial}{\partial\theta}\left[Q\left(\upsilon-\frac{\partial u}{\partial\theta}\right)\right]+\frac{EI}{R^4}\left(-\frac{\partial^3 \upsilon}{\partial\theta^3}+\frac{\partial^4 u}{\partial\theta^4}\right)=m_f\frac{U^2}{R^2} \tag{7-8}$$

$$(m_p+m_f)\frac{\partial^2 \upsilon}{\partial t^2}+m_f\frac{2U}{R}\left(\frac{\partial^2 \upsilon}{\partial t\partial\theta}+\frac{\partial u}{\partial t}\right)+m_f\frac{U^2}{R^2}\left(2\frac{\partial u}{\partial\theta}+\frac{\partial^2 \upsilon}{\partial\theta^2}-\upsilon\right)$$
$$-\frac{EA}{R^2}\left(\frac{\partial u}{\partial\theta}+\frac{\partial^2 \upsilon}{\partial\theta^2}\right)+\frac{Q}{R^2}\left(\upsilon-\frac{\partial u}{\partial\theta}\right)+\frac{EI}{R^4}\left(-\frac{\partial^2 \upsilon}{\partial\theta^2}+\frac{\partial^3 u}{\partial\theta^3}\right)=0 \tag{7-9}$$

其中，t 是时间，u 与 υ 分别表示管道轴线上的点沿径向和周向位移。Q 为轴

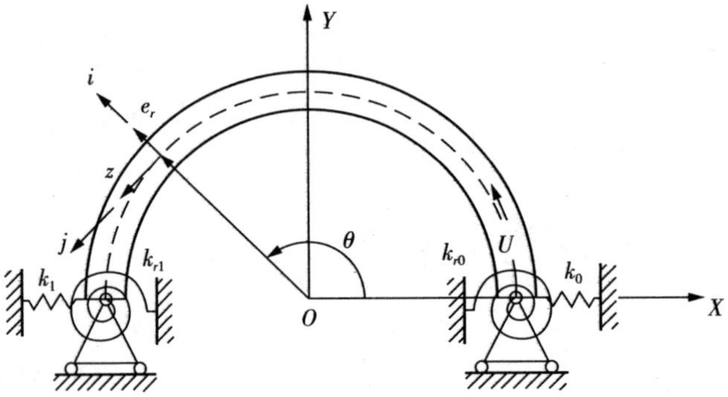

图 7-25　输流曲管几何和坐标

力，其表达式为：

$$Q=\frac{EA}{R}\left(u+\frac{\partial v}{\partial \theta}\right) \tag{7-10}$$

同时，其自然边界条件为：

在 $\theta=0$，

$$\begin{aligned}
&Q+\frac{EI}{R^4}\left(\frac{\partial v}{\partial \theta}-\frac{\partial^2 u}{\partial \theta^2}\right)=0,\\
&-\frac{Q}{R^2}\left(v-\frac{\partial u}{\partial \theta}\right)+\frac{EI}{R^4}\left(\frac{\partial^2 v}{\partial \theta^2}-\frac{\partial^3 u}{\partial \theta^3}\right)=m_0\left(\frac{\partial^2 u}{\partial t^2}\right)+k_0 u\\
&\frac{EI}{R^4}\left(-\frac{\partial v}{\partial \theta}+\frac{\partial^2 u}{\partial \theta^2}\right)=I_0\left(\frac{\partial^3 u}{\partial t^2 \partial x}\right)+k_{r0}\left(\frac{\partial u}{\partial x}\right)
\end{aligned} \tag{7-11}$$

在 $\theta=\pi$，

$$\begin{aligned}
&Q+\frac{EI}{R^4}\left(\frac{\partial v}{\partial \theta}-\frac{\partial^2 u}{\partial \theta^2}\right)=0,\\
&-\frac{Q}{R^2}\left(v-\frac{\partial u}{\partial \theta}\right)+\frac{EI}{R^4}\left(\frac{\partial^2 v}{\partial \theta^2}-\frac{\partial^3 u}{\partial \theta^3}\right)=-m_1\left(\frac{\partial^2 u}{\partial t^2}\right)-k_1 u\\
&\frac{EI}{R^4}\left(-\frac{\partial v}{\partial \theta}+\frac{\partial^2 u}{\partial \theta^2}\right)=-I_1\left(\frac{\partial^3 u}{\partial t^2 \partial x}\right)-k_{r1}\left(\frac{\partial u}{\partial x}\right)
\end{aligned} \tag{7-12}$$

7.3.2 输流直管离散矩阵推导

假设输流直管的位移为：

$$w(x,t)=W(x)e^{\Lambda t} \tag{7-13}$$

其中 Λ 是直管频率，$W(x)$ 表示振动模态。

应用里兹法，令

$$W(x)=\sum_{i=1}^{n}a_i\varphi_i(x) \tag{7-14}$$

其中 $\varphi_i(x)$ 是试函数项。将其代入(7-5)式：

$$\left[EI\frac{\mathrm{d}^4W}{\mathrm{d}x^4}+m_fU^2\frac{\mathrm{d}^2W}{\mathrm{d}x^2}+\Lambda 2m_fU\frac{\mathrm{d}^2W}{\mathrm{d}x\mathrm{d}t}+\Lambda^2(m_f+m_p)W\right]e^{\Lambda t}=0 \tag{7-15}$$

将上式乘以权函数 ω_0，并在梁长上积分：

$$\int_0^L\omega_0\left[EI\frac{\mathrm{d}^4W}{\mathrm{d}x^4}+m_fU^2\frac{\mathrm{d}^2W}{\mathrm{d}x^2}+\Lambda 2m_fU\frac{\mathrm{d}^2W}{\mathrm{d}x\mathrm{d}t}+\Lambda^2(m_f+m_p)W\right]\mathrm{d}x=0 \tag{7-16}$$

经过分部积分操作，并依次取 $\omega_0=\varphi_i(\xi)$，$i=1,2,\cdots,N$，积分可得：

$$\Lambda^2\boldsymbol{M}_g\boldsymbol{q}+\Lambda\boldsymbol{C}_g\boldsymbol{q}+\boldsymbol{K}_g\boldsymbol{q}=0 \tag{7-17}$$

其中 $\boldsymbol{q}$ 是 a_i 系数组成的向量。

$$\begin{aligned}\boldsymbol{M}_g^{ij}=&(m_f+m_p)\int_0^L\varphi_i\varphi_j\mathrm{d}x+m_1\varphi_i\varphi_j\big|_{x=L}+m_0\varphi_i\varphi_j\big|_{x=0}\\&+I_1\left(\frac{\mathrm{d}\varphi_i}{\mathrm{d}x}\right)\frac{\mathrm{d}\varphi_j}{\mathrm{d}x}\bigg|_{x=L}+I_0\left(\frac{\mathrm{d}\varphi_i}{\mathrm{d}x}\right)\frac{\mathrm{d}\varphi_j}{\mathrm{d}x}\bigg|_{x=0}\end{aligned} \tag{7-18}$$

$$\boldsymbol{C}_g^{ij}=\int_0^Lm_fU\left(\varphi_i\frac{\mathrm{d}\varphi_j}{\mathrm{d}x}-\frac{\mathrm{d}\varphi_i}{\mathrm{d}x}\varphi_j\right)\mathrm{d}x+m_fU\varphi_i\varphi_j\big|_{x=0}^{x=L} \tag{7-19}$$

$$\begin{aligned}\boldsymbol{K}_g^{ij}=&\int_0^LEI\frac{d^2\varphi_i}{\mathrm{d}x^2}\frac{d^2\varphi_j}{\mathrm{d}x^2}\mathrm{d}x-\int_0^Lm_fU^2\frac{\mathrm{d}\varphi_i}{\mathrm{d}x}\frac{\mathrm{d}\varphi_j}{\mathrm{d}x}\mathrm{d}x+m_fU^2\varphi_i\frac{\mathrm{d}\varphi_j}{\mathrm{d}x}\bigg|_{x=0}^{x=L}\\&+k_1\varphi_i\varphi_j\big|_{x=L}+k_0\varphi_i\varphi_j\big|_{x=0}+k_{r1}\frac{\mathrm{d}\varphi_i}{\mathrm{d}x}\frac{\mathrm{d}\varphi_j}{\mathrm{d}x}\bigg|_{x=L}+k_{r0}\frac{\mathrm{d}\varphi_i}{\mathrm{d}x}\frac{\mathrm{d}\varphi_j}{\mathrm{d}x}\bigg|_{x=0}\end{aligned} \tag{7-20}$$

采用状态空间法，可将上式表示为：

$$\left\{\begin{bmatrix} 0 & \boldsymbol{I} \\ -\boldsymbol{M}_g^{-1}\boldsymbol{K}_g & -\boldsymbol{M}_g^{-1}\boldsymbol{C}_g \end{bmatrix} - \Lambda \begin{bmatrix} \boldsymbol{I} & 0 \\ 0 & \boldsymbol{I} \end{bmatrix}\right\} \begin{bmatrix} \boldsymbol{q} \\ \Lambda \boldsymbol{q} \end{bmatrix} = \begin{bmatrix} 0 \\ 0 \end{bmatrix} \tag{7-21}$$

7.3.3 输流曲管离散矩阵推导

由于其微分方程具有非线性项，在此采用摄动法，假设输流曲管的位移为：

$$\begin{aligned} u(\theta,t) &= W_0(\theta) + W_1(\theta)e^{\Lambda t} \\ \upsilon(\theta,t) &= V_0(\theta) + V_1(\theta)e^{\Lambda t} \end{aligned} \tag{7-22}$$

其中 Λ 是管道频率，$W_0(x)$、$V_0(x)$ 分别表示输流曲管径向和轴向振动的平衡状态，$W_1(x)$、$V_1(x)$ 分别表示输流曲管径向和轴向偏离平衡位置的状态。应用里兹法，假设其近似解为：

$$W_1(\theta) \approx W_{1n} = \sum_{i=1}^{n} a_i \varphi_i(\xi), W_0(\theta) \approx W_{0n} = \sum_{i=1}^{n} a_{0i}\varphi_i(\xi) \tag{7-23}$$

$$V_1(\theta) \approx V_{1m} = \sum_{i=1}^{m} b_i \varphi_i(x), V_0(\theta) \approx V_{0m} = \sum_{i=1}^{m} b_{0i}\varphi_i(x) \tag{7-24}$$

其中，$\varphi_i(x) = \sin i\pi\xi$，$\xi = \theta/\pi$。

采用上一节相同的离散过程，可得静态平衡方程：

$$\boldsymbol{K}_{0g}(\boldsymbol{q}_0)\boldsymbol{q}_0 = \begin{bmatrix} \boldsymbol{K}_{0guu} & \boldsymbol{K}_{0gu\upsilon} \\ \boldsymbol{K}_{0g\upsilon u} & \boldsymbol{K}_{0g\upsilon\upsilon} \end{bmatrix} \begin{bmatrix} \boldsymbol{q}_{0a} \\ \boldsymbol{q}_{0b} \end{bmatrix} = F \tag{7-25}$$

以及非线性振动方程：

$$\Lambda^2 \boldsymbol{M}_g \boldsymbol{q} + \Lambda \boldsymbol{C}_g \boldsymbol{q} + \boldsymbol{K}_g(\boldsymbol{q})\boldsymbol{q} = 0 \tag{7-26}$$

上式可以表示为如下所示：

$$\Lambda^2 \begin{bmatrix} \boldsymbol{M}_{guu} & 0 \\ 0 & \boldsymbol{M}_{g\upsilon\upsilon} \end{bmatrix} \begin{bmatrix} \boldsymbol{q}_a \\ \boldsymbol{q}_b \end{bmatrix} + \Lambda \begin{bmatrix} \boldsymbol{C}_{guu} & \boldsymbol{C}_{gu\upsilon} \\ \boldsymbol{C}_{g\upsilon u} & \boldsymbol{C}_{g\upsilon\upsilon} \end{bmatrix} \begin{bmatrix} \boldsymbol{q}_a \\ \boldsymbol{q}_b \end{bmatrix} + \begin{bmatrix} \boldsymbol{K}_{guu}(\boldsymbol{q}) & \boldsymbol{K}_{gu\upsilon}(\boldsymbol{q}) \\ \boldsymbol{K}_{g\upsilon u}(\boldsymbol{q}) & \boldsymbol{K}_{g\upsilon\upsilon}(\boldsymbol{q}) \end{bmatrix} \begin{bmatrix} \boldsymbol{q}_a \\ \boldsymbol{q}_b \end{bmatrix} = \begin{bmatrix} 0 \\ 0 \end{bmatrix} \tag{7-27}$$

其中 $\boldsymbol{q}_{0a}$、$\boldsymbol{q}_{0b}$ 是 a_{0i}、b_{0i} 系数组成的向量，$\boldsymbol{q}_a$、$\boldsymbol{q}_b$ 是 a_i、b_i 系数组成的向量，其系统矩阵元素为：

$$\begin{aligned}\boldsymbol{M}_{guu}^{ij}&=(m_p+m_f)R\int_0^{\pi}\varphi_i\varphi_j\,\mathrm{d}\theta\\ \boldsymbol{M}_{gvv}^{ij}&=(m_p+m_f)R\int_0^{\pi}\varphi_i\varphi_j\,\mathrm{d}\theta\end{aligned}\tag{7-28}$$

$$\begin{aligned}\boldsymbol{K}_{guu}^{ij}=\boldsymbol{K}_{0guu}^{ij}&=\int_0^{\pi}EA\,\frac{\varphi_i\varphi_j}{R^2}R\mathrm{d}\theta+EI\int_0^{\pi}\frac{\varphi_i''\varphi_j''}{R^4}R\mathrm{d}\theta\\ &+\int_0^{\pi}Q\frac{\varphi_i'\varphi_j'}{R^2}R\mathrm{d}\theta+m_f\frac{V^2}{R}\int_0^{\pi}(-\varphi_i\varphi_j-\varphi_i'\varphi_j')\mathrm{d}\theta\\ \boldsymbol{K}_{guv}^{ij}=\boldsymbol{K}_{0guv}^{ij}&=\int_0^{\pi}EA\,\frac{\varphi_i\varphi_j'}{R^2}R\mathrm{d}\theta-EI\int_0^{\pi}\frac{\varphi_i''\varphi_j'}{R^4}R\mathrm{d}\theta\\ &+\int_0^{\pi}Q\frac{-\varphi_i'\varphi_j}{R^2}R\mathrm{d}\theta+m_f\frac{V^2}{R}2\int_0^{\pi}\varphi_i'\varphi_j\,\mathrm{d}\theta\\ \boldsymbol{K}_{gvu}^{ij}=\boldsymbol{K}_{0gvu}^{ij}&=\int_0^{\pi}EA\,\frac{\varphi_i'\varphi_j}{R^2}R\mathrm{d}\theta-EI\int_0^{\pi}\frac{\varphi_i'\varphi_j''}{R^4}R\mathrm{d}\theta\\ &+\int_0^{\pi}Q\frac{-\varphi_i\varphi_j'}{R^2}R\mathrm{d}\theta+m_f\frac{V^2}{R}2\int_0^{\pi}\varphi_i\varphi_j'R\,\mathrm{d}\theta\\ \boldsymbol{K}_{gvv}^{ij}=\boldsymbol{K}_{0gvv}^{ij}&=\int_0^{\pi}EA\,\frac{\varphi_i'\varphi_j'}{R^2}R\mathrm{d}\theta+EI\int_0^{\pi}\frac{\varphi_i'\varphi_j'}{R^4}R\mathrm{d}\theta\\ &+\int_0^{\pi}Q\frac{\varphi_i\varphi_j}{R^2}R\mathrm{d}\theta+m_f\frac{V^2}{R}\int_0^{\pi}(-\varphi_i\varphi_j-\varphi_i'\varphi_j')\mathrm{d}\theta\end{aligned}\tag{7-29}$$

$$\begin{aligned}\boldsymbol{C}_{guu}^{ij}&=2m_fV\int_0^{\pi}\varphi_i\varphi_j'\,\mathrm{d}\theta,\ C_{guv}^{ij}=-2m_fV\int_0^{\pi}\varphi_i\varphi_j\,\mathrm{d}\theta\\ \boldsymbol{C}_{gvu}^{ij}&=2m_fV\int_0^{\pi}\varphi_i\varphi_j\,\mathrm{d}\theta,\ C_{gvv}^{ij}=2m_fV\int_0^{\pi}\varphi_i\varphi_j'\,\mathrm{d}\theta\end{aligned}\tag{7-30}$$

由式(7－29)可知，$\boldsymbol{K}_g$ 是非线性矩阵。为了求得稳态时曲管的自然频率，需要将上式线性化，即为：

$$\Lambda^2 \boldsymbol{M}_g \boldsymbol{q} + \Lambda \boldsymbol{C}_g \boldsymbol{q} + \boldsymbol{K}_{Tg} \boldsymbol{q} = 0 \tag{7-31}$$

其中，$\boldsymbol{K}_{Tg}$ 表示在平衡位置处的切线刚度矩阵。

$$\boldsymbol{K}_{Tg} = \left.\frac{\partial \boldsymbol{K}_g}{\partial \boldsymbol{q}}\right|_{q=q_0} \tag{7-32}$$

$\boldsymbol{q}_0$ 可由式(7-25) 求出。再将上式改写为：

$$\left\{ \begin{bmatrix} 0 & \boldsymbol{I} \\ -\boldsymbol{M}_g^{-1}\boldsymbol{K}_{Tg} & -\boldsymbol{M}_g^{-1}\boldsymbol{C}_g \end{bmatrix} - \Lambda \begin{bmatrix} \boldsymbol{I} & 0 \\ 0 & \boldsymbol{I} \end{bmatrix} \right\} \begin{bmatrix} \boldsymbol{q} \\ \Lambda \boldsymbol{q} \end{bmatrix} = \begin{bmatrix} 0 \\ 0 \end{bmatrix} \tag{7-33}$$

即可求出自然频率。

7.3.4 数值算例

由于采用罚函数施加边界和约束，本节采用的试函数不需要满足边界和约束条件。根据相关文献，$\varphi_i(x)$ 表达式如下：

$$\begin{gathered} \varphi_1(x) = 1, \varphi_2(x) = \frac{x}{L}, \varphi_3(x) = \left(\frac{x}{L}\right)^2 \\ \varphi_i(x) = \cos\frac{(i-3)\pi x}{L}, i = 4, 5, 6, \cdots, n \end{gathered} \tag{7-34}$$

其中 x 是沿管道轴线的坐标(曲管为轴线角度 θ)，L 为直管长度或曲管包络的角度，n 是计算过程包含试函数的个数，在本节中，直管或多跨直管均采用 $n=20$。

无量纲刚度惩罚系数为：

$$p_s = \frac{k_i L^3}{EI} = \frac{k_{ri} L}{EI}, i = 0, 1 \tag{7-35}$$

无量纲惯性惩罚系数为：

$$p_m = \frac{m_i}{m_p L} = \frac{I_i}{m_p L^3}, i = 0, 1 \tag{7-36}$$

计算式(7-21) 和式(7-33) 的特征值，可以得到共轭复数特征值 $\Lambda_r, r = 1, 2, \cdots, J$，其中 J 为系统自由度。定义无量纲频率 ω 为：

$$\omega = i\Lambda\sqrt{\frac{(m_f + m_p)L^4}{EI}}\text{（直管）}$$

$$\omega = i\Lambda\sqrt{\frac{(m_f + m_p)R^4}{EI}}\text{（曲管）} \tag{7-37}$$

式(7-37)中 i 为虚数单位，$i=\sqrt{-1}$。

定义无量纲流速为：

$$\bar{u} = U\sqrt{\frac{m_f L^2}{EI}}\text{（直管）}$$

$$\bar{u} = U\sqrt{\frac{m_f R^2}{EI}}\text{（曲管）} \tag{7-38}$$

本节首先分别采用 $p_m=0$ 的刚度惩罚法和 $p_s=0$ 的惯性惩罚法计算输流直管的频率，并与 $p_m\neq 0$、$p_s\neq 0$ 的双罚函数法和文献进行对比；其次计算悬臂管的临界流速，与文献进行对比，验证罚函数法的有效性和精确性；接着采用本节方法计算多跨度输流管道的频率，并分析其振动特性；最后应用罚函数法和里兹法，求解非线性输流曲管的自然频率，测试本文方法求解非线性问题的能力。

1. $p_m=0$ 时输流管道算例

当 $p_m=0$，p_s 取不同值时，采用本节方法计算的和相关文献中两端简支的输流管道频率随流速变化的曲线如图 7-26 所示，其中细线是采用本节方法的计算结果，粗线为采用相关文献方法的数值结果。输流管道的频率实部曲线当 $p_s=10$、10^3 时没有收敛，如图 7-26(a)(b) 所示，当 $p_s=10^4$ 收敛，即如图 7-26(c) 所示，随着流速增大，第一、二阶特征频率均减少。第一阶模态频率率先在 $\bar{u}=3.14$ 减少至 0，发生屈曲失稳，接着流速继续增大到 $\bar{u}=6.27$ 时，在科氏力作用下系统重新稳定，接着在 $\bar{u}=6.309$ 与第二阶模态耦合，系统发生颤振失稳。与有限元对比可以看出，第一阶模态频率曲线重合，且屈曲失稳后重新稳定的流速也是一样的。第二阶模态频率曲线几乎重合，随着流速增大，两者曲线出现较大区别，本节方法计算频率偏低，且耦合颤振时流速也比 $\bar{u}=6.3$ 小。从图 7-26(d) 可知，$p_s\geqslant 10^4$ 时不同 p_s 计算所得的频率曲线重合。

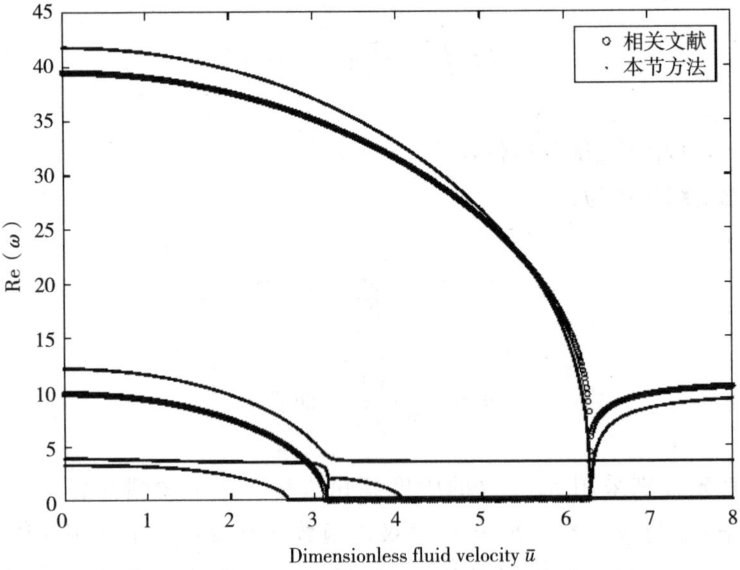

（a）p_s=10

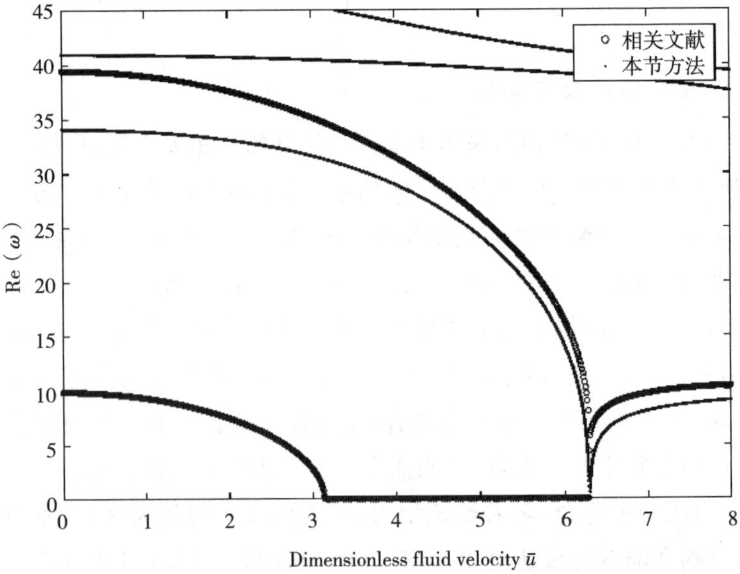

（b）p_s=10^3

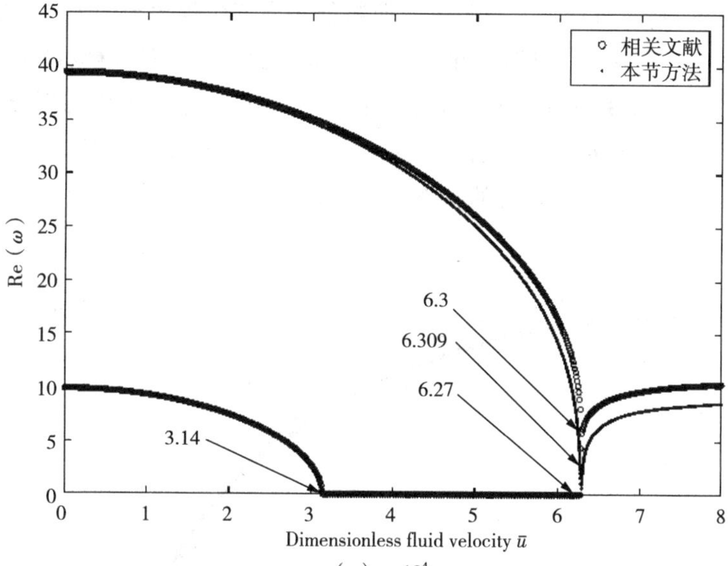

（c）p_s=10^4

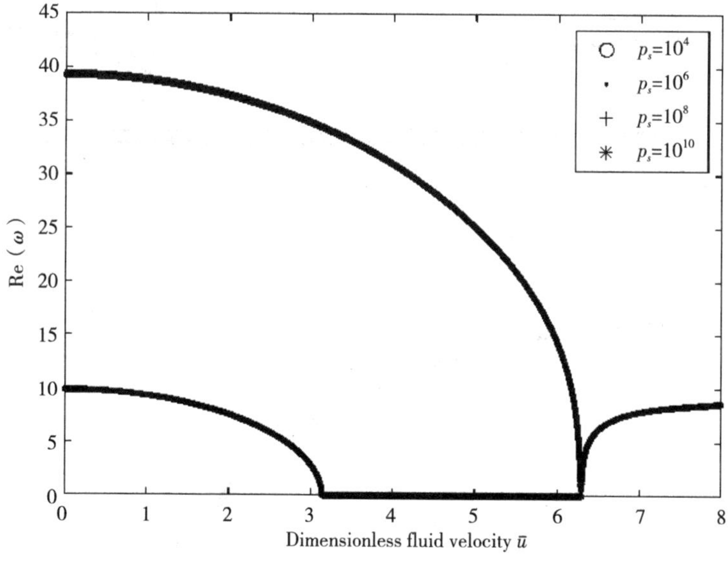

（d）p_s=10^4，10^6，10^8，10^{10}

图 7-26　两端简支的输流管道频率实部随流速变化的曲线（$p_m=0$）

2. $p_s=0$ 时输流管道算例

当 $p_s=0$，p_m 取不同值时，采用本节方法计算的和相关文献中两端简支的输流管道频率实部随流速变化的曲线如图 7-27 所示。两端简支的输流管道的频率实部曲线当 $p_m=1$、10 时没有收敛，如图 7-27(a)(b) 所示，当 $p_m=10^2$ 收敛，即如图

7－27(c)所示，随着流速增大，第一、二阶特征频率变化规律与图7－26类似。第一阶模态频率率先在$\bar{u}=3.14$减少至0，发生屈曲失稳，接着流速继续增大到$\bar{u}=6.27$时，在科氏力作用下系统重新稳定，接着在$\bar{u}=6.307$与第二阶模态耦合，系统发生颤振失稳。与有限元对比可以看出，差异与图7－26类似。从图7－27(d)可知，$p_m \geqslant 10^2$时不同p_m计算所得的频率曲线重合。

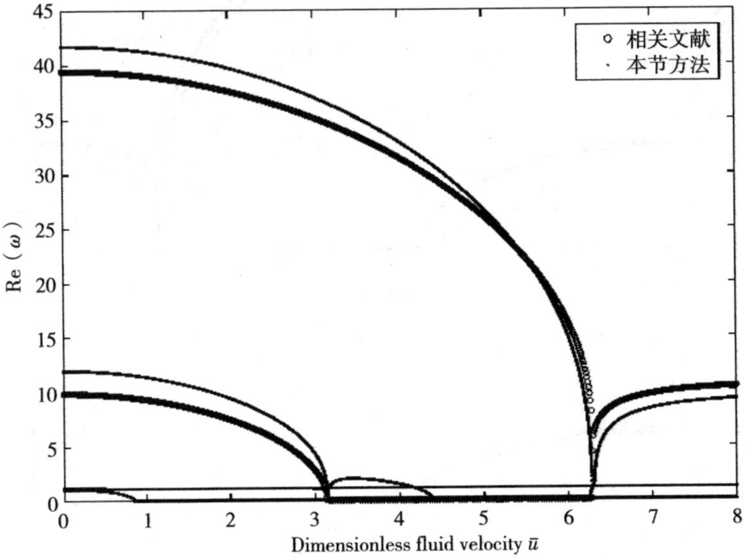

（a）p_m=1

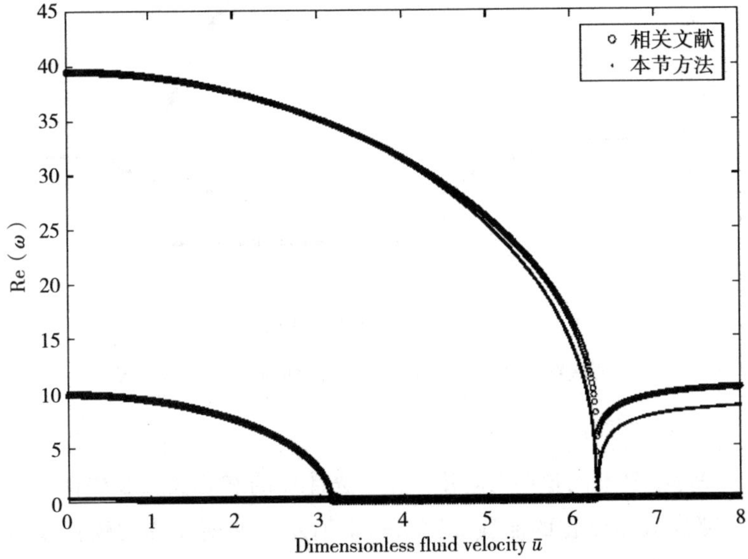

（b）p_m=10

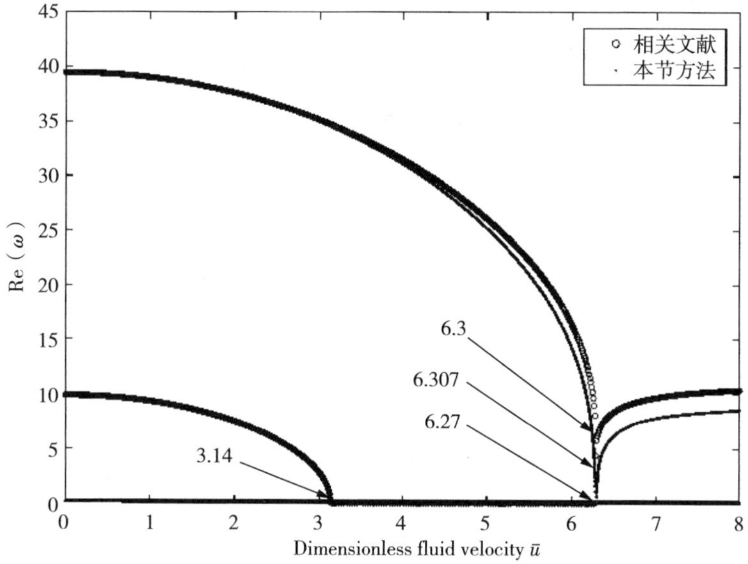

（c）$p_m=10^2$

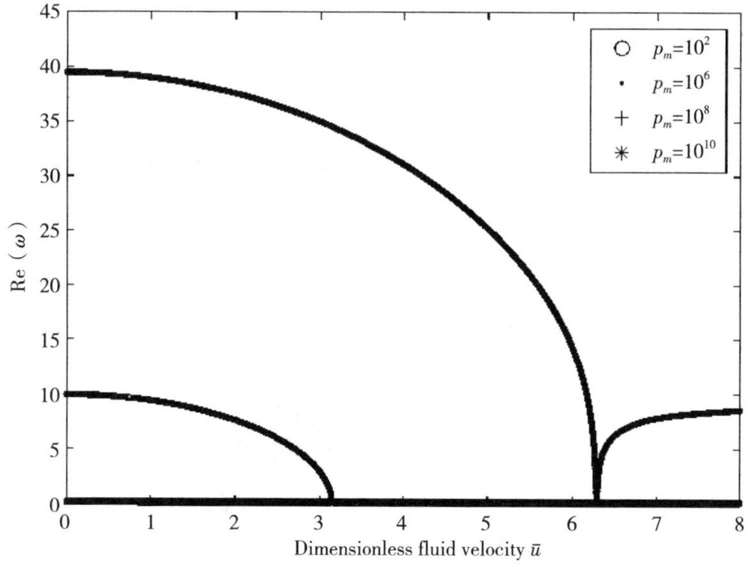

（d）$p_m=10^2$，10^6，10^8，10^{10}

图 7－27　两端简支的输流管道频率实部随流速变化的曲线（$p_s=0$）

以上分析分别是在 $p_s=0$ 和 $p_m=0$ 下进行的。采用 $p_s=10^5$ 和 $p_m=10^9$ 的双罚函数计算两端简支的输流管道频率实部随流速变化曲线，并和前面分析进行对比，结果如图 7－28 所示，可见频率曲线重合。

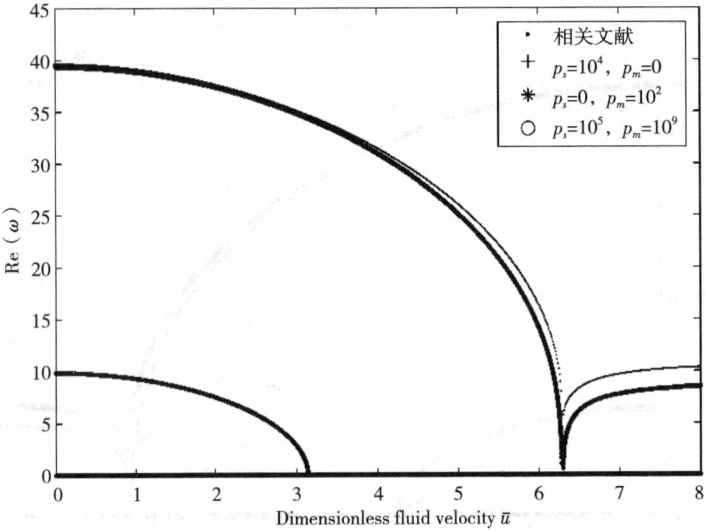

图 7-28　三类罚函数法计算时输流管道频率实部曲线

采用 p_s 和 p_m 均取 10^{15} 时分别计算管道频率，如图 7-29 所示。在计算过程中，$p_m=0$，$p_s=10^{15}$ 时系统矩阵没有奇异，但频率曲线不收敛，而 $p_m=10^{15}$，$p_s=0$ 时系统矩阵没有奇异，且数值结果与相关文献对比，相差很大。这说明在输流管道频率计算上，罚函数取值过大会出现问题，与一般梁的频率计算相比时，罚函数取值是有所区别的。

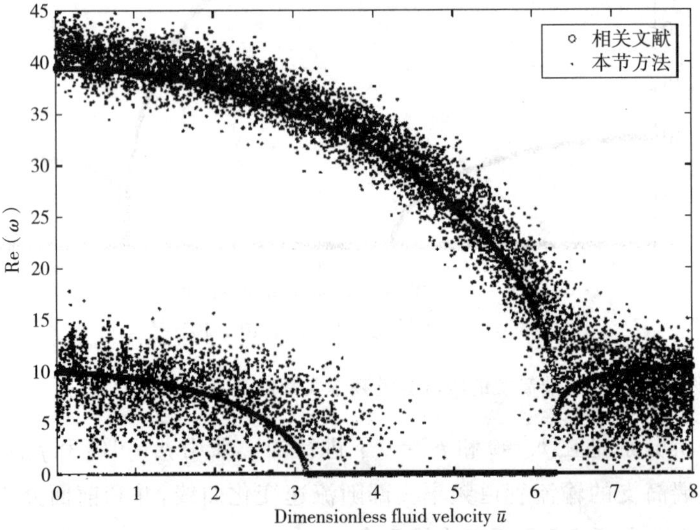

(a) $p_m=0$, $p_s=10^{15}$

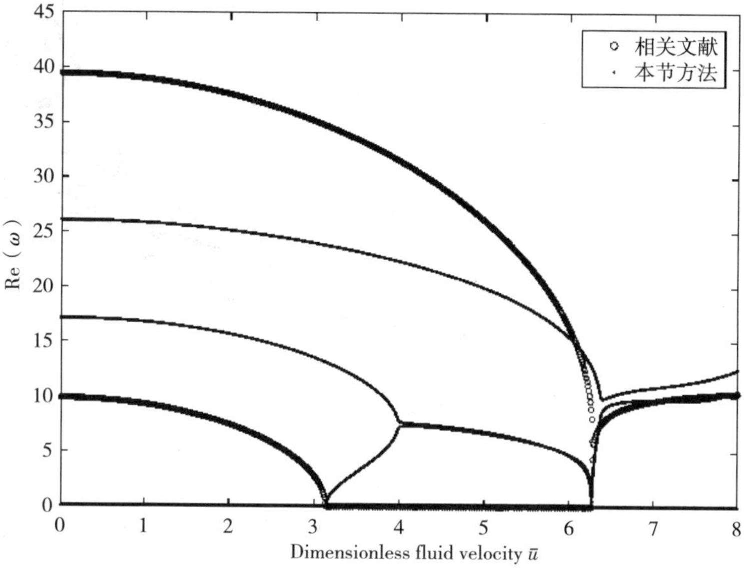

(b) $p_m=10^{15}$, $p_s=10$

图 7-29 两端简支的输流管道频率实部随流速变化的曲线

以上的分析均基于线性理论,而根据力学知识可知,系统发生屈曲失稳后会发生较大的变形,线性理论中的小变形已不符合,之后频率随流速的变化规律不再准确,仅有屈曲失稳前的分析是有效的。根据分析可知,在屈曲失稳前,前两阶频率随流速变化曲线与有限元计算的结果几乎重合在一起,故罚函数法和里兹法的计算结果是有效、准确且有意义的。

3. 悬臂输流管道的临界流速算例

根据相关文献,求解悬臂输流管道临界流速的 Paidoussis 方法具体如下:在计算中固定流速,使质量比 $\beta\left(=\dfrac{m_f}{m_f+m_p}\right)$ 从 0 开始,按步长增加,频率实部开始小于 0;当质量比 β 增加到某一数值时,所得特征值中最大的频率实部接近 0(考虑误差)或大于 0,悬臂输流管道发生颤振失稳,此时流速即为此质量比对应的临界流速。采用 $p_m=0$ 的刚度惩罚法计算悬臂输流管道的临界流速如图 7-30(a) 所示,当 $p_s=10^4$ 时临界流速 u_{cf} 曲线收敛,与相关文献几乎重合,仅在 $\beta=1$ 附近存在些许差异,曲线上方是失稳区,下方是稳定区,曲线呈现经典的"S"形状;采用 $p_s=0$ 计算悬臂输流管道的临界流速如图 7-30(b) 所示,当 $p_m=10^2$ 时临界流速 u_{cf} 曲线收敛,除了在 $\beta=1$ 附近,也与相关文献几乎重合。

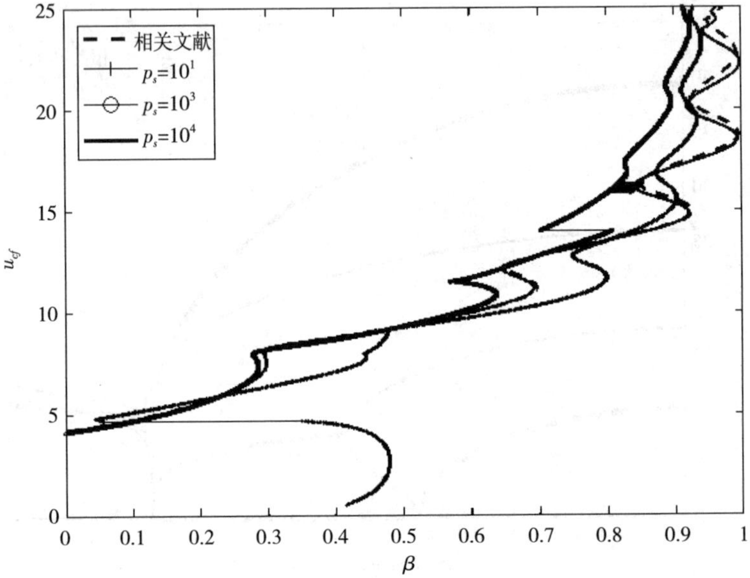

(a) $p_m=0$

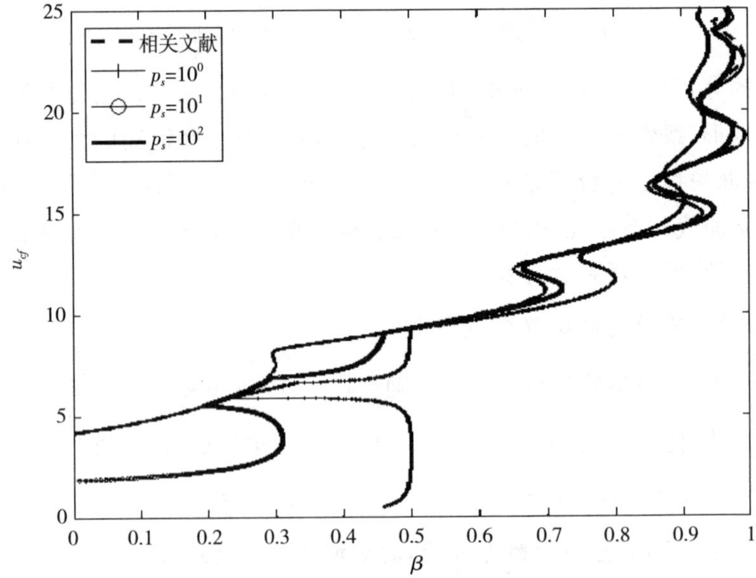

(b) $p_s=0$

图 7-30　悬臂输流管道临界流速随质量比变化的曲线

4. 多跨度输流管道的频率算例

在工程中，多跨度输流管道十分常见，示意图如图 7-31 所示。由于刚度惩罚法、质量惩罚法和双罚函数法计算结果相近，下面仅采用刚度惩罚法计算多跨度输流管道。

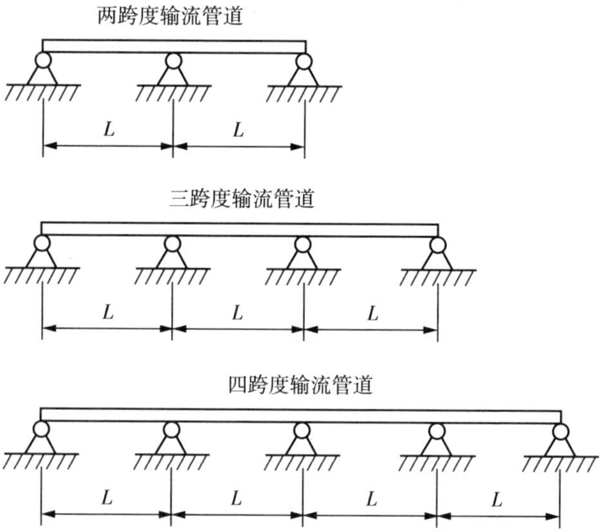

图 7-31　多跨度输流直管示意图

当 $p_m=0$，p_s 取不同的值，采用本节方法计算两跨度输流管道频率实部随流速变化的曲线如图 7-32 所示。输流管道的频率曲线当 $p_s=10$、10^3、10^4 时没有收敛，如图 7-32(a)(b)(c) 所示，当 $p_s=10^5$ 时频率曲线收敛，即如图 7-32(d) 所示，随着流速增大，前面三阶特征频率均减少。第一阶模态频率率先在 $\bar{u}=3.141$ 减少至 0，发生屈曲失稳，接着第二阶模态频率在 $\bar{u}=4.493$ 减少至 0。流速继续增大到 $\bar{u}=6.278$ 时，第一阶模态在科氏力作用下系统重新稳定，接着在 $\bar{u}=6.311$ 与第三阶模态耦合，系统发生颤振失稳。与图 4 中的单跨度输流管道相比，两跨度输流管道在单跨度管道的第一阶和第二阶模态之间多了一个模态，其变化与第一阶类似，但是屈曲失稳和颤振失稳的临界流速相差不大。

当 $p_m=0$，$p_s=10^4$ 值，采用本节方法分别计算三跨度和四跨度输流管道频率实部随流速变化的曲线如图 7-33 所示。从图 7-33 可知，随着流速增大，前面几阶特征频率均减少。第一阶模态频率率先在 $\bar{u}=3.142$ 减少至 0，发生屈曲失稳，流速继续增大到 $\bar{u}=6.290$ 时，在科氏力作用下重新稳定，接着系统发生颤振失稳。与图 7-26、图 7-30 中的单跨度输流管道相比，三跨度输流管道在单跨度管道的第一阶和第二阶模态之间多了 2 个模态，四跨度输流管道在单跨度管道的第一阶和第二阶模态之间多了 3 个模态，它们的变化与第一阶类似，但是屈曲失稳和颤振失稳的临界流速相差不大。

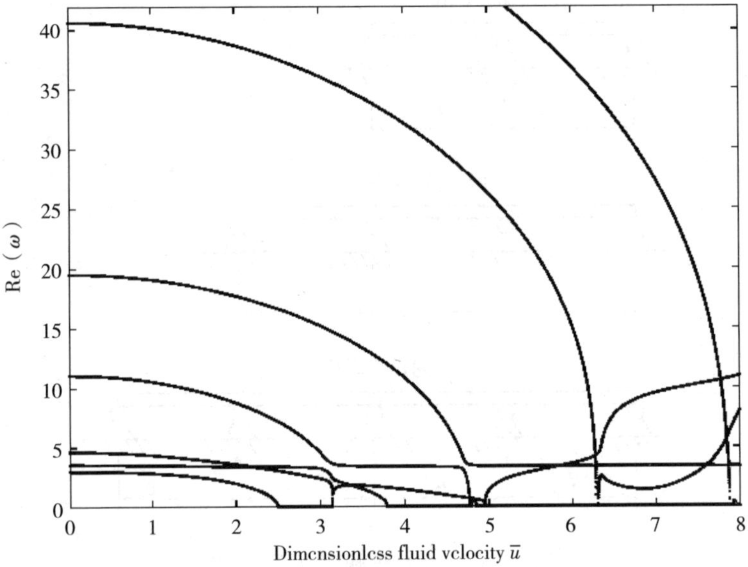

（a）p_s=10

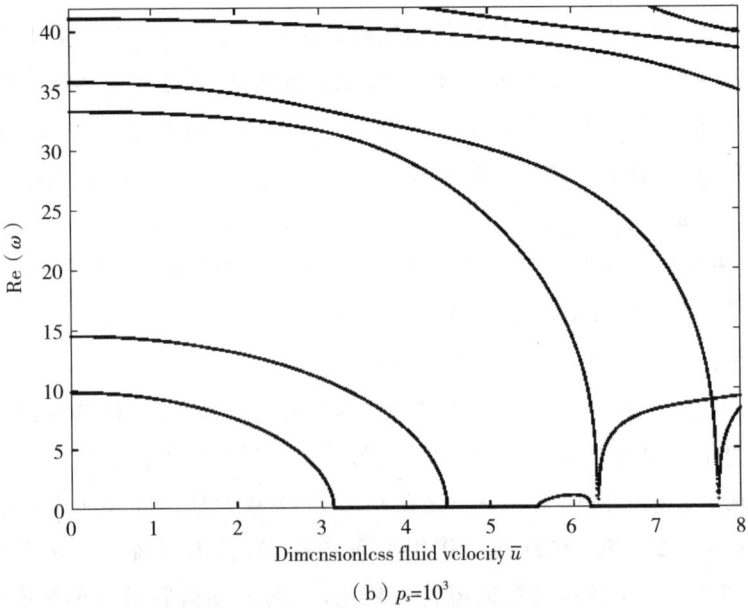

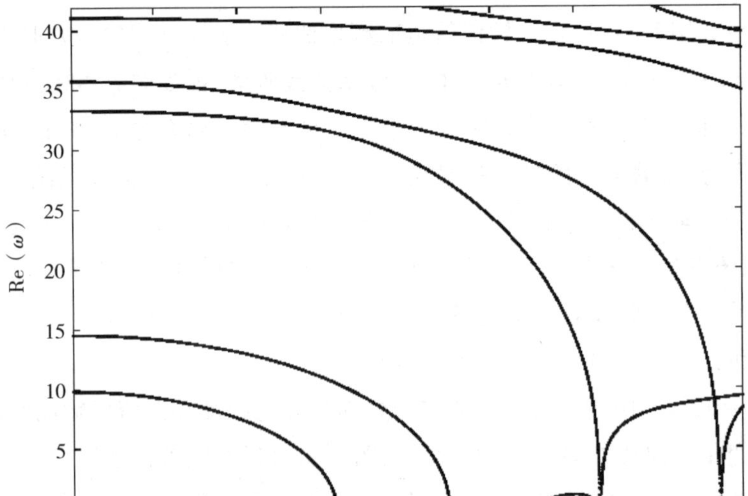

（b）p_s=10^3

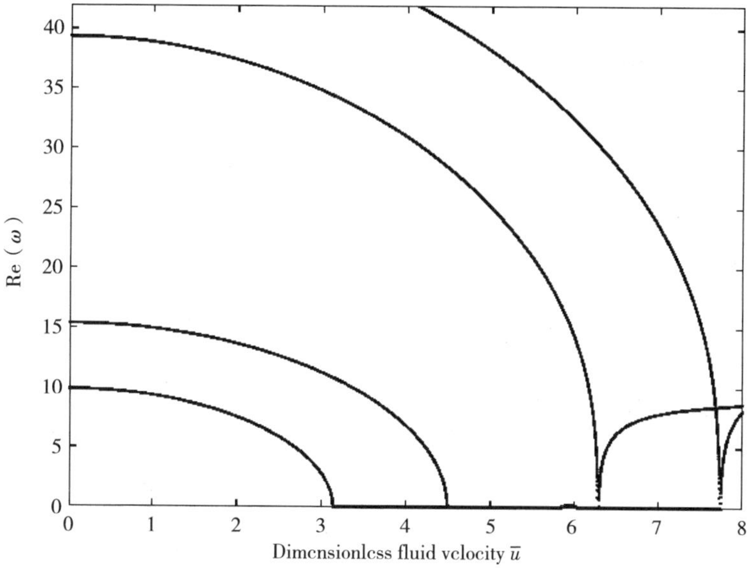

(c) $p_s=10^4$

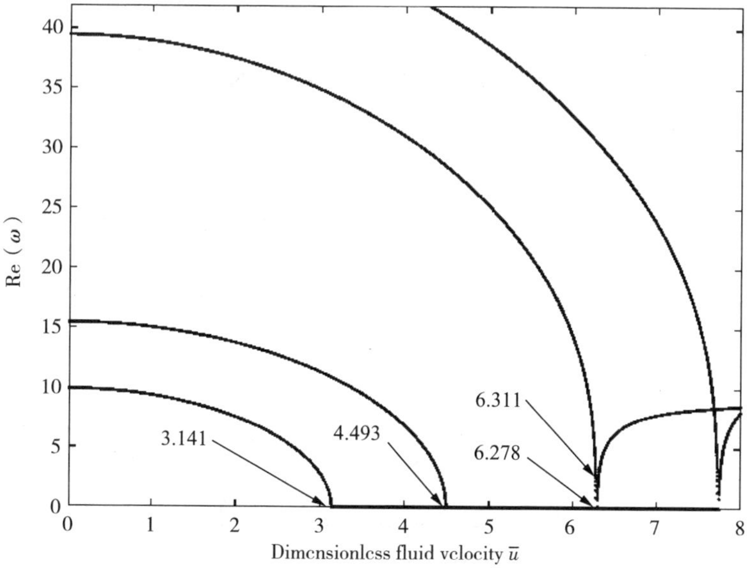

(d) $p_s=10^5$

图 7－32　两跨度输流管道频率实部随流速变化的曲线($p_m=0$)

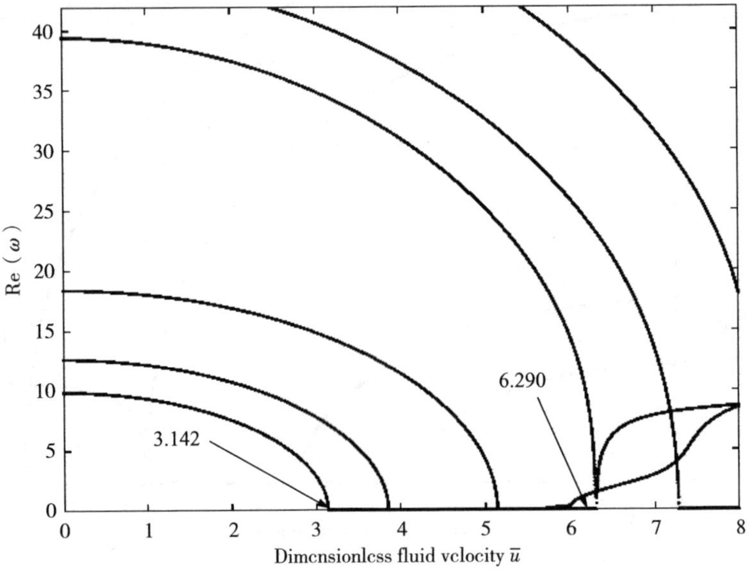

(a) 三跨度，$p_s=10^4$

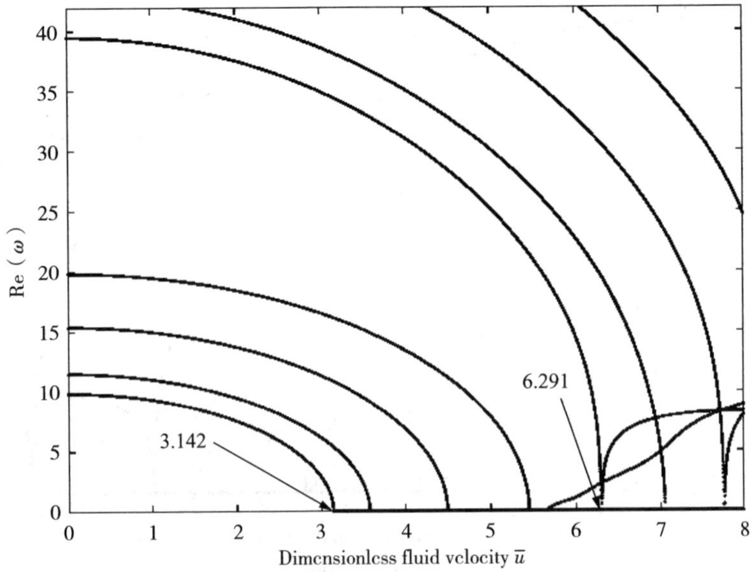

(b) 四跨度，$p_s=10^4$

图 7-33　不同跨度输流管道频率实部随流速变化的曲线($p_m=0$)

5. 输流曲管的算例

采用 $p_m = 0$，$p_s = 10^{12}$ 的本节方法计算输流曲管的前二阶频率，并与相关文献进行对比。采取不同 n，m 取值组合，计算流速 $\bar{u} = 4$ 时输流曲管频率，其结果见表 7-4 所列，由表可知 $n = 8$，$m = 4$ 组合计算的频率最接近相关文献的数值，n 增大或减小都会使数值偏离。接下来采用 $n = 8$，$m = 4$ 计算曲管频率随流速的变化曲线如图 7-34(a) 所示，第一阶频率随流速的变化曲线与相关文献几乎重合，即随着流速增大，频率并不减少至 0，第二阶频率与相关文献相差较大。多项式采用 $n = 16$，$m = 4$ 计算曲管频率随流速的变化曲线如图 7-34(b) 所示，在流速较小时，第一、二阶频率变化曲线与相关文献几乎重合，随着流速增大，第一、二阶频率逐渐减少，在 $\bar{u} = 4.7$ 时，第一阶减少至 0，之后保持为 0，这与相关文献所述差别较大。

表 7-4　计算 $\bar{u} = 4$ 时输流曲管频率

n，m	第一阶	第一阶	第一阶
$n = 6, m = 4$	4.57238	15.03039	24.75627
$n = 8, m = 2$	—	9.56634	12.33961
$n = 8, m = 4$	3.62736	9.63643	16.74365
$n = 8, m = 5$	3.60784	7.04531	15.02575
$n = 8, m = 6$	3.60841	7.04308	15.02602
$n = 8, m = 8$	3.61006	7.05319	15.02572
$n = 9, m = 4$	3.09345	9.03219	16.31848
$n = 10, m = 4$	2.22329	8.44922	16.29786
$n = 15, m = 4$	2.19596	8.19606	16.06415
$n = 15, m = 8$	1.87246	6.39672	11.83314
$n = 20, m = 4$	1.873821	8.02452	15.83445
相关文献	3.64575	9.34364	14.85636

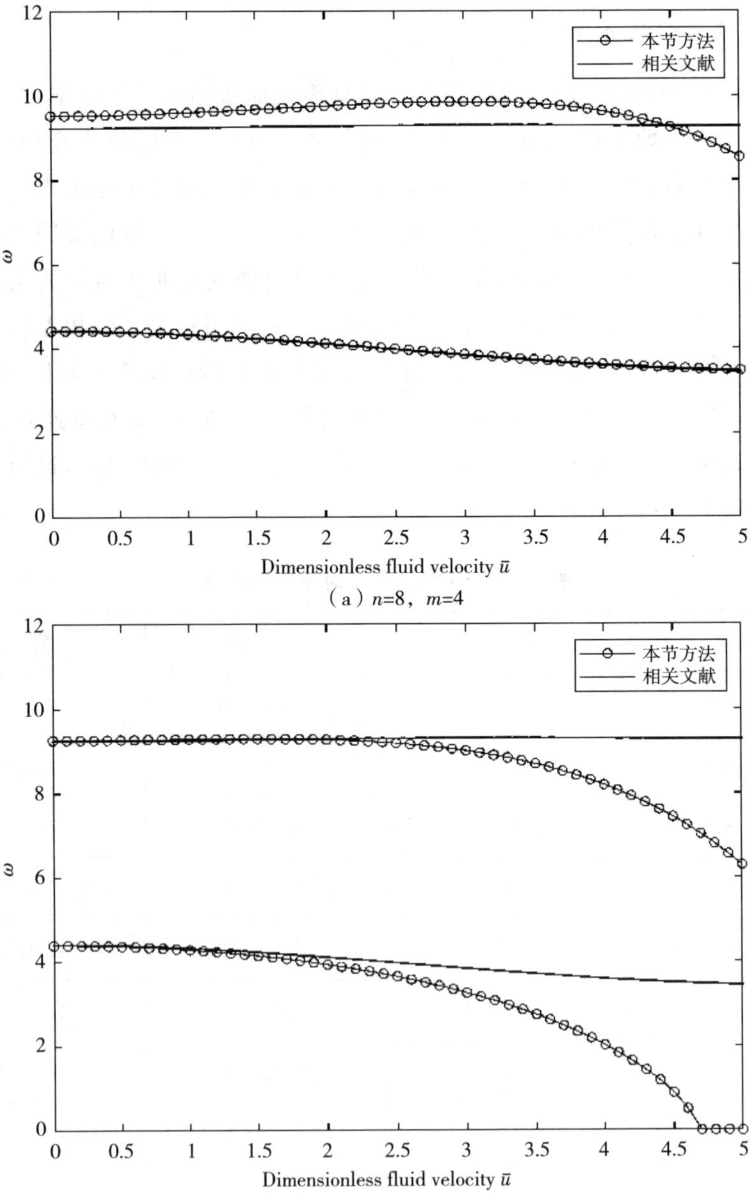

（a）n=8，m=4

（b）n=16，m=4

图 7-34　输流曲管频率随流速的变化曲线

7.3.5　本节小结

综上所述，本节结合了里兹法和罚函数法，离散了输流管道流固耦合振动微分方程，施加各种约束，并计算了输流管道频率随流速的变化曲线，以及悬臂输流直管的临界流速。根据数值结果，得到主要结论如下：

1. 与文献结果对比，单跨输流直管第一阶模态频率几乎与其重合，屈曲失稳和重新稳定时的临界流速相差不大，第二阶模态频率在流速较小时相差不大，在流速较大时区别明显。除了质量比为1附近外，悬臂输流管道的临界流速曲线几乎与文献重合。

2. 与单跨管道相比，简支多跨度输流管道在单跨度管道的第一阶和第二阶模态之间多了（跨度数－1）个模态，但是直管第一阶模态频率曲线与其相似，屈曲失稳和重新稳定时的临界流速相差不大，并随着流速增大，与第（1＋跨度数）阶模态耦合，发生颤振失稳。

3. 在计算非线性输流曲管频率时，第一阶频率随流速变化曲线与文献吻合，第二阶频率曲线相差较大，可知本节方法在非线性计算中有一定的能力，但是需要开展更进一步的研究和分析。

4. 比较惩罚函数法（刚度惩罚法和惯性惩罚法）、双罚函数法计算的结果发现，它们基本吻合，相差不大，且罚函数取值不可过大。

8 结论与展望

8.1 结　论

通过对功能梯度薄壁输流管道的动力特性研究，本书分析了温度分布、随机弹性基础以及卡箍约束的影响，得到的主要结论如下：

1. 区间B样条小波有限元在输流管道的流固耦合线性振动问题计算上有着一定的优势，该方法采用单元数较少，直管一般2到4个，曲管仅需1个单元，均可获得非常可靠和精确的数值结果，且在相同的程序结构和计算条件下，计算所耗时间也较少。

2. Marzani方法计算的悬臂输流管道临界流速结果精确、可靠，并且更符合线性系统稳定理论。采用Marzani方法和Paidoussis方法分别求得悬臂输流管道的临界流速曲线，除了在跳跃点和质量比$\beta=1$附近外，两种方法产生的曲线几乎重合，而且单调递增。

3. 两种温度分布对功能梯度薄壁输流管道的振动频率影响是不可忽略的。无论是不考虑剪切作用的模型，还是考虑剪切作用的模型，两种温度分布下的薄壁输流管道前六阶频率随温度梯度或体积分数指数增大而单调递减，曲线变化趋势相同。各阶频率之差随温度梯度或体积分数指数的变化趋势相同，且不是单调的。但不同的是，在特定的温度梯度下，对于不考虑剪切作用的功能梯度薄壁输流管道，前六阶频率之差大于或小于0的体积分数指数区间是相同的，而对于考虑剪切作用的模型是不相同的。

4. 两种温度分布对功能梯度悬臂输流管道的临界流速影响也是不可忽略的。两种温度分布下功能梯度悬臂输流管道的临界流速曲线随质量比增大而单调增大。在特定的体积分数指数下，随着管内外温差增大，临界流速之差在温度梯度

$\lambda_T < 1.2$ 时小于 0，在 $\lambda_T > 1.2$ 时大于 0。随着质量比增大，临界流速之差的绝对值也随之增大。

5. 对于基于壳模型的同轴双壳薄壁输流管道，体积分数指数对其振动频率的影响并不单调，且与其对基于梁模型的输流管道的影响是不同的。对于一壳为金属、一壳为功能梯度材料的同轴双壳薄壁输流管道，内壳和外壳为功能梯度材料分别对应的频率随流速变化曲线是不同的，且体积分数指数增大，不一定使得频率减小，其对频率的影响随流速的变化而不同。

6. 对于固定的变异系数，不同的体积分数指数或温度梯度对应的临界流速均值随相关长度变化曲线趋势相同。对于固定的体积分数指数和温度梯度，变异系数对薄壁输流管道临界流速均值随相关长度的曲线影响不是单调的。

7. 对于考虑随机性的薄壁输流管道，非参模型的可信区间完美地包含了均值模型的振动特性曲线，能够准确地预测输流管道的振动特性。对于输流管道流固耦合模型，耗散因子 δ 数值并不是越大越好。耗散因子 δ 太大，其均值模型并不能更加稳定地被包含在非参模型的可信区间中。

8. 通过随机振动试验和液压冲击试验，比较标准卡箍和新型卡箍两种支撑下管道的动力响应，经过分析试验结果可知，两种卡箍支撑下管道的振动特性区别不大，但由于新型卡箍刚度较大，振动响应区别较大。

综上所述，本书采用基于薄壁梁模型的功能梯度管道运动微分方程，应用小波有限元数值方法，研究了两种温度分布对其振动特性的影响；同时基于一种新的壳体方程，研究了体积分数指数对同轴双壳输流圆柱薄壳动力特性的影响；研究了弹性基础、卡箍约束对薄壁输流管道振动特性和稳定性的影响，并通过试验研究和分析了两种卡箍支撑下管道的振动响应。本书的计算和试验结果对于输流管道在工程领域的设计和应用具有借鉴意义。

8.2 展　望

输流管道作为动力学领域一个新的研究范例，其不仅具有广泛的工程应用背景，同时还蕴含着极其丰富的动力学行为。经过多年的研究，学者们对输流管道系统的研究已经达到了一定的深度和广度。本书主要针对温度和卡箍约束对输流管道动力特性的影响进行一定的研究，但仍有一些问题没有解决，后续的研究可以从以下几个方面着手：

1. 本书仅仅将小波有限元用于求解输流管道的线性振动微分方程，后续可以将其推广到输流管道非线性动力学求解中，同时可对小波有限元应用于输流薄壳动力学求解做进一步的研究。

2. 在两端固定的同轴输流管道中，应对内外壳同为功能梯度材料的输流管道开展进一步的研究，同时输流管道因工作环境、制造、装配等方面的影响，还存在温度和预应力等问题，温度和预应力对其动力特性的影响有待研究。

3. 在航空航天领域，卡箍约束的安装位置和数目对液压管道动力响应影响很大。基于拓扑优化理论，从结构特点出发，不断优化卡箍约束在结构中的位置和数目值得进一步研究。

4. 虽然非参模型在梁等结构不确定性研究中，数值结果非常吻合，但其理论应用的广度和深度远远不够，特别是在流固耦合的输流管道模型中，耗散因子越大，均值模型并不能稳定落在非参模型的可信区间中，产生这类问题的原因有待进一步研究，非参模型理论也有待进一步修正。

参考文献

[1] Salahifar R. Analysis of Pipeline Systems Under Harmonic Forces [D]. Ottawa:University of Ottawa, 2011.

[2] 李公法，孔建益，幸福堂，等. 考虑固液耦合的充液管道系统振动能量流研究[J]. 湖北工业大学学报，2005(3):74—77.

[3] Wadham-Gagnon M, Paidoussis M, Semler C. Dynamics of cantilevered pipes conveying fluid. Part 1: Nonlinear equations of three-dimensional motion [J]. Journal of Fluids and Structures, 2006, 23(4):545—567.

[4] Chang H G, Modarres-Sadeghi Y. Flow-induced oscillations of a cantilevered pipe conveying fluid with base excitation[J]. Journal of Sound and Vibration, 2014, 333(18): 4265—4280.

[5] Kheiri M, Paidoussis M. On the use of generalized Hamilton's principle for the derivation of the equation of motion of a pipe conveying fluid[J]. Journal of Fluids and Structures, 2014(50): 18—24.

[6] Kheiri M, Paidoussis M, Pozo D C G, et al. Dynamics of a pipe conveying fluid flexibly restrained at the ends [J]. Journal of Fluids and Structures, 2014(49): 360—385.

[7] Ghayesh H M, Paidoussis P M, Amabili M. Nonlinear dynamics of cantilevered extensible pipes conveying fluid[J]. Journal of Sound and Vibration, 2013, 332(24): 6405—6418.

[8] Thomsen J J, Dahl J. Analytical predictions for vibration phase shifts along fluid-conveying pipes due to Coriolis forces and imperfections[J]. Journal of Sound and Vibration, 2010, 329(15): 3065—3081.

[9] Djondjorov P, Vassilev V, Dzhupanov V. Dynamic stability of fluid conveying cantilevered pipes on elastic foundations[J]. Journal of Sound and

Vibration，2001，247(3)：537－546.

[10] Elishakoff I，Impollonia N. Does a partial elastic foundation increase the flutter velocity of a pipe conveying fluid? [J]. Journal of Applied Mechanics，2001，68(2)：206－212.

[11] Marzani A，Mazzotti M，Viola E，et al. FEM Formulation for Dynamic Instability of Fluid-Conveying Pipe on Nonuniform Elastic Foundation [J]. Mechanics Based Design of Structures and Machines，2012，40(1)：83－95.

[12] 张立翔，黄文虎，Tijsseling A S. 输流管道流固耦合振动研究进展[J]. 水动力学研究与进展(A辑)，2000(3)：366－379.

[13] 刘忠族，孙玉东，吴有生. 管道流固耦合振动及声传播的研究现状及展望[J]. 船舶力学，2001(2)：82－90.

[14] 任建亭，姜节胜. 输流管道系统振动研究进展[J]. 力学进展，2003(3)：313－324.

[15] 王世忠，于石声. 载流管道固液耦合振动计算[J]. 哈尔滨工业大学学报，2001(6)：816－818＋841.

[16] 王世忠，于石声，赵阳. 流体输送管道的固-液耦合特性[J]. 哈尔滨工业大学学报，2002(2)：241－244.

[17] 金基铎，邹光胜，张宇飞. 悬臂输流管道的运动分岔现象和混沌运动[J]. 力学学报，2002(6)：863－873.

[18] 金基铎，杨晓东，尹峰. 两端铰支输流管道在脉动内流作用下的稳定性和参数共振[J]. 航空学报，2003(4)：317－322.

[19] 金基铎，宋志勇，杨晓东. 两端固定输流管道的稳定性和参数共振[J]. 振动工程学报，2004(2)：74－79.

[20] 金基铎，杨晓东，邹光胜. 两端支承输流管道的稳定性和临界流速分析[J]. 机械工程学报，2006(11)：131－136.

[21] 杨晓东，金基铎. 输流管道流-固耦合振动的固有频率分析[J]. 振动与冲击，2008(3)：80－81＋86＋181.

[22] 荆洪英，金基铎，闻邦椿. 一端固定具有中间支承输流管道临界流速及稳定性分析[J]. 机械工程学报，2009，45(3)：89－93.

[23] 任建亭，林磊，姜节胜. 管道流固耦合振动的行波方法研究[J]. 应用力学学报，2005(4)：530－535＋675.

[24] 任建亭，林磊，姜节胜．管道轴向流固耦合振动的行波方法研究[J]．航空学报，2006(2):280—284.

[25] Li B,Gao H, Zhai H, et al. Free vibration analysis of muti-span pipe conveying fluid with dynamic stiffness method[J]. Nuclear Engineering and Design, 2011,241(3):666—671.

[26] Bao-Hui L, Hang-Shan G, Yong-Shou L, Transient response analysis of multi-span pipe conveying fluid[J]. Journal of Vibration and Control, 2013, 19(14): 2164—2176.

[27] Baohui L, Hangshan G, Yongshou L, et al. Free vibration analysis of micropipe conveying fluid by wave method[J]. Results in Physics, 2012(2): 104—109.

[28] 李宝辉,高行山,刘永寿,等．多跨管道流固耦合振动的波传播解法[J]．固体力学学报,2010, 31(1):67—73.

[29] 李宝辉,高行山,刘永寿,等．变截面输液管道流固耦合振动特性研究[J]．机械科学与技术，2011, 30(12),2056—2060.

[30] 李宝辉,高行山,刘永寿,等．含有非均匀轴向流的输液管道自由振动分析[J]．机械科学与技术，2012, 31(4): 557—561.

[31] Zhai H, Wu Z, Liu Y, et al. Dynamic response of pipeline conveying fluid to random excitation[J]. Nuclear Engineering and Design, 2011, 241(8): 2744—2749.

[32] Zhai H, Wu Z, Liu Y, et al. The dynamic reliability analysis of pipe conveying fluid based on a refined response surface method[J]. Journal of Vibration and Control, 2015, 21(4): 790—800.

[33] 翟红波，吴子燕，李宝辉，等．含非均匀轴向流的输液管道共振可靠性灵敏度分析[J]．固体力学学报，2012, 33(5): 480—486.

[34] 翟红波，吴子燕，刘永寿，等．两端简支输流管道共振可靠度分析[J]．振动与冲击,2012, 31(12): 160—164.

[35] 翟红波，刘永寿，李宝辉，等．基于动强度可靠性的输流管道动力优化设计．西北工业大学学报，2011, 29(6): 992—997.

[36] 杨超，范士娟．输液管道流固耦合振动的数值分析[J]．振动与冲击，2009, 28(6): 55—59+194.

[37] 齐欢欢，徐鉴．输液管道颤振失稳的时滞控制[J]．振动工程学报，2009，22(6):576－582.

[38] Qian Q, Wang L, Ni Q. Nonlinear responses of a fluid-conveying pipe embedded in nonlinear elastic foundations[J]. Acta Mechanica Solida Sinica, 2008, 21(2): 170－176.

[39] Yu D, Wen J, Shen H, et al. Propagation of steady-state vibration in periodic pipes conveying fluid on elastic foundations with external moving loads [J]. Physics Letters A, 2012, 376(45): 3417－3422.

[40] Tang M, Ni Q, Wang L, et al. Nonlinear modeling and size-dependent vibration analysis of curved microtubes conveying fluid based on modified couple stress theory[J]. International Journal of Engineering Science, 2014(84): 1－10.

[41] Dai H, Wang L, Abdelkefi A, et al. On nonlinear behavior and buckling of fluid-transporting nanotubes[J]. International Journal of Engineering Science, 2015(87): 13－22.

[42] Wang L, Hong Y, Dai H, et al. Natural frequency and stability tuning of cantilevered CNTs conveying fluid in magnetic field[J]. Acta Mechanica Solida Sinica, 2016, 29(6): 567－576.

[43] Dai L H, Wang L, Ni Q. Dynamics and pull-in instability of electrostatically actuated microbeams conveying fluid[J]. Microfluidics and Nanofluidics, 2015, 18(1): 49－55.

[44] Hu K, Wu P, Wang L, et al. Vibration analysis of suspended microchannel resonators characterized as cantilevered micropipes conveying fluid and nanoparticle[J]. Microsystem Technologies, 2019,25(1):197－210.

[45] He F, Dai H, Huang Z, et al. Nonlinear dynamics of a fluid-conveying pipe under the combined action of cross-flow and top-end excitations[J]. Applied Ocean Research, 2017(62): 199－209.

[46] Peng G, Xiong Y, Gao Y, et al. Non-linear dynamics of a simply supported fluid-conveying pipe subjected to motion-limiting constraints: Two-dimensional analysis[J]. Journal of Sound and Vibration, 2018(435): 192－204.

[47] 徐鉴，杨前彪．输液管模型及其非线性动力学近期研究进展[J]．力学进展，2004(2):182－194.

[48] 王琳，匡友第，黄玉盈，等．输液管振动与稳定性研究的新进展：从宏观尺度到微纳米尺度[J]. 固体力学学报，2010，31(5)：481—495.

[49] Paidoussis M. Some unresolved issues in fluid-structure interactions [J]. Journal of Fluids and Structures, 2005, 20(6):871—890.

[50] Karagiozis K, Paidoussis M, Amabili M, et al. Nonlinear stability of cylindrical shells subjected to axial flow: Theory and experiments[J]. Journal of Sound and Vibration, 2008, 309(3):637—676.

[51] Weaver D S, Unny T E. On the dynamic stability of fluid-conveying pipes[J]. Journal of Applied Mechanics, 1973, 40(1): 48—52.

[52] Paidoussis M P, Chan S P, Misra A K. Dynamics and stability of coaxial cylindrical shells containing flowing fluid[J]. Journal of Sound and Vibration, 1984(97):201—235.

[53] Kumar S D, Ganesan N. Dynamic analysis of conical shells conveying fluid[J]. Journal of Sound and Vibration, 2007, 310(1): 38—57.

[54] Lakis A, Selmane A. Hybrid finite element analysis of large amplitude vibration of orthotropic open and closed cylindrical shells subjected to a flowing fluid[J]. Nuclear engineering and design, 2000, 196(1): 1—15.

[55] Amabili M, Pellicano F, Paidoussis M. Non-linear dynamics and stability of circular cylindrical shells containing flowing fluid. Part I: stability [J]. Journal of sound and Vibration, 1999, 225(4): 654—699.

[56] Amabili M, Pellicano F, Paidoussis M. Non-linear dynamics and stability of circular cylindrical shells containing flowing fluid. Part II: large-amplitude vibrations without flow[J]. Journal of Sound and Vibration, 1999, 228 (5): 1103—1124.

[57] Amabili M, Pellicano F, Paidoussis M. Non-linear dynamics and stability of circular cylindrical shells containing flowing fluid. Part III: truncation effect without flow and experiments[J]. Journal of Sound and Vibration, 2000, 237(4): 617—640.

[58] Amabili M, Pellicano F, Paidoussis M. Non-linear dynamics and stability of circular cylindrical shells containing flowing fluid. Part IV: large-amplitude vibrations with flow[J]. Journal of Sound and vibration, 2000, 237

(4)：641—666.

[59] Amabili M，Pellicano F，Paidoussis P M. Non-linear dynamics and stability of circular cylindrical shells conveying flowing fluid[J]. Computers and structures，2002，80(9)：899—906.

[60] Amabili M. Nonlinear vibrations of circular cylindrical shells with different boundary conditions[J]. AIAA journal，2003，41(6)：1119—1130.

[61] Amabili M. Theory and experiments for large-amplitude vibrations of empty and fluid-filled circular cylindrical shells with imperfections[J]. Journal of Sound and Vibration，2003，262(4)：921—975.

[62] Amabili M. A comparison of shell theories for large-amplitude vibrations of circular cylindrical shells：Lagrangian approach[J]. Journal of Sound and Vibration，2003，264(5)：1091—1125.

[63] Karagiozis K，Amabili M，Paidoussis M，et al. Nonlinear vibrations of fluid-filled clamped circular cylindrical shells [J]. Journal of Fluids and Structures，2005，21(5)：579—595.

[64] Karagiozis K，Paidoussis M，Misra A，et al. An experimental study of the nonlinear dynamics of cylindrical shells with clamped ends subjected to axial flow[J]. Journal of Fluids and Structures，2005，20(6)：801—816.

[65] Karagiozis K，Paidoussis M，Amabili M，et al. Effect of geometry on the stability of cylindrical clamped shells subjected to internal fluid flow[J]. Computers and Structures，2007，85(11)：645—659.

[66] Karagiozis K，Paidoussis M，Misra A. Transmural pressure effects on the stability of clamped cylindrical shells subjected to internal fluid flow：Theory and experiments[J]. International Journal of Non-Linear Mechanic，2006，42(1)：13—23.

[67] Karagiozis K，Paidoussis M，Amabili M，et al. Nonlinear stability of cylindrical shells subjected to axial flow：Theory and experiments[J]. Journal of Sound and Vibration，2007，309(3)：637—676.

[68] Karagiozis K，Amabili M，Paidoussis M. Nonlinear dynamics of harmonically excited circular cylindrical shells containing fluid flow[J]. Journal of Sound and Vibration，2010，329(18)：3813—3834.

[69] Ibrahim R A. Overview of mechanics of pipes conveying fluids-Part I: Fundamental studies[J]. Journal of Pressure Vessel Technology, 2010, 132(3): 1—32.

[70] Jung D, Chung J, Yoo H H. New fluid velocity expression in an extensible semi-circular pipe conveying fluid[J]. Journal of Sound and Vibration, 2007, 304(1—2): 382—390.

[71] Jung D, Chung J. In-plane and out-of-plane motions of an extensible semi-circular pipe conveying fluid[J]. Journal of Sound and Vibration, 2007, 311(1): 408—420.

[72] 王忠民，张战午，赵凤群. 输流粘弹性曲管的稳定性分析[J]. 应用数学和力学，2005(6):743—748.

[73] 于秀坤，朱虹，金基铎，等. 基于 ANSYS 二次开发的输液曲管振动特性分析[J]. 沈阳航空工业学院学报，2005(5): 21—23.

[74] 张敦福，王锡平，张洪伟. 用直接法求解半圆形输液曲管的极限流速[J]. 机械工程学报，2005(5): 221—224.

[75] 魏发远，黄玉盈，任志良，等. 分析输液曲管临界流速的迁移矩阵法[J]. 固体力学学报，2000(1): 33—39.

[76] 黄玉盈，魏发远，倪樵. 分析输液曲管振动和稳定性的有限元法[J]. 振动工程学报，2000(2): 108—114.

[77] 马小强，向宇，黄玉盈. 精细积分法分析流引起粘弹输液曲管的稳定性[J]. 华中科技大学学报(城市科学版)，2003(4): 17—19.

[78] Ni Q, Huang Y Y. Differential quadrature method to stability analysis of pipes conveying fluid with spring support [J]. Acta Mechanica Solida Sinica, 2000, 13(4): 320—327.

[79] 倪樵，张惠兰，黄玉盈，等. DQ 法用于具有弹性支承半圆形输液曲管的稳定性分析[J]. 工程力学，2000(6): 59—64.

[80] 倪樵，黄玉盈，陈贻平. 微分求积法分析具有弹性支承输液管的临界流速[J]. 计算力学学报，2001(2): 146—149.

[81] 王琳，倪樵，黄玉盈. GDQR 法用于输流曲管的流致振动研究[J]. 动力学与控制学报，2005(1): 74—79.

[82] 倪樵，王琳，黄玉盈，等. 谐激励作用下输流曲管的混沌振动研究[J].

固体力学学报，2005(3)：249—255.

[83] 王琳．输流管道的稳定性、分岔与混沌行为研究[D]．武汉：华中科技大学，2006.

[84] 王琳，倪樵．用微分求积法分析输液管道的非线性动力学行为[J]．动力学与控制学报，2004(4)：58—63.

[85] Qiao N，Lin W，Qin Q. Bifurcations and chaotic motions of a curved pipe conveying fluid with nonlinear constraints [J]. Computers and Structures，2005，84(10)：708—717.

[86] 王琳，倪樵．具有非线性运动约束输液曲管振动的分岔[J]．振动与冲击，2006(1)：67—69.

[87] Lin W，Qiao N. In-plane vibration analyses of curved pipes conveying fluid using the generalized differential quadrature rule [J]. Computers and Structures，2008，86(112)：133—139.

[88] Lin W，Qiao N. Nonlinear dynamics of a fluid-conveying curved pipe subjected to motion-limiting constraints and a harmonic excitation [J]. Journal of Fluids and Structures，2008，24(1)：96—110.

[89] Ni Q，Tang W，Lao Y，et al. Internal-external resonance of a curved pipe conveying fluid resting on a nonlinear elastic foundation[J]. Nonlinear Dynamics，2014，76(1)：867—886.

[90] 李宝辉，高行山，刘永寿，等．输液曲管平面内振动的波动方法研究，固体力学学报，2012，33(3)，302—308.

[91] 李宝辉，高行山，刘永寿．轴向可伸输液曲管平面内振动的波动方法研究[J]．振动与冲击，2013，32(8)：128—133+142.

[92] Zhai H，Wu Z，Liu Y，et al. In-plane dynamic responseanalysis of curved pipe conveying fluid subjected to random excitation [J]. Nuclear Engineering and Design，2013(256)：214—226.

[93] 仲政，吴林志，陈伟球．功能梯度材料与结构的若干力学问题研究进展[J]．力学进展，2010，40(5)：528—541.

[94] Dai H，Rao Y，Dai T. A review of recent researches on FGM cylindrical structures under coupled physical interactions，2000 — 2015 [J]. Composite Structures，2016(152)：199—225.

[95] Birman V, Byrd L W. Modeling and analysis of functionally graded materials and structures[J]. Applied Mechanics Reviews, 2007, 60(5): 195—216.

[96] 李永,宋健,张志民. 梯度功能力学[M]. 北京:清华大学出版社,2003.

[97] 边祖光. 功能梯度材料板壳结构的流固耦合问题研究[D]. 杭州:浙江大学,2005.

[98] Sheng G, Wang X. Thermomechanical vibration analysis of a functionally graded shell with flowing fluid[J]. European Journal of Mechanics/A Solids, 2008, 27(6):1075—1087.

[99] Sheng G, Wang X. Dynamic characteristics of fluid-conveying functionally graded cylindrical shells under mechanical and thermal loads[J]. Composite Structures, 2010, 93(1): 162—170.

[100] Hosseini M, Fazelzadeh A S. Thermomechanical stability analysis of functionally graded thin-walled cantilever pipe with flowing fluid subjected to axial load[J]. International Journal of Structural Stability and Dynamics, 2011, 11(3): 513—534.

[101] Wang Z, Liu Y. Transverse vibration of pipe conveying fluid made of functionally graded materials using a symplectic method[J]. Nuclear Engineering and Design, 2016(298): 149—159.

[102] Feng L, Dong X Y, Dong R B, et al. Frequency analysis of functionally graded curved pipes conveying fluid[J]. Advances in Materials Science and Engineering, 2016(2016): 1—9.

[103] Tang Y, Yang T. Post-buckling behavior and nonlinear vibration analysis of a fluid-conveying pipe composed of functionally graded material[J]. Composite Structures, 2018(185): 393—400.

[104] Wang Z M, Zhao F Q, Feng Z Y, et al. The dynamic behaviors of viscoelastic pipe conveying fluid with the kelvin model[J]. Acta Mechanica Solida Sinica, 2000, 13(3): 262—270.

[105] Deng J, Liu Y, Zhang Z, et al. Dynamic behaviors of multi-span viscoelastic functionally graded material pipe conveying fluid[J]. Proceedings of the

Institution of Mechanical Engineers, Part C: Journal of Mechanical Engineering Science, 2017, 231(17): 3181－3192.

[106] Deng J, Liu Y, Zhang Z, et al. Stability analysis of multi-span viscoelastic functionally graded material pipes conveying fluid using a hybrid method[J]. European Journal of Mechanics/A Solids, 2017(65): 257－270.

[107] Jiaquan D, Yongshou L, Wei L. A hybrid method for transverse vibration of multi-span functionally graded material pipes conveying fluid with various volume fraction laws[J]. International Journal of Applied Mechanics, 2017, 9(7): 1750095.

[108] Jiaquan D, Yongshou L, Wei L. Size-dependent vibration analysis of multi-span functionally graded material micropipes conveying fluid using a hybrid method [J]. Microfluidics and Nanofluidics, 2017, 21(8): 133.

[109] Deng J, Liu Y, Zhang Z, et al. Size-dependent vibration and stability of multi-span viscoelastic functionally graded material nanopipes conveying fluid using a hybrid method[J]. Composite Structures, 2017(179): 590－600.

[110] Sudarshan R, Dheedene S, Amaratunga K. A multiresolution finite element method using second generation Hermite multiwavelets [J]. Computational Fluid and Solid Mechanics, 2003(2003):2135－2140.

[111] Castro S M L, Freitas D T A J. Wavelets in hybrid-mixed stress elements. Computer Methods in Applied Mechanics and Engineering, 2001, 190 (31): 3977－3998.

[112] HO S L, Yang Shiyou, Wong Ho-ching Chris. Weak formulation of finite element method using wavelet basis functions[J]. IEEE transactions on magnetics, 2001, 37(5): 3203－3207.

[113] Christon A M, Roach W D. The numerical performance of wavelets for PDEs: the multi-scale finite element[J]. Computational Mechanics, 2000, 25 (2－3): 230－244.

[114] 骆少明,张湘伟. 一类基于小波基函数插值的有限元方法[J]. 应用数学和力学,2000(1): 11－16.

[115] 梅树立, 张森文, 雷廷武. Burgers 方程的小波精细积分算法[J]. 计算力学学报, 2003(1): 49－52.

[116] 韩建刚，石智，黄义，等．有限长梁的B-样条小波解[J]．西安科技学院学报，2003(4)：481－484.

[117] 韩建刚，黄义．小波伽辽金有限元法及其应用[J]．西安建筑科技大学学报(自然科学版)．2004(4)：413－416.

[118] 黄义，韩建刚．中厚板问题的多变量小波有限元法[J]．工程力学，2005(2)：73－78.

[119] 韩建刚．小波有限元理论及其在结构工程中的应用[D]．西安：西安建筑科技大学，2003.

[120] 杨胜军．区间B-样条小波有限元理论及工程应用研究[D]．西安：西安交通大学，2002.

[121] 马军星．Daubechies 小波有限元理论及工程应用研究[D]．西安：西安交通大学，2003.

[122] 马军星，薛继军，杨胜军，等．Daubechies 小波基梁单元的构造及应用研究[J]．小型微型计算机系统，2004(4)：663－666.

[123] 马军星，王进．弹性地基梁小波有限元分析[J]．系统仿真学报，2007(10)：2183－2185.

[124] 薛继军．非线性有限元和小波有限元理论研究及其在钻机井架中的应用[D]．西安：西安交通大学，2003.

[125] 薛继军，杨龙，王新虎．基于小波有限元的裂纹损伤梁分析[J]．系统仿真学报，2005(8)：1816－1819.

[126] 陈雪峰．小波有限元理论与裂纹故障诊断[D]．西安：西安交通大学，2004

[127] 陈雪峰，杨胜军，马军星，等．小波有限元的研究及其工程应用[J]．西安交通大学学报，2003(1)：1－4.

[128] 李兵，陈雪峰，卓颉，等．小波伽辽金方法及其工程应用研究[J]．机械科学与技术，2003(S1)：44－46.

[129] 李兵．基于小波有限元理论的裂纹故障诊断[D]．西安：西安交通大学，2005.

[130] 向家伟，陈雪峰，何育民，等．一种区间B样条小波平板壳单元及应用[J]．固体力学学报，2005(4)：453－458.

[131] 向家伟，陈雪峰，李兵，等．一维区间B样条小波单元的构造研究[J].

应用力学学报，2006(2)：222－227.

[132] 向家伟，陈雪峰，董洪波，等．薄板弯曲和振动分析的区间B样条小波有限法[J]. 工程力学，2007(2)：56－61.

[133] 何育民，陈雪峰，向家伟，等．基于第二代小波的自适应有限元构造研究[J]. 西安交通大学学报，2006(9)：1092－1095.

[134] Chen X, Yang S, Ma J, et al. The construction of wavelet finite element and its application[J]. Finite Elements in Analysis and Design, 2004, 40(5－6)：541－554.

[135] Han J, Ren W, Huang Y. A spline wavelet finite element formulation of thin plate bending[J]. Engineering with Computers, 2009, 25(4)：319－326.

[136] Xiang W J, Long Q J, Jiang S Z. A numerical study using Hermitian cubic spline wavelets for the analysis of shafts[J]. Proceedings of the Institution of Mechanical Engineers, Part C: Journal of Mechanical Engineering Science, 2010, 224(9)：1843－1851.

[137] Zhong Y, Xiang J. Construction of wavelet-based elements for static and stability analysis of elastic problems[J]. Acta Mechanica Solida Sinica, 2011, 24(4)：355－364.

[138] Zhang Y, Gorman D, Reese J. A finite element method for modelling the vibration of initially tensioned thin-walled orthotropic cylindrical tubes conveying fluid[J]. Journal of Sound and Vibration, 2001, 245(1)：93－112.

[139] Hansson P, Sandberg G. Dynamic finite element analysis of fluid-filled pipes[J]. Computer methods in applied mechanics and engineering, 2001, 190(24/25)：3111－3120.

[140] Kochupillai J, Ganesan N, Padmanabhan C. A semi-analytical coupled finite element formulation for shells conveying fluids. Computers and Structures, 2002, 80(3):271－286.

[141] Firouz-Abadi R, Noorian M, Haddadpour H. A fluid-structure interaction model for stability analysis of shells conveying fluid[J]. Journal of Fluids and Structures, 2010, 26(5)：747－763.

[142] Soize C. A nonparametric model of random uncertainties for reduced matrix models in structural dynamics[J]. Probabilistic engineering mechanics,

2000, 15(3): 277—294.

[143] Soize C. Random matrix theory for modeling uncertainties in computational mechanics[J]. Computer methods in applied mechanics and engineering, 2005, 194(12—16): 1333—1366.

[144] Soize C, Capiez-Lernout E, Durand J, et al. Probabilistic model identification of uncertainties in computational models for dynamical systems and experimental validation[J]. Computer Methods in Applied Mechanics and Engineering, 2008, 198(1): 150—163.

[145] Soize C. Generalized probabilistic approach of uncertainties in computational dynamics using random matrices and polynomial chaos decompositions[J]. International Journal for Numerical Methods in Engineering, 2010, 81(8): 939—970.

[146] Ritto G T, Sampaio R, Cataldo E. Timoshenko beam with uncertainty on the boundary conditions[J]. Journal of the Brazilian Society of Mechanical Sciences and Engineering, 2008, 30(4): 295—303.

[147] Ritto G T, Sampaio R, Rochinha A F. Model uncertainties of flexible structures vibrations induced by internal flows[J]. Journal of the Brazilian Society of Mechanical Sciences and Engineering, 2011, 33(3): 373—380.

[148] Ritto T, Soize C., Rochinha F, et al. Dynamic stability of a pipe conveying fluid with an uncertain computational model[J]. Journal of Fluids and Structures, 2014(49): 412—426.

[149] Elishakoff I, Vittori P. A paradox of non-monotonicity in stability of pipes conveying fluid[J]. Theoretical and Applied Mechanics, 2005, 32(3):235.

[150] Librescu L, Oh Y S, Song O. Spinning thin-walled beams made of functionally graded materials: modeling, vibration and instability[J]. European Journal of Mechanics/A Solids, 2004, 23(3): 499—515.

[151] Salahifar R, Mohareb M. Analysis of circular cylindrical shells under harmonic forces[J]. Thin-Walled Structures, 2010, 48(7): 528—539.

[152] Salahifar R, Mohareb M. Finite element for cylindrical thin shells under harmonic forces[J]. Finite Elements in Analysis and Design, 2012(52): 83—92.

［153］ Griffiths V D, Fenton A G. Probabilistic settlement analysis by stochastic and random finite element methods［J］. Journal of Geotechnical and Geoenvironmental Engineering, 2009, 135(11):1629－1637.

［154］ 樊启斌. 小波分析［M］. 武汉：武汉大学出版社，2008.

［155］ 陈贵清，郝婷玥，丁幼松. 输流管道流固耦合振动分析中的数学建模［J］. 唐山师范学院学报，2007(2)：1－4.

［156］ 杨国安. 机械振动基础［M］. 北京：中国石化出版社，2012.

［157］ 曹岩. MATLAB R2006a 基础篇［M］. 北京：化学工业出版社，2008.

［158］ 陈明，郑彩云，张铮. Matlab 函数和实例速查手册［M］. 北京：人民邮电出版社，2014.

［159］ Yoo H, Kwak J, Chung J. Vibration analysis of rotating pretwisted blades with a concentrated mass［J］. Journal of Sound and Vibration, 2001, 240(5):891－908.

［160］ Cai G, Hong J, Yang X S. Model study and active control of a rotating flexible cantilever beam［J］. International Journal of Mechanical Sciences, 2004, 46(6):871－889.

［161］ Panussis D, Dimarogonas A. Linear in-plane and out-of-plane lateral vibrations of a horizontally rotating fluid-tube cantilever［J］. Journal of Fluids and Structures, 2000, 14(1):1－24.

［162］ Bogdevičius M. Nonlinear dynamic analysis of rotating pipe conveying fluid by the finite element method［J］. Transport, 2003, 18(5): 224.

［163］ Yoon H, Son I. Dynamic response of rotating flexible cantilever pipe conveying fluid with tip mass［J］. International Journal of Mechanical Sciences, 2007, 49(7): 878－887.

［164］ Ranjan Ganguli. Finite Element Analysis of Rotating Beams［M］. Springer Singapore, 2017.

［165］ 曹建华，刘永寿，刘伟. 输流曲管面内振动的小波有限元方法研究［J］. 振动与冲击，2018，37(17)：256－260.

［166］ D′Heedene S, Amaratunga K, Castrillón-candás J E. Generalized hierarchical bases: a Wavelet-Ritz-Galerkin framework for Lagrangian FEM［J］. Engineering computations, 2005, 22(1): 15－37.

[167] Chen X, Xing J, Li B, et al. A study of multiscale wavelet-based elements for adaptive finite element analysis[J]. Advances in Engineering Software, 2009, 41(2): 196—205.

[168] Wang Y, Chen X, He Z. A second-generation wavelet-based finite element method for the solution of partial differential equations[J]. Applied mathematics letters, 2012, 25(11): 1608—1613.

[169] Xiang J, Chen D, Chen X, et al. A novel wavelet-based finite element method for the analysis of rotor-bearing systems[J]. Finite Elements in Analysis and Design, 2009, 45(12): 908—916.

[170] Xiang J, Matsumoto T, Wang Y, et al. Detect damages in conical shells using curvature mode shape and wavelet finite element method[J]. International Journal of Mechanical Sciences, 2013(66): 83—93.

[171] Shen W, Li D, Zhang S, et al. Analysis of wave motion in one-dimensional structures through fast-Fourier-transform-based wavelet finite element method[J]. Journal of Sound and Vibration, 2017(400): 369—386.

[172] Zhang S, shen W, Li D, et al. Nondestructive ultrasonic testing in rod structure with a novel numerical Laplace based wavelet finite element method [J]. Latin American Journal of Solids and Structures, 2018, 15(7):1—17.

[173] Zuo H, Yang Z, Sun Y, et al. Wave propagation of laminated composite plates via GPU-based wavelet finite element method[J]. Science China Technological Sciences, 2017, 60(6): 832—843.

[174] Simitses G, Hodges D H, Fundamentals of Structural Stability[M]. Butterworth-Heinemann, 2006.

[175] Jung D, Chung J, Yoo H H, New fluid velocity expression in an extensible semi-circular pipe conveying fluid[J]. Journal of Sound and Vibration, 2007,304(1—2): 382—390.

[176] Brothers D M, Foster T J, Millwater R H. A comparison of different methods for calculating tangent-stiffness matrices in a massively parallel computational peridynamics code[J]. Computer Methods in Applied Mechanics and Engineering, 2014(279): 247—267.

[177] 唐敏. 曲管结构的三维流致振动研究[D]. 武汉:华中科技大学, 2014.

[178] 李枫，刘伟，韦顺超，等．航空液压管道卡箍等效刚度及其影响因素研究[J]. 机械科学与技术，2017，36(9):1472—1476.

[179] Askes H，Piercy S，Ilanko S. Tyings in linear systems of equations modelled with positive and negative penalty functions[J]. Communications in Numerical Methods in Engineering,2008，24(11):1163—1169.

[180] Askes H，Ilanko S. The use of negative penalty functions in linear systems of equations[J]. Proceedings: Mathematical，Physical and Engineering Sciences，2006，462(2074):2965—2975.

[181] Askes H，Caramés-Saddler M，Rodríguez-Ferran A. Bipenalty method for time domain computational dynamics[J]. Proceedings: Mathematical，Physical and Engineering Sciences，2010，466(2117):1389—1408.

[182] Ilanko S，Monterrubio E L. Bipenalty method from a frequency domain perspective [J]. International Journal for Numerical Methods in Engineering，2012，90(10):1278—1291.

[183] Hetherington J，Rodvíguez-Ferran A，Askes H. The bipenalty method for arbitrary multipoint constraints [J]. International Journal for Numerical Methods in Engineering，2013，93(5):465—482.

[184] Kopačka J，Tkachuk A，Gabriel D，et al. On stability and reflection-transmission analysis of the bipenalty method in contact-impact problems: A one-dimensional，homogeneous case study[J]. International Journal for Numerical Methods in Engineering，2018，113(10): 1607—1629.

[185] Kolman R，Ján Kopaka，José A，et al. Bi-penalty stabilized technique with predictor-corrector time scheme for contact-impact problems of elastic bars [J]. Mathematics and Computers in Simulation，2021(189):305—324.

图书在版编目(CIP)数据

输液管道流固耦合振动理论和计算方法/曹建华著. --合肥：合肥工业大学出版社，2025. --ISBN 978-7-5650-6921-5

Ⅰ. TV672

中国国家版本馆 CIP 数据核字第 2024P7J672 号

输液管道流固耦合振动理论和计算方法

曹建华　著　　　　责任编辑　王　丹

出　版	合肥工业大学出版社	版　次	2025 年 7 月第 1 版
地　址	合肥市屯溪路 193 号	印　次	2025 年 7 月第 1 次印刷
邮　编	230009	开　本	710 毫米×1010 毫米　1/16
电　话	基础与职业教育出版中心：0551-62903120	印　张	16.25
	营销与储运管理中心：0551-62903198	字　数	234 千字
网　址	press.hfut.edu.cn	印　刷	安徽联众印刷有限公司
E-mail	hfutpress@163.com	发　行	全国新华书店

ISBN 978-7-5650-6921-5　　　　定价：68.00 元